An Introduction to the
Unusual Weather

知識ゼロからの

異常気象入門

気象予報士 斉田季実治 Kimiharu Saita

幻冬舎

はじめに

最近のテレビ放送では天気予報のコーナーだけでなく、ニュースのなかでも天気を扱うことが多くなっています。「昔と天気が変わってきた」「災害が増えている」と感じている人が多いためだと思いますが、果たしてそれは本当でしょうか？

現在ではあたり前のように目にしている気象衛星「ひまわり」からの雲の映像や「アメダス」による全国各地の気象観測は、1970年代に始まりました。科学技術の進歩によって、天気についてもたくさんのことが解明されつつあります。

この本では私たちの生活に大きくかかわる天気に、いま何が起きているのか、今後どうなると予想されているのか、イラストなどを交えながらわかりやすく解説していきます。

異常気象において大切なのは、「知識」や「情報」を基に私たちがどう「行動」するかです。災害から身を守るために少しでも役立つことを願っています。

2015年4月吉日

斉田季実治(さいたきみはる)

1975年東京生まれ。
北海道大学で海洋気象学を専攻し、
在学中に気象予報士資格を取得。
北海道文化放送の報道記者、
民間の気象情報会社などを経て、
2006年からNHK気象キャスター。
現在は「気象情報1958」
「NEWS WEB」に出演中。

※この本の情報は2015年4月現在のものです。
※掲載している天気図は、特記のない限り、気象庁データベースより入手しています。

『知識ゼロからの異常気象入門』 もくじ

３章　何が天気を狂わせる？

4章 すっかり変わった？　日本の天気

5章　おかしな天気から身を守れ！

6章

知っておきたい天気の知識

資料

1章

天気がおかしい！

40℃を超える猛暑、都市機能をマヒさせる大雪、
これまでに経験したことのないような豪雨、猛烈な風雨をもたらす台風……。
近年、何だか天気がおかしいと思いませんか？
いったい日本の天候はどうなってしまったのでしょう？
また、地球の気象は今後どうなるのでしょうか。

1-1

夏がおかしい！
～人命をも奪いかねない強烈な熱波～

夏がどんどん暑くなっていると感じませんか？　国内では、一日の最高気温が35℃以上になる「猛暑日（→ P58）」が珍しくなくなりました。世界規模では、多くの人命が奪われるような「熱波」が、たびたび発生しています。

日本の最高気温記録

わずか6年で更新
41.0℃
2013年8月12日
高知県四万十市
江川崎
40.9℃
2007年8月16日
埼玉県熊谷市
岐阜県多治見市
74年ぶりに更新
40.8℃
1933年7月25日
山形県山形市
0.1℃更新するのに74年かかっています。日本で気温が40℃を超すのは、かつてはそのくらい珍しい現象でした。
あちち

2007年7月ヨーロッパ南東部の異常高温

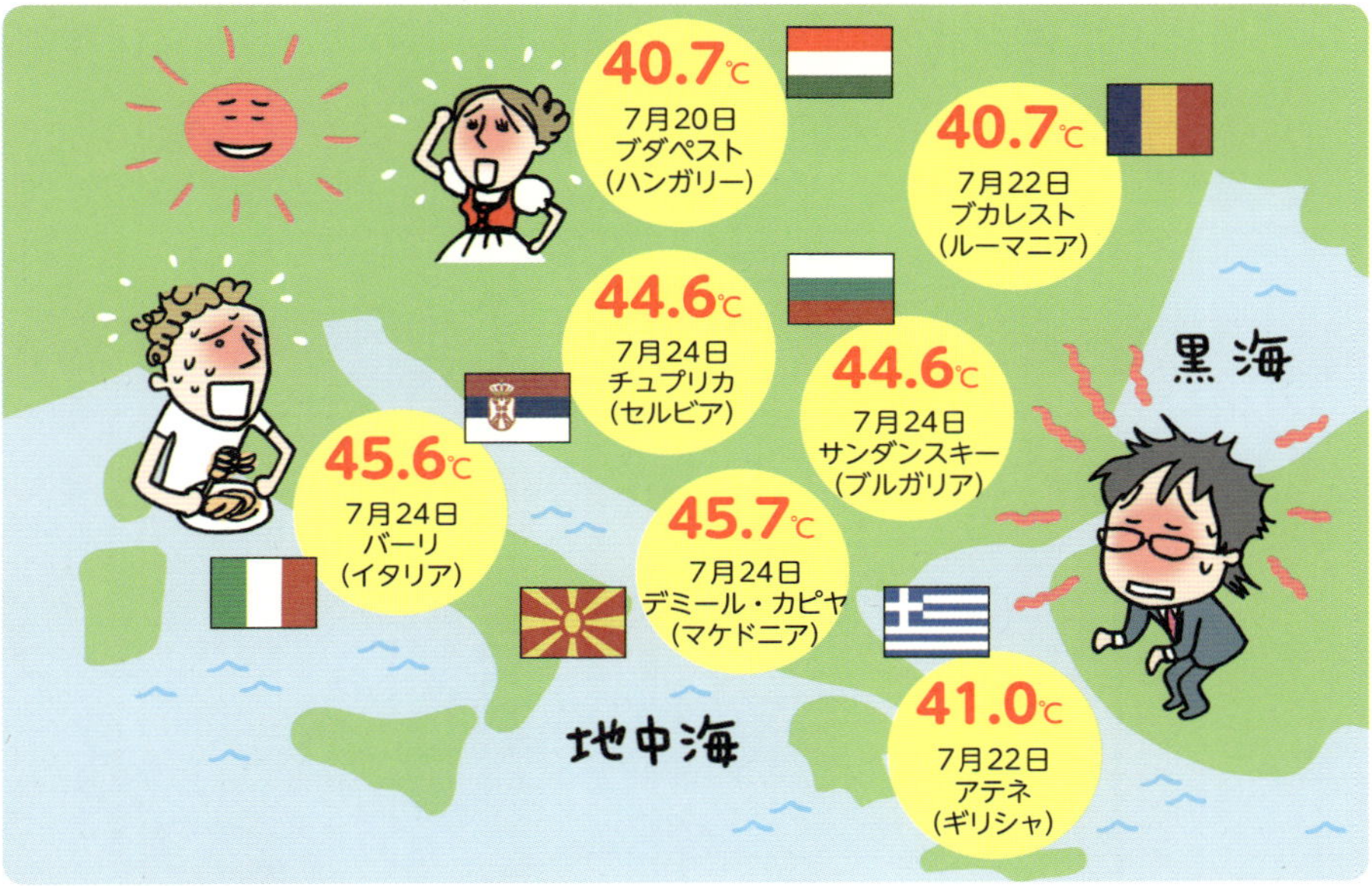
40.7℃
7月20日
ブダペスト
（ハンガリー）
40.7℃
7月22日
ブカレスト
（ルーマニア）
44.6℃
7月24日
チュプリカ
（セルビア）
44.6℃
7月24日
サンダンスキー
（ブルガリア）
黒海
45.6℃
7月24日
バーリ
（イタリア）
45.7℃
7月24日
デミール・カピヤ
（マケドニア）
41.0℃
7月22日
アテネ
（ギリシャ）
地中海

※ギリシャで47℃という非公式記録があります

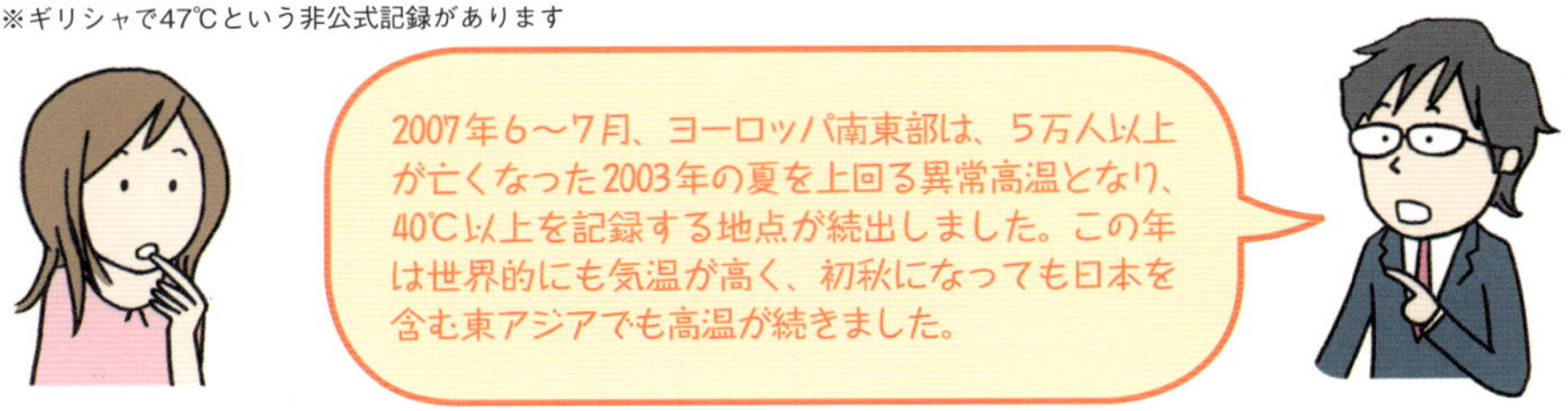
2007年6〜7月、ヨーロッパ南東部は、5万人以上が亡くなった2003年の夏を上回る異常高温となり、40℃以上を記録する地点が続出しました。この年は世界的にも気温が高く、初秋になっても日本を含む東アジアでも高温が続きました。

世界中が暑すぎる！異常な夏に疲労困ぱい

２００７年に74年ぶりに塗り替えられた**日本国内の最高気温の記録**は、それからわずか6年後の２０１３年8月、高知県《こうちけん》四万十《しまんと》市《し》江《え》川崎《かわさき》で41・0℃が観測されたことにより、さらに更新されました。また、国内で40℃以上を記録したのはいままでに18日ありますが、そのうち**11日は21世紀に入ってからの記録**です。

ヨーロッパは２００３年と２００７年に、**強烈な熱波**に襲われました。特に２００３年の熱波では、５万人以上が亡くなったといわれています。

異常高温の原因は、**フェーン現象**だったり**ブロッキング高気圧**のような特殊な気圧配置だったり、あるいは**ヒートアイランド**のような都市型気候だったりとさまざまですが、発生件数が増えていることにも不気味さを感じます。

冬がおかしい！
～温暖化なのに豪雪？～

これまで雪とは縁が薄かった東京都心で、近年まとまった積雪が記録されています。交通が混乱し、慣れない雪に足を滑らせ、なかにはケガをする人も。地球は温暖化が進んでいるはずなのに、この豪雪はなぜなのでしょう。

日本の積雪量ランキング

最近では2006年と2013年に、ものすごい量の雪が降っていますね！
2006年の豪雪は「平成18年豪雪」と命名されたほど。気象庁が豪雪に“特別な名前”をつけたのは、1963年の「昭和38年1月豪雪」(通称：三八豪雪)以来2度目のことです。
1182 cm 伊吹山 (滋賀県) 1927年 2月14日
566 cm 酸ヶ湯 (青森県) 2013年 2月26日
463 cm 守門 (新潟県) 1981年 2月9日
416 cm 津南 (新潟県) 2006年 2月5日
414 cm 肘折 (山形県) 2013年 2月25日

日本海側の降雪のしくみ

水蒸気
日本海
太平洋
海水温と上空の寒気の温度差が大きいほど、雪を降らせる積乱雲が発達する。豪雪になる年は「偏西風蛇行（→P45）」によって、日本の上空に厳しい寒気が流れ込んでいるときや、日本海の海水温が例年より高いときが多い。なお、太平洋側で降る雪は「南岸低気圧」による場合がほとんどである。

近年の豪雪には、地球温暖化も関係しているのですか？
判断が難しいところです。温暖化によって海水温が上昇し、水蒸気量が増えたとも考えられますが、降雪日が極端に増えているわけではありません。今後の推移をみる必要があります。

日本は世界で有数の豪雪地帯

温泉地として有名な酸ケ湯《すかゆ》（青森県）は、**国内最深積雪量**を誇ります。2013年2月26日には、それまでを超える566㎝を記録しました。とはいえ「上には上」があります。日本の**歴代最深積雪量**は、伊吹山《いぶきやま》（滋賀県）で1927年に記録された1182㎝です。

実は日本では、積雪が300㎝を超す**豪雪地帯**が珍しくありません。ただ、それを考慮しても近年の積雪量は異常といえます。積雪記録上位5つのなかに、2000年代の記録が3つ（2006年と2013年）入っているのが目を引きます。

日本が世界有数の豪雪地帯を抱えるのは、**列島の中央を貫く高い山地が存在**するためです。ただし、太平洋側の大雪は、ほとんどが**南岸低気圧**（→P70）によるものです。

1-3

雨がおかしい！
～降りすぎる！ 降らなすぎる！～

「異常気象」と聞いて、まず思い浮かべるのは集中豪雨でしょう。洪水やがけ崩れをはじめとする甚大な災害を引き起こしかねないだけに、最も警戒を要する現象でもあります。近年、頻繁に発生するうえ、降り方にも変化がみられます。

国内の１時間降水量上位記録

152mm
沖縄県多良間村
1988年4月28日
153mm
長崎県長崎市長浦岳
1982年7月23日
153mm
千葉県香取市
1999年10月27日
187mm
長崎県長与町
1982年7月23日
いわゆる「長崎大水害」で記録されたこの降水量は、国内の最多雨量記録。ですが、長与町役場の雨量計が観測した数値なので、あくまで“参考記録”扱いです。公式な記録は同じ日に長浦岳のアメダス※が観測した153mmですが、いずれにしても恐ろしいほどの雨量です。

※アメダス（AMeDAS：Automated Meteorological Data Acquisition System）：気象庁の「地域気象観測システム」の愛称。全国約1,300カ所の自動観測所のデータに基づいて運用

	異常少雨／干ばつ	異常多雨／洪水
日本	**太平洋側で短かった 2013 年の梅雨** 東日本と西日本の太平洋側で、3月と5月が異常少雨となった（5月の降水量は統計を取り始めた 1946 年以降最少）。この傾向を引き継ぎ、関東甲信地方では、6月10 日頃に梅雨入りしたが、7月6日にはもう明けてしまった。7月も九州南部や奄美地方の降水量は、平年比 11％にとどまった（統計開始以降1位。一方、日本海側では平年より降水量が多く、豪雨もあった）。	**平成 26（2014）年 8 月豪雨** 日本海に停滞した前線に向かって湿った暖気流が流れ込んだことにより、広島県で積乱雲が急速に発達。2014 年 8 月 20 日未明から明け方にかけて広島市内は猛烈な豪雨となり（同市安佐北区で 101mm の1時間降水量を記録）、安佐北区と安佐南区で大規模な土砂災害が発生、多数の死傷者を出した。気象庁は「平成 26 年 8 月豪雨」と命名。
世界	**2013 年から続く アメリカ南西部の干ばつ** 2013 年のはじめからアメリカ・カリフォルニア州では異常少雨が続いている。2013年の年間降水量は 1895 年以降最少となった。2014 年に入っても解消の兆しはみられず、ロサンゼルスの 3 月の降水量は平年比 22％にとどまった。その後も干ばつの傾向は続き、農業への被害が拡大、山林火災も多発している。	**3カ月以上続いた 2011 年のタイ洪水** 2011 年、インドシナ半島では 6 月から入った雨期の降水量が平年を大きく上回り（タイ・バンコクの 6 ～ 9 月の降水量は平年比 140％）、台風が相次いで上陸したこともあってチャオプラヤ川やメコン川が増水。10 月にはバンコク中心部に浸水し、工業団地も冠水した。これによる経済損失は約 400 億ドルと、近年まれにみる規模の気象災害に。12 月下旬ようやく終息。

降りすぎるのも困りますが、あまりに降らないのもよくありません。農作物への影響はもちろん、水道用水の取水制限などにもつながります。
両極端の現象が起きているのですね。ちょうどいい雨量で降ってくれればいいのに……。

「経験したことのないような」豪雨が頻繁に降る異常さ

広島市北部で大規模な土砂災害《どしゃさいがい》を引き起こし、多数の死傷者を出した平成26（２０１４）年8月豪雨では**「これまでに経験したことのないような」**（→P67）と表現されるほどの大雨が降りました。でもこのフレーズ、ここ数年「頻繁に聞かれるようになった」と思いませんか？

雨の降り方が変わってきたのは、どうやら確かなようです。**短時間に急速に発達する積乱雲《せきらんうん》がもたらす豪雨**は年々強さを増していますし、夏に**ゲリラ豪雨と呼ばれる局地的な豪雨**が降ることも珍しくありません。

世界でも豪雨は各地で頻発しています。一方、**極端な少雨が続く干ばつも増えている**のだから不思議です。「砂漠化」の進行が懸念されますが、地球温暖化やヒートアイランドもかかわりがありそうです。

1-4

台風がおかしい！
～強大化する熱帯低気圧～

「カトリーナ」と聞いて、美しい女性ではなく、アメリカで大きな被害をもたらした大型ハリケーンを連想する人のほうが多いかも……。同様に、日本の南海上で発生する台風も、近年、大型化しているように感じます。

主なスーパー熱帯低気圧

伊勢湾台風のような超強大な台風は、この50年余り、本土には上陸していません。

伊勢湾台風
(1959年)
最低気圧：895hPa
国内最大の台風災害

ハリケーン
カトリーナ
(2005年)
最低気圧：902hPa
アメリカ南東部に甚大な被害

沖永良部台風
(1977年)
最低気圧：905hPa
陸上における最低の中心気圧を記録

ハリケーン
ウィルマ
(2005年)
最低気圧：882hPa
ハリケーンとして観測史上最低の中心気圧を記録

台風20号
(1977年)
最低気圧：870hPa
海上で世界最低となる中心気圧を記録

大きな「目」があるのが、台風をはじめとする熱帯低気圧の特色です。温帯低気圧と違い、暖かな空気だけでできていて、ほぼ同心円の渦を巻いています。

2013年にフィリピンを襲った台風30号の台風の目
（©Japan Meteorological Agency's MTSAT-1R）

発生数は、ここ30年ほどは年平均25.6件。21世紀に入っても少ない年があるから、増えているとはいえません。でも、個々の台風の勢力は「強くなってきている」という指摘があります。
台風の数は増えているのですか？

1951〜2014年の台風発生数

発生数が多い年

順位	年	発生数
1	1967	39
2	1994 1971	36
4	1966	35
5	1964	34
6	1989 1974 1965	32
9	2013 1992 1988 1972 1958	31

発生数が少ない年

順位	年	発生数
1	2010	14
2	1998	16
3	1969	19
4	2011 2003 1977 1975 1973 1954 1951	21

※気象庁ホームページより

強い台風はなぜ発生するのか？

2005年にアメリカ南東部を襲った「カトリーナ」は、最盛期の**中心気圧902hPa**《ヘクトパスカル》※1（上陸時920hPa）、**最大風速78m／s**（1分間平均）というスーパー・ハリケーンです。その直後に出現した「ウィルマ」は、882hPaとさらに低い中心気圧を記録しました。

日本では「伊勢湾台風」（1959年）が、災害史に残る〝最凶台風〟。最盛期の中心気圧895hPa（上陸時930hPa）、**暴風域は半径300km以上**にも達しました。近年では2013年、フィリピンに上陸した最低気圧895hPaの台風30号が、現地に大きな被害をもたらしました。

年ごとの台風の発生件数や勢力を左右する最大の要因は海水温。高いと水蒸気が潤沢に供給されるため、勢力が強くなる傾向があります。

※1 hPaに関する基本的な説明はP111に記載しています。

斉田気象予報士の異常気象コラム1

天気予報は日進月歩

「夕焼けの翌日は晴れ」といったような昔からのいい伝えで天気を予測することを「観天望気」といいます。天気予報が一般的になる前、人びとはこのような経験則から天気の変化を察知していたのです。

日本ではじめて一般向けに天気予報が発表されたのは明治17（1884）年6月1日です。当時は気象の観測点が少なかったため、天気図上に等圧線はたったの3本で、大雑把な予報がせいぜいでした。

ここで昭和34（1959）年、正確な天気予報に欠かせない数値予報が始まります。スーパーコンピュータや数値予報モデルも進化して天気予報の精度は飛躍的に向上し、時間的・空間的に細かな予報や長期的な予報が可能になったのです。

一方、情報発信にも工夫が加えられています。「猛暑日」は、平成19（2007）年の予報用語改正で生まれた用語です。大雨がもたらす危険を正確に伝えるために「これまでに経験したことのないような大雨」という表現も平成24（2012）年にはじめて使われました。平成25（2013）年に開始された「特別警報」は災害の危険性が著しく高まっている場合に発表されます。

天気予報は気象災害から身を守るために、進化を遂げています。現在は携帯アプリなどからでも天気の情報を入手することができます。最新の情報を積極的に集めて、活用することが大切です。

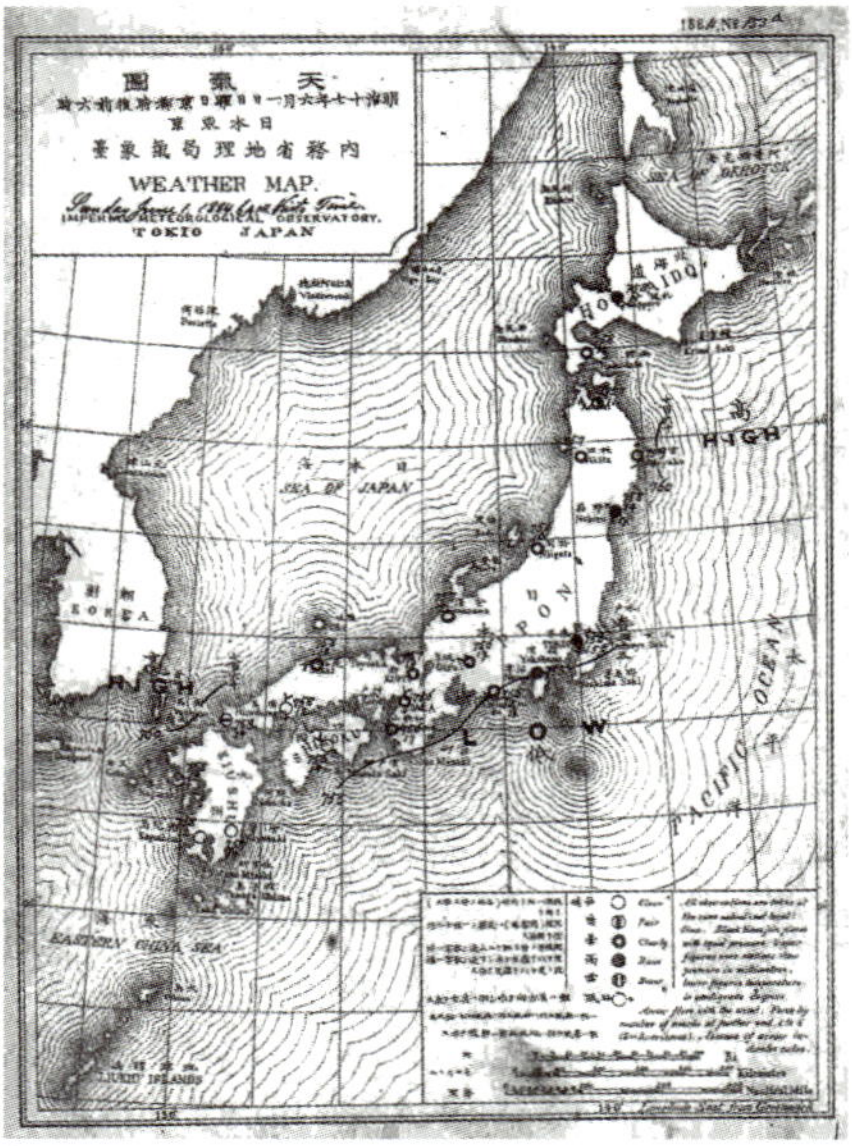

（1884年6月1日 午前6時の天気図　気象庁提供）

2章

「異常気象」とは何か

全世界で続発するおかしな気象現象。
それは「異常」でしょうか、それとも「変動」でしょうか――。
どちらにしろ、地球の「何か」が変わりつつあるのは間違いないようです。
その原因の１つといわれているのが「地球温暖化」。
いろいろな思惑が絡み、対策は一筋縄ではいかないようです。

2-1

何と比べて「異常」なのか
～「異常気象」の定義～

私たちは、あたり前のように「異常気象」という言葉を使っていますが、何と比べてどう「異常」かを理解している人は、それほど多くはないでしょう。どういう条件で起こる現象を「異常気象」と呼ぶのでしょうか。

さまざまな「異常気象」

猛暑
熱波
洪水
大雨
突風
豪雪
ヒートアイランド
暖冬
熱帯低気圧
熱
台
寒波
少雨・干ばつ
暴風雨
冷夏

「異常気象」の定義

気象庁

ある場所（地域）・ある時期（週、月、季節）において、30 年間に 1 回以下の頻度で発生する気象現象。

世界気象機関（WMO）※

日々年々変動する気象要素の、30 年間の平均値（平年値）を正常な気象と定義し、気象要素の値が 30 年に一度の割合でしか起こり得ないとき、これを異常気象とする。

人が社会生活を営む年数から考えて「妥当」とされているのが「30年」という年数です。でも、地球にとっては30年なんてほんの一瞬。あくまでも「人間の感覚での基準」だといえます。
「30年に1回起こるかどうか」が基準なのですね。

※WMO：世界気象機関（World Meteorological Organization）の略称。気象に関する国際事業を管轄する国際連合の専門組織。本部はジュネーブ（スイス）にある

2010年以降の主な世界の異常気象

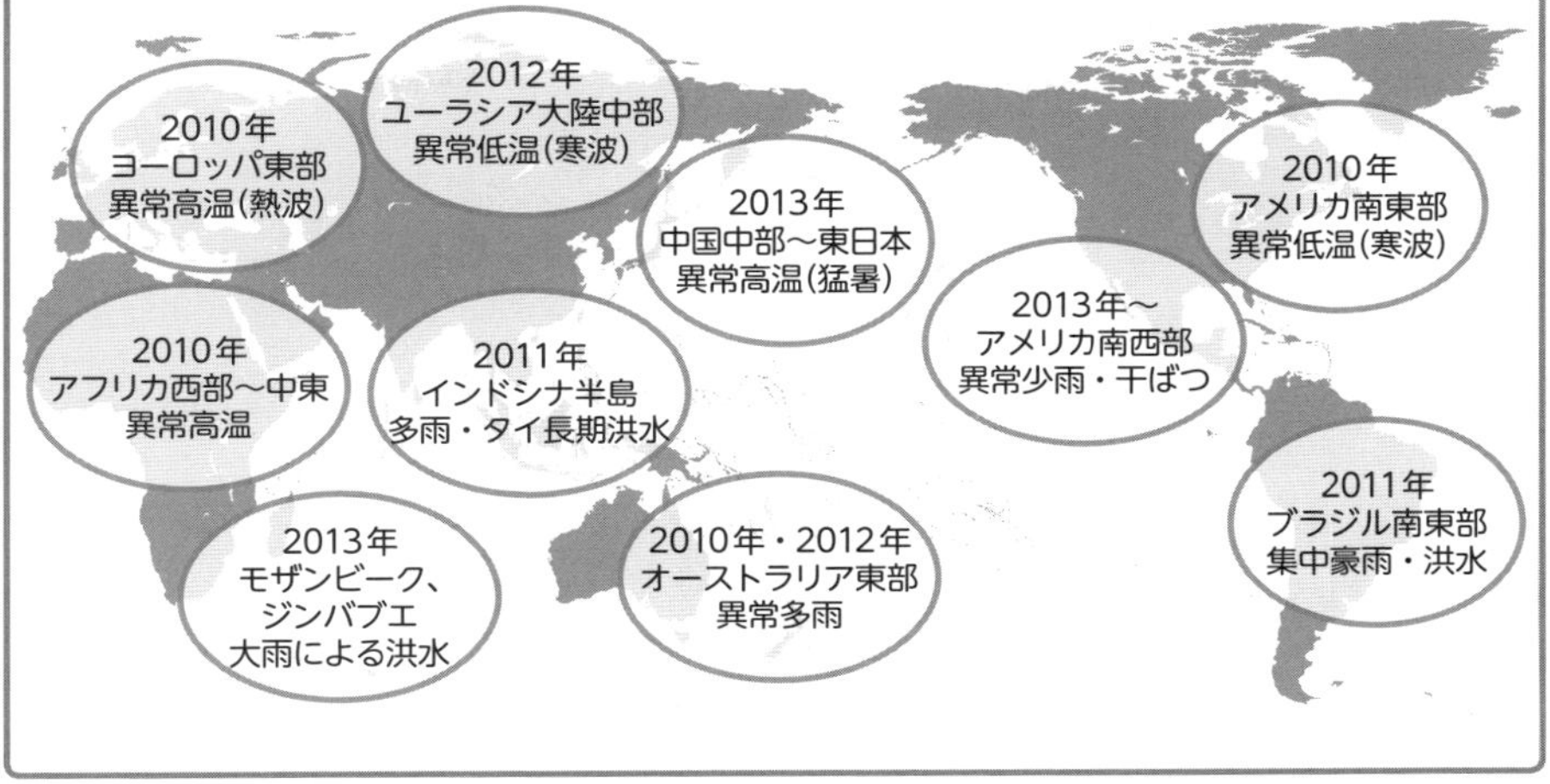
2010年
ヨーロッパ東部
異常高温(熱波)
2012年
ユーラシア大陸中部
異常低温(寒波)
2013年
中国中部〜東日本
異常高温(猛暑)
2010年
アメリカ南東部
異常低温(寒波)
2013年〜
アメリカ南西部
異常少雨・干ばつ
2010年
アフリカ西部〜中東
異常高温
2011年
インドシナ半島
多雨・タイ長期洪水
2011年
ブラジル南東部
集中豪雨・洪水
2013年
モザンビーク、
ジンバブエ
大雨による洪水
2010年・2012年
オーストラリア東部
異常多雨

え〜!? 異常気象だらけじゃないですか!「異常」っていえるのですか?
判断が難しいところですね。「異常な気象現象が頻発していることそのものが異常」ともいえます。ただ、「いま生きている私たちにとってどうなのか」を考えることが大切だ、ということはいえます。

地球規模では微調整でも、人間にとっては一大事

「異常気象」とは**「同じ場所で30年に1回起こるか起こらないかの非常にまれな気象現象」**のことです。この30年というのは、人間の一生でいうと、0歳児なら働き盛りの30歳に、会社員なら一線を退く60歳になるまでの時間。このくらいの間隔に1度なら、人は「まれ」であると感じます。

もっとも、一個人にとってはまれでも、**地球レベルでみると、異常気象は頻繁に起こっています。**上にあげたのもごく一例。御年《おんとし》「46億歳」の地球にしてみれば、異常ではなく、単なる「バランス調整」なのかもしれません。

ただ、重要なのはいまを生きる私たち、将来を担う子どもたちへの影響です。「生きること」に不都合を及ぼすイレギュラーな気象現象……それが異常気象の「本質」です。

2-2

「異常」か、単なる「変動」か
～時間というスケールでみた違い～

極端な気象現象について、異常ではなく単なる変動ではないか、という声を耳にすることがあります。異常気象を語るときは、気候変動との違いを理解し、混同しないように注意する必要があります。

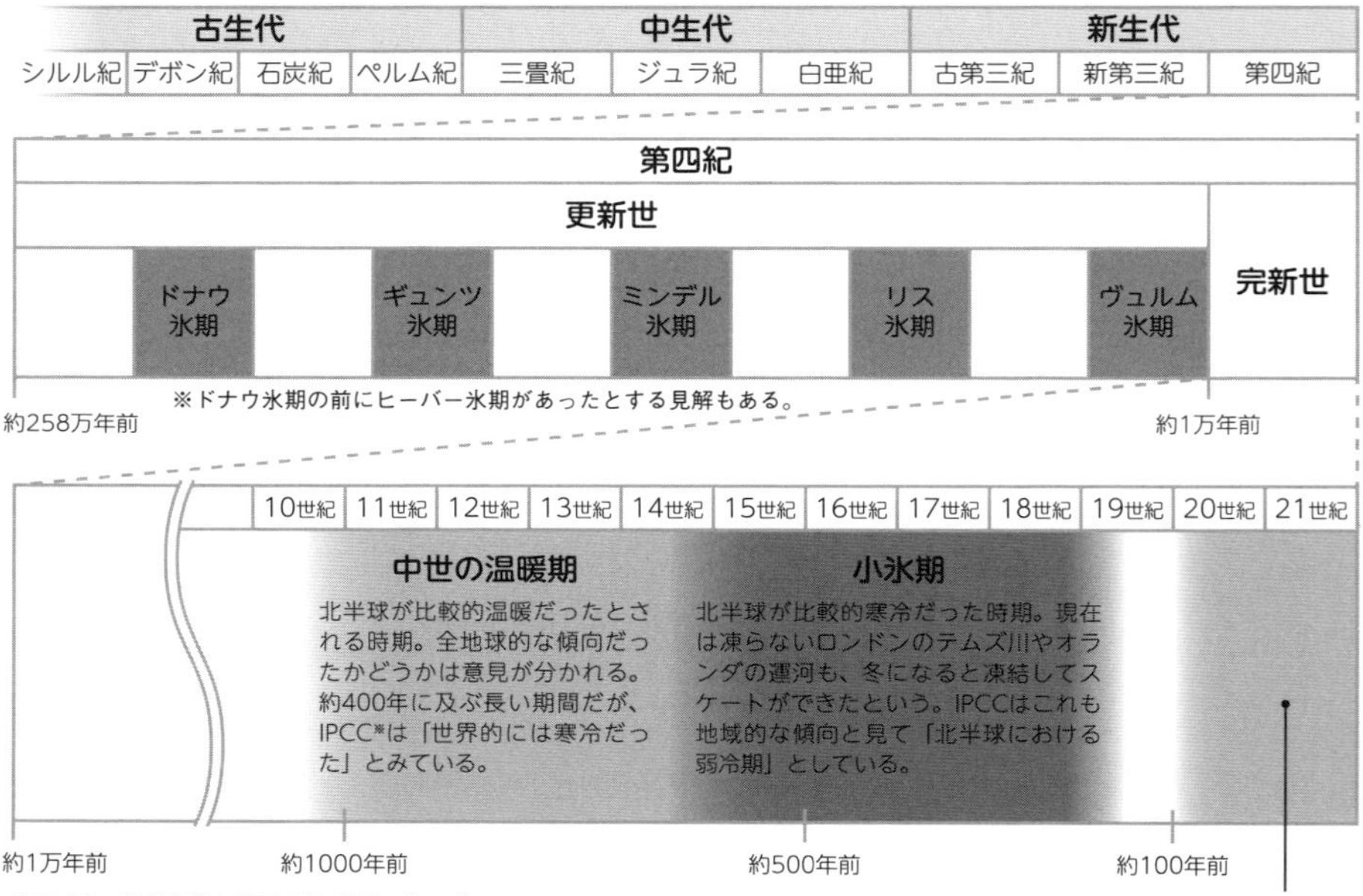

古生代
中生代
新生代
シルル紀
デボン紀
石炭紀
ペルム紀
三畳紀
ジュラ紀
白亜紀
古第三紀
新第三紀
第四紀
第四紀
更新世
ドナウ氷期
ギュンツ氷期
ミンデル氷期
リス氷期
ヴュルム氷期
完新世
※ドナウ氷期の前にヒーバー氷期があったとする見解もある。
約258万年前
約1万年前
10世紀
11世紀
12世紀
13世紀
14世紀
15世紀
16世紀
17世紀
18世紀
19世紀
20世紀
21世紀
中世の温暖期
北半球が比較的温暖だったとされる時期。全地球的な傾向だったかどうかは意見が分かれる。約400年に及ぶ長い期間だが、IPCC*は「世界的には寒冷だった」とみている。
小氷期
北半球が比較的寒冷だった時期。現在は凍らないロンドンのテムズ川やオランダの運河も、冬になると凍結してスケートができたという。IPCCはこれも地域的な傾向と見て「北半球における弱冷期」としている。
約1万年前
約1000年前
約500年前
約100年前

※ IPCC：気候変動に関する政府間パネル（Intergovernmental Panel on Climate Change）。人為的起源による気候変化、影響、適応及び緩和方策に関し、科学的、技術的、社会経済学的な見地から包括的な評価を行うことを目的として1988年に国連環境計画（UNEP）と世界気象機関（WMO）により設立された

現在は小氷期からの回復期とみることもできるが、それにしては20世紀以降の年平均気温の上昇が著しい。並行するように、突発的で極端な気象現象が増えている。相互の関連はあるのだろうか？

ところが、どうやら私たちの活動が、気候変動の波の長さを短く変えてしまっているようなのです。それがP22で説明する「地球温暖化」です。
気候変動の周期は、人間の時間感覚では実感できない長さなのですね。

気候変動と異常気象

大きな波が来るぞ。
対応できるように
今から備えよう。
気候変動
ひぃーーっ
わ〜、突然大波が
来た！ 何の準備も
できていないよ〜！
異常気象
ゆっくりした変化なら、人
間は順応したり対策を立て
たりすることもできます。
でも、突発的な変化にはす
ぐには対応できないので、
大きな被害が出ます。
本来、気候変動はゆっくりした大波
なのですね。その波の長さが短くなっ
てきていて、それが私たち人類のせ
いだとしたら、本当に問題ですよね。

気候変動は緩やかな大波
異常気象は突然の大波

46億年前の地球誕生以来、気候はさまざまに変化してきました。現在より暖かかった時代もあれば、寒かった時代もあります。約258万年前から現代に至る新生代《しんせいだい》・第四紀《だいよんき》に絞っても、**寒冷な時期（氷期《ひょうき》）が少なくとも5回ありました。**また、直近の氷期が終わった約1万年前から現在までのあいだにも、弱い寒冷な時期があったとされています。

そうした**気候の変動は、本来、数十～数百年、場合によっては数千～数万年もの長い年月をかけて進むもの**です。一方、**異常気象は30年に一度あるかないかの突発的かつ極端な変化**で、継続性もありません。

波にたとえるなら、異常気象はいわば突然の大波です。波長が長く緩やかな、気候変動の大波とは性質が異なります。

2-3

「地球温暖化」とは何か

～異常気象の元凶？～

地球温暖化が問題になって、どのくらい経つのでしょうか。世界中で起きている異常な気象現象の元凶だとする意見も数多くあります。そもそも、地球温暖化とは何でしょう？　「今年の冬は寒かったけど……」と思っていませんか？

年平均気温の上昇傾向

細い線は世界の各年の平均気温が基準値(1981～2010年の平均値)からどれくらい偏っているかを、太い線は偏りの5年移動平均(過去5年間の平均)を、直線は変化の傾向を示しています。100年間で0.69℃上昇する傾向が読み取れます。

世界の年平均気温偏差

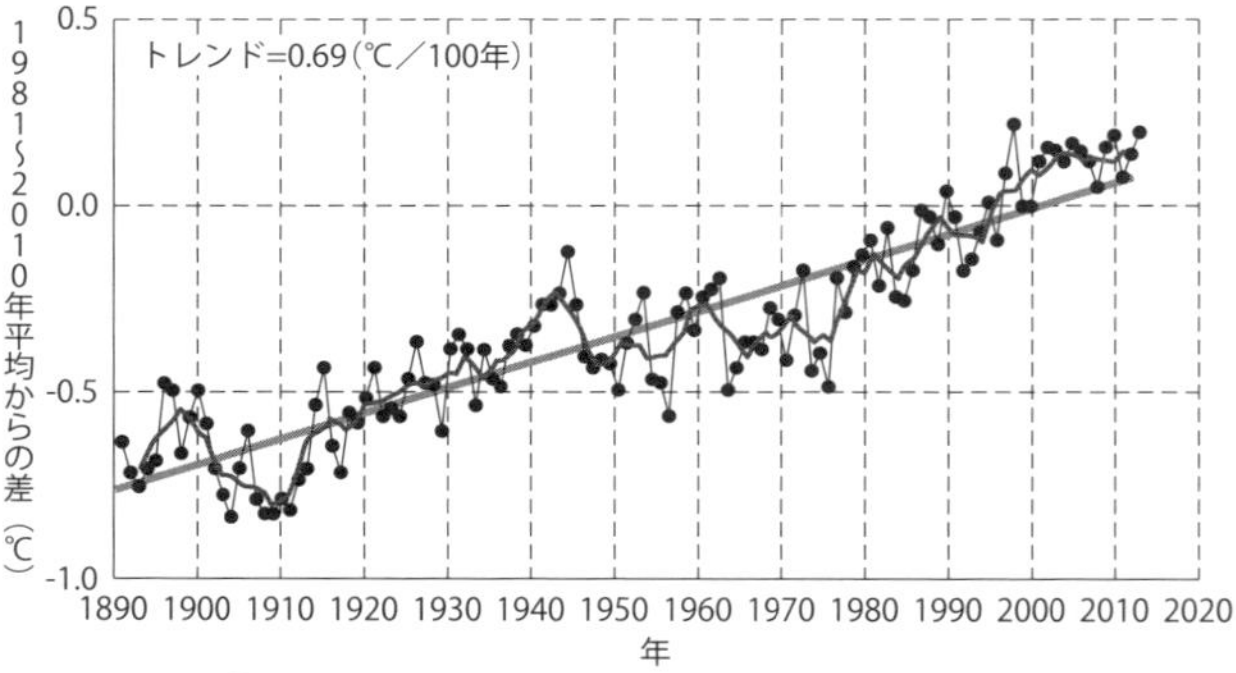
トレンド=0.69(℃／100年)
1981～2010年平均からの差(℃)
0.5
0.0
-0.5
-1.0
1890 1900 1910 1920 1930 1940 1950 1960 1970 1980 1990 2000 2010 2020
年

※気象庁「気候変動監視レポート2013」より

こちらは日本の年平均気温の推移です。都市化の影響が比較的少ない15地点の、1981～2010年の平均値からの偏差をグラフ化しています。100年間で世界平均より大きい約1.1℃の上昇傾向が認められます。

日本の年平均気温の変化

1981～2010年平均からの差(℃)
1.0
0.5
0.0
-0.5
-1.0
-1.5
-2.0
1890 1900 1910 1920 1930 1940 1950 1960 1970 1980 1990 2000 2010 2020
年

※気象庁「地球温暖化に関する知識」(2014年)より

世界の年平均気温　2100年までの変化予測

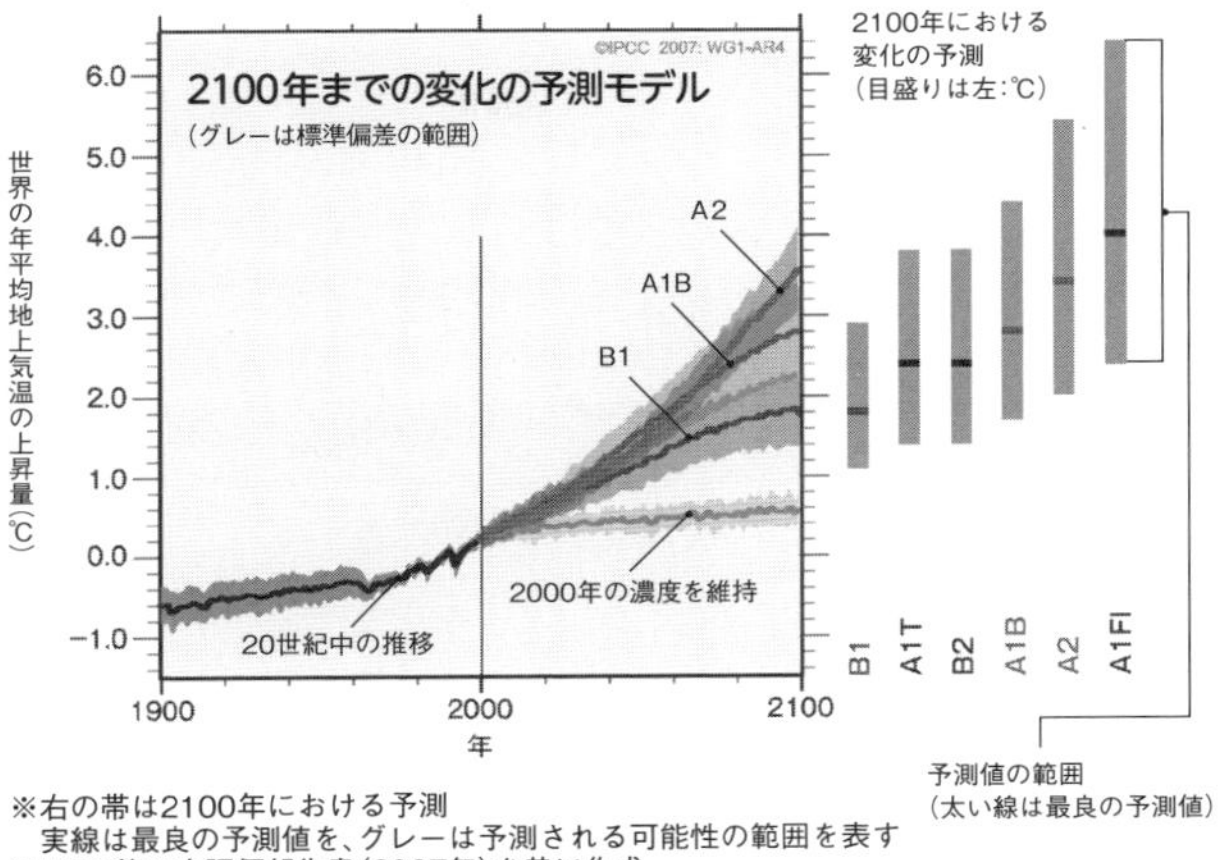
©IPCC 2007: WG1-AR4
2100年までの変化の予測モデル
（グレーは標準偏差の範囲）
世界の年平均地上気温の上昇量（℃）
6.0
5.0
4.0
3.0
2.0
1.0
0.0
−1.0
A2
A1B
B1
2000年の濃度を維持
20世紀中の推移
1900
2000
2100
年
2100年における変化の予測（目盛りは左：℃）
B1
A1T
B2
A1B
A2
A1FI
予測値の範囲（太い線は最良の予測値）

※右の帯は2100年における予測
　実線は最良の予測値を、グレーは予測される可能性の範囲を表す
※IPCC第４次評価報告書（2007年）を基に作成
　（注：2013年のIPCC第５次評価報告書では「ＲＣＰ」という新たな「シナリオ」に基づく予測が出されていますが、ここでは理解しやすい2007年版で示します）
※標準偏差=値のばらつきの度合い

〔目指す社会に基づくシナリオ〕

B1：持続発展型社会シナリオ
地球規模のクリーンエネルギー導入と省資源で環境保全と経済発展を両立させる社会をつくる。

A1T：高成長社会シナリオＴ
非化石エネルギー源を重視して高い経済成長を図る社会をつくる。

B2：地域共存型社会シナリオ
経済や環境の持続可能性を確保し、環境問題等は各地域で解決を図る社会をつくる。

A1B：高成長社会シナリオＢ
各エネルギー源のバランスを重視し、高い経済成長を図る社会をつくる。

A2：多元化社会シナリオ
経済は地域ブロック化して低成長、人口は増加する社会をつくる（環境への関心は低い）。

A1FI：高成長社会シナリオＦＩ
化石エネルギー源重視を継続して高い経済成長を図る社会をつくる。

温室効果ガスがこのまま増加し続けると、2100年には平均気温が今より3℃以上もあがる可能性があるのですね。
2000年の状態を維持できたとしても、将来的な気温上昇は避けられないことにも注目してください。今後は、上昇の速度をどう抑えるかが“鍵”です。

年平均気温の世界的な上昇

温暖化とは、気温や海水温の年平均値が上昇傾向にあることを指します。平均値なので、冬が寒くても夏が猛暑なら平均気温はあがります。年平均はその年全体の傾向を表すので、複数の年を並べて見比べれば、気候がどう変化しているかがわかります。

１９７０年代まで、地球は寒冷化しつつあるという説が主流でした。しかし80年代に入ると、むしろ気温は上昇傾向にあるという説が主流となります。しかも、その度合いは、通常の気候変動のサイクルでは説明できない大きさです。「何か」が関与していることが明らかでした。

さらに調べた結果、その「何か」とは、なんと私たち人類の活動そのものであることがわかったのです。そして、国際的な取り組みが始まったのでした。

2-4

何が地球を熱くする？
～人の営みと地球温暖化～

P23 で地球温暖化に関与しているのは「私たち人類だ」といいました。もちろん、この本を読んでいるあなたもそのひとりです。実感できないかもしれませんが、温暖化対策は温暖化を正しく理解することから始まるのです。

気候系の主な構成要素と要因

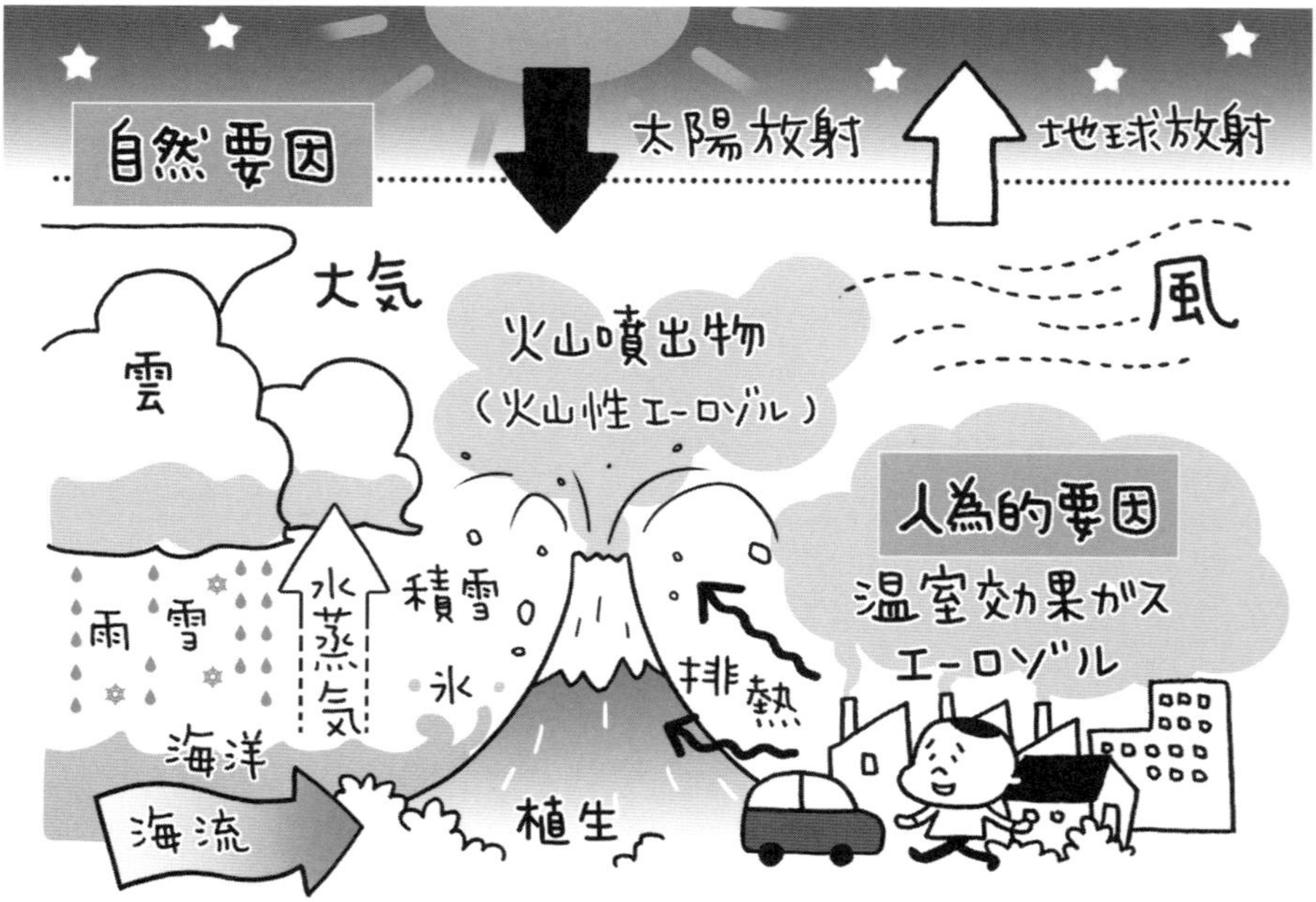
自然要因
太陽放射
地球放射
大気
風
雲
火山噴出物
（火山性エーロゾル）
人為的要因
温室効果ガス
エーロゾル
雨
雪
水蒸気
積雪
氷
排熱
海洋
海流
植生

人間自身の生活だけじゃなく、森林破壊や自然の改変も気候系に影響を及ぼすのですね。ところで「エーロゾル」って何ですか？
エーロゾル（エアロゾル）は直径0.001～100μm程度の浮遊微粒子のことです。工場の煙や自動車の排気ガスなど人間由来のものと、黄砂や火山灰など自然由来のものがあります。近年話題に上るPM2.5（直径2.5μm以下の微小粒子状物質）もこれに含まれます。

大気中の温室効果ガスの濃度と変化

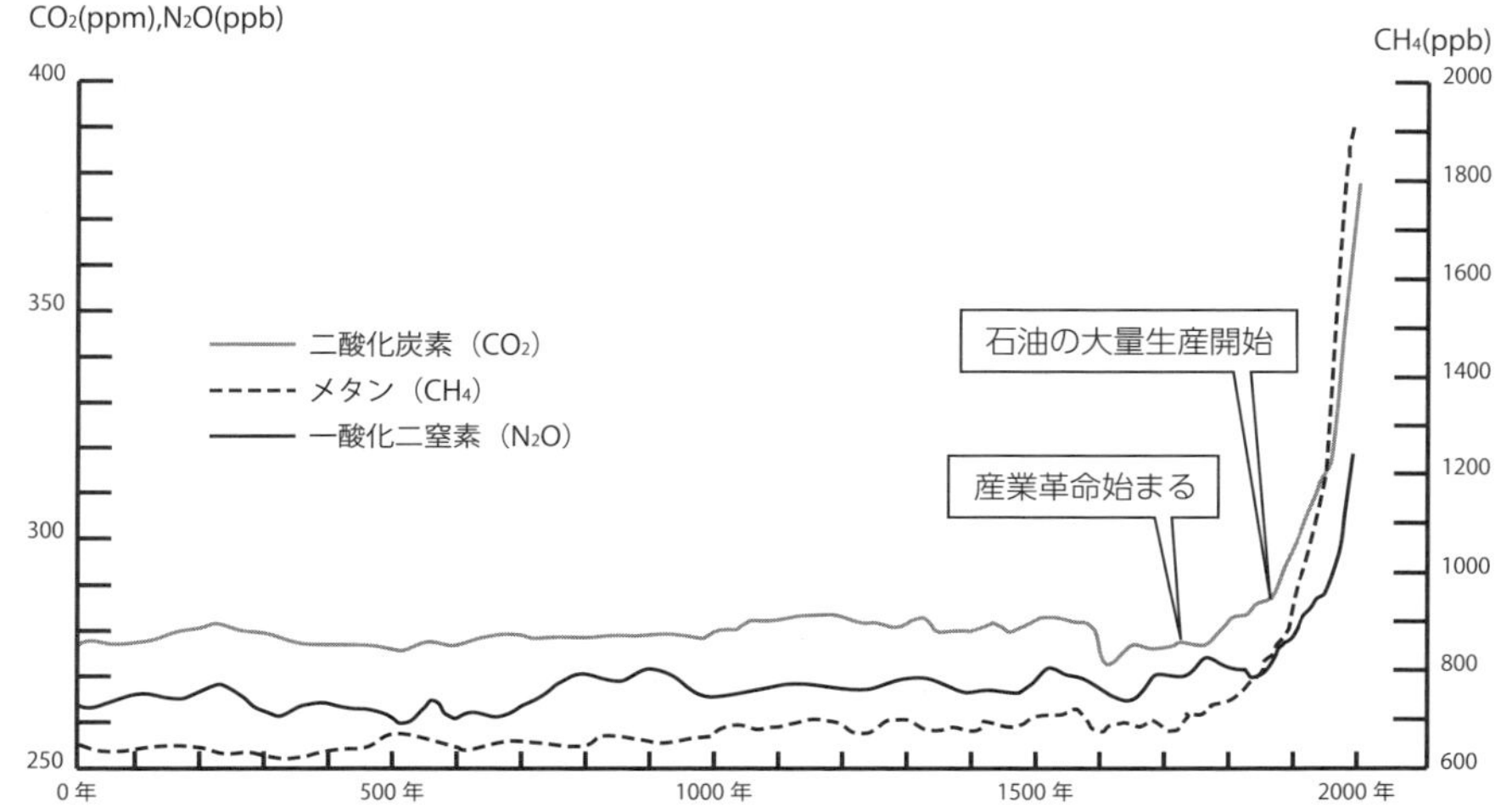
CO2(ppm),N2O(ppb)
CH4(ppb)
400
350
300
250
2000
1800
1600
1400
1200
1000
800
600
0年
500年
1000年
1500年
2000年
二酸化炭素（CO2）
メタン（CH4）
一酸化二窒素（N2O）
石油の大量生産開始
産業革命始まる

※IPCC第４次評価報告書「第１作業部会報告書概要及びよくある質問と回答」より

18世紀半ばの産業革命や19世紀半ばの石油の大量生産開始以降、大気中の温室効果ガスの濃度が増加していることがわかります。人間の活動が関係していることは明らかです。
20世紀に入ってからの上昇の度合いがものすごいですね。そうか！　工業化だけじゃなくて、自動車の普及や、都市への人口集中も関係しているのですね。

気候系のバランスを人間の活動が崩している

気候変動や気象現象は、**地球が受ける太陽の熱エネルギーの変換過程**として捉えることができます。水は熱を吸収すると気体、つまり水蒸気となります。それが上空に運ばれ、水滴化して雲になると内部の熱を放出して別の雲を蒸発させたり、あるいは宇宙へ放射されたりします。

こうした**熱収支に基づく地球規模のシステムを「気候系」と呼びます。**熱は原則的に気候系内で循環し、系外との収支バランスを維持していますが、何らかの原因でバランスが崩れると、気候に変動が生じます。

バランスを崩す原因は自然要因にも人為的要因にもあります。前者の代表例は火山噴火ですが、地球温暖化で問題になっているのは人為的要因、特に**温室効果ガス**（↓P28）の過剰な排出です。

2-5

温暖化すると何が困る？
～地球温暖化の弊害～

「地球が温暖化して何が悪いの？　暖かいほうが過ごしやすくて快適じゃない」……いいえ、そんな単純な話ではありません。温暖化すると私たちが生きていくうえで不都合な事象があまりにも多くなってしまうのです。

地球温暖化で懸念される影響

のど
カラカラ

水不足
蒸発量が降水量を上回って干ばつに。水道水の取水が制限され水不足に。

海面の上昇
陸上の雪や氷が解けて海に流れ込み、海面が上昇、沿岸の低地が水没する。

健康への影響
熱中症の増加。病原体媒介昆虫の生息域拡大で熱帯病流行の恐れ。

農業への影響
気温上昇や降水量の変化が農作物の生育に影響し、収穫量が減少する。

グ～

食料不足
農作物の収穫量減少、生態系の変化に伴う漁獲量減少で食料不足に？

生態系の変化
南方系生物の生息限界が北へ拡大し、旧来の生態系のバランスが崩れる。

上にあげたのはごく一部です。加えて最も懸念されるのが、異常気象の頻発です。左のページをみてください。
地球が温暖化すると、いろいろなところに影響するのですね。

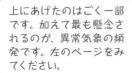

国内13の観測点で記録した猛暑日の平均日数のグラフです。1990年代半ばから極端に多い年が頻出していることがわかります。

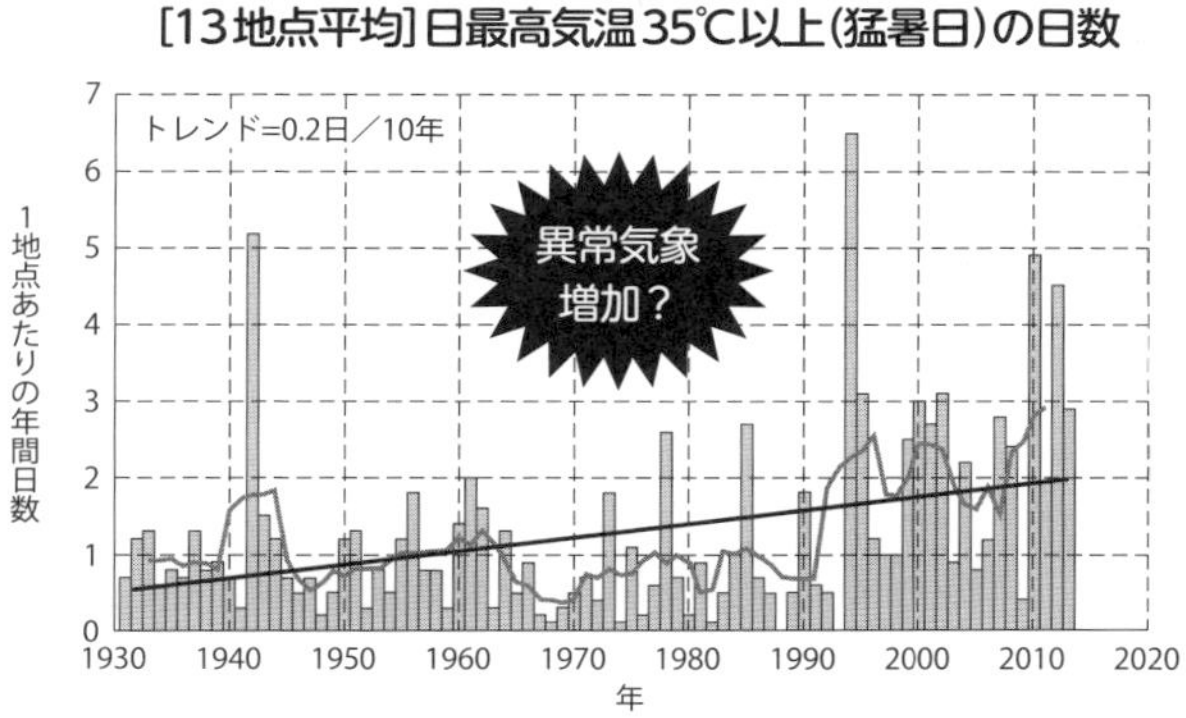
[13地点平均]日最高気温35℃以上(猛暑日)の日数
トレンド=0.2日/10年
異常気象増加?
1地点あたりの年間日数
年
0
1
2
3
4
5
6
7
1930
1940
1950
1960
1970
1980
1990
2000
2010
2020

こちらはアメダスが1日400mm以上の雨を観測した日数のグラフです。1990年代半ば以降、極端に多い年が増えていますね。P66のグラフも併せてご覧ください。

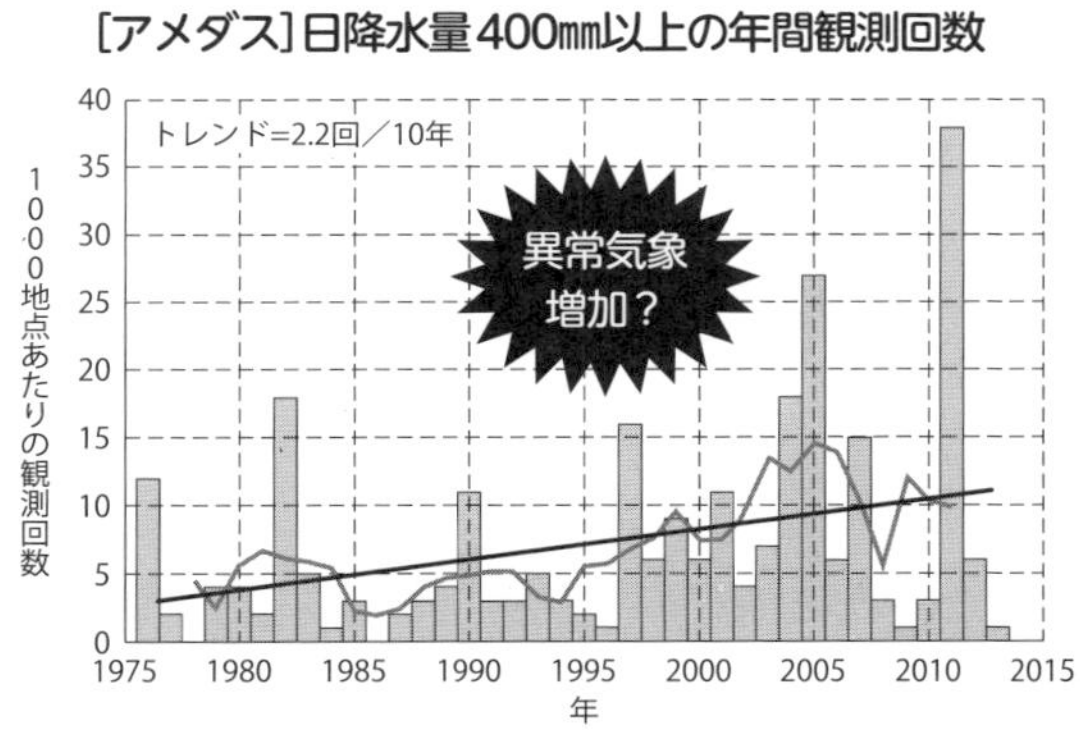
[アメダス]日降水量400㎜以上の年間観測回数
トレンド=2.2回/10年
異常気象増加?
1000地点あたりの観測回数
年
0
5
10
15
20
25
30
35
40
1975
1980
1985
1990
1995
2000
2005
2010
2015

※両グラフとも「気候変動監視レポート2013」(気象庁)より

低地が水沈し、病気が流行り異常気象が頻発する

地球温暖化の影響でまず思い浮かぶのは海面上昇でしょう。水没の危機にあるとされる南太平洋の小国・ツバルの現状は大きく報道され、温暖化の影響の顕著な例とされました。

同国の状況と温暖化に因果関係があるかどうかは意見が分かれますが、高山の氷河や南極の氷床が融解すれば海面が上昇し、標高が低い多くの地域が水没するのは確かです。

温暖化による生態系の変化も懸念されます。南方系の蚊の生息域が拡大し、蚊が媒介するデング熱やマラリアなどが中緯度地方にもまん延する可能性が指摘されています。

そして最も懸念されるのが、**異常な気象現象が多発すること**です。実際、大雨や異常高温などが世界規模で頻発していることはご存じのとおりです。

CO_2だけが悪者か
～温室効果ガスのいろいろ～

世界は地球温暖化をくい止めようと温室効果ガス、特に二酸化炭素（CO_2）の排出規制に動いています。でも、なぜ CO_2 なのでしょう？　そもそも温室効果ガスとはどんなものなのでしょうか。また、減らせば万事解決するのでしょうか。

人為起源の温室効果ガスの種類別割合

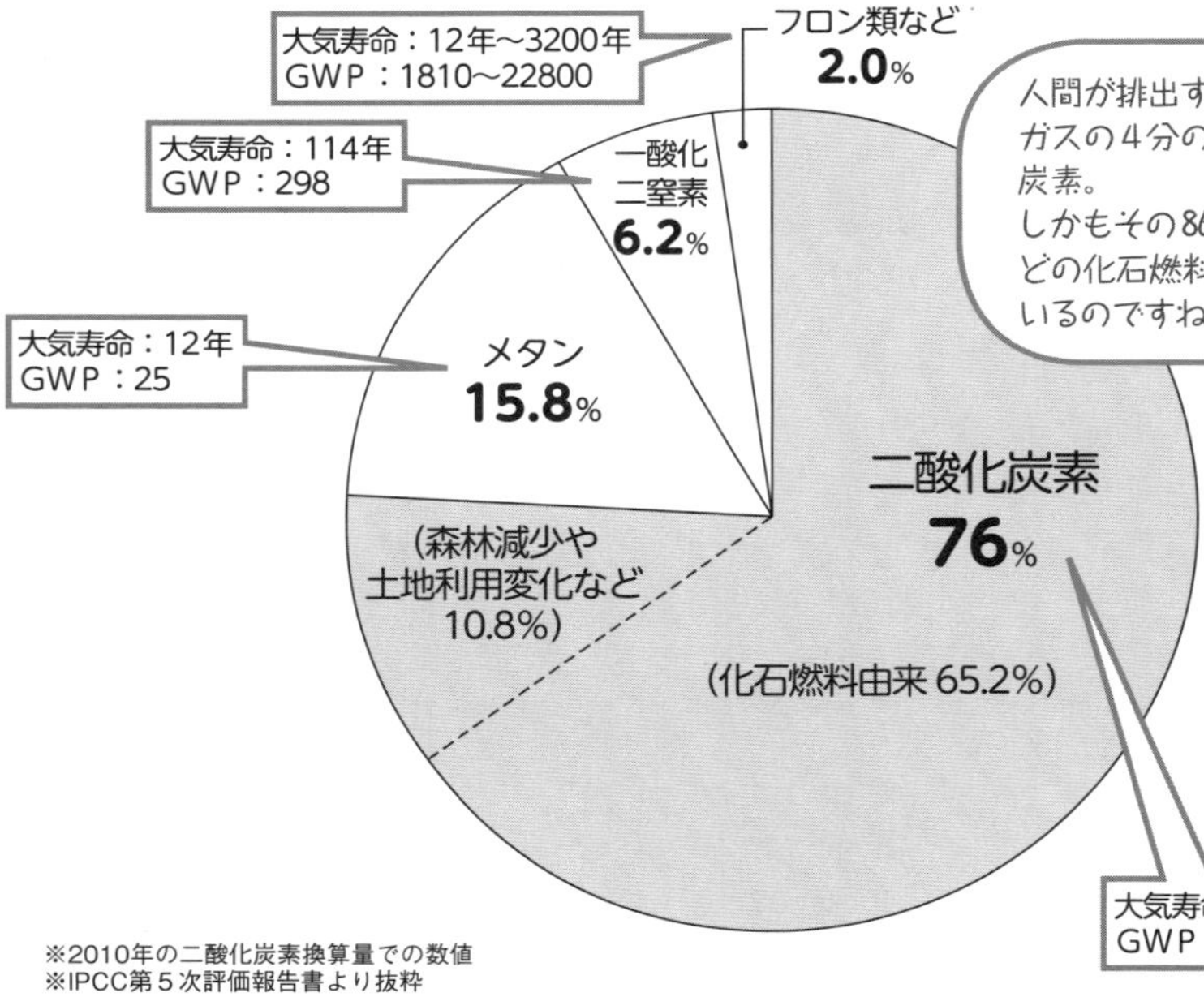

※2010年の二酸化炭素換算量での数値
※IPCC第５次評価報告書より抜粋

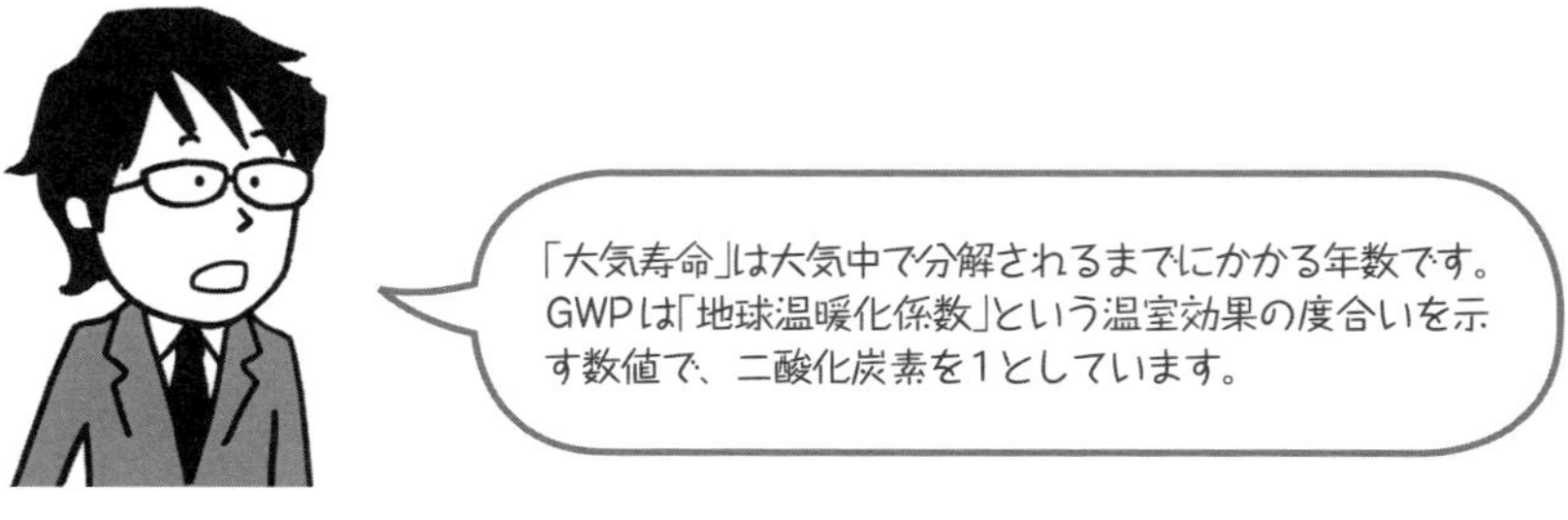

二酸化炭素と水蒸気の相乗効果

排出された二酸化炭素
温室効果で気温上昇（例：1.2℃上昇）
水蒸気の温室効果でさらに上昇（例：2.4℃上昇）
温暖化で蒸発促進
水蒸気
海など

※気象庁ホームページのデータを基に作成

二酸化炭素より水蒸気のほうが、ずっと温室効果が高いと聞きましたけど……？
そうですね。二酸化炭素による気温上昇を、水蒸気が増幅しているといわれます。でも、水蒸気の発生源は無限なので削減は不可能です。空気中に含まれる量にも限界がありますし（飽和水蒸気量→P116）、水や氷にも変化するので、それよりは二酸化炭素の削減に努めたほうが賢明です。

赤外線を吸収し再び放出する気体

温室効果ガスとは赤外線を吸収・放出する性質をもつ気体の総称です。熱を吸収して宇宙への熱放射を妨げ、再び大気に戻すため気温が上昇します。これを温室にたとえたわけです。

実のところ、温室効果ガスの存在自体が悪いわけではありません。もし**大気中に温室効果ガスがなかったら、地表はマイナス19℃になる**と試算されています。**温室効果ガスのおかげで地球は適温**になり、生命が育まれてきたのです。問題なのは「増えすぎたこと」です。

温室効果ガスは数種類あり、二酸化炭素より効果が大きい気体もあります。それなのに、なぜ二酸化炭素ばかりが〝目のかたき〟にされてしまうのでしょう？　理由はあまりに量が多いうえ、増え続けていること。大気中で分解しない性質も問題です。

2-7

本当は地球は冷えている？

～地球温暖化説への異議～

「地球温暖化をくい止めよう！」という声が高まる一方で「地球温暖化なんてうそっぱちだ！」と声高に叫ぶ人たちが少なからずいます。さまざまな観点からの見解や主張が飛び交っていますが、本当のところはどうなんでしょう？

地球温暖化への異議の一例

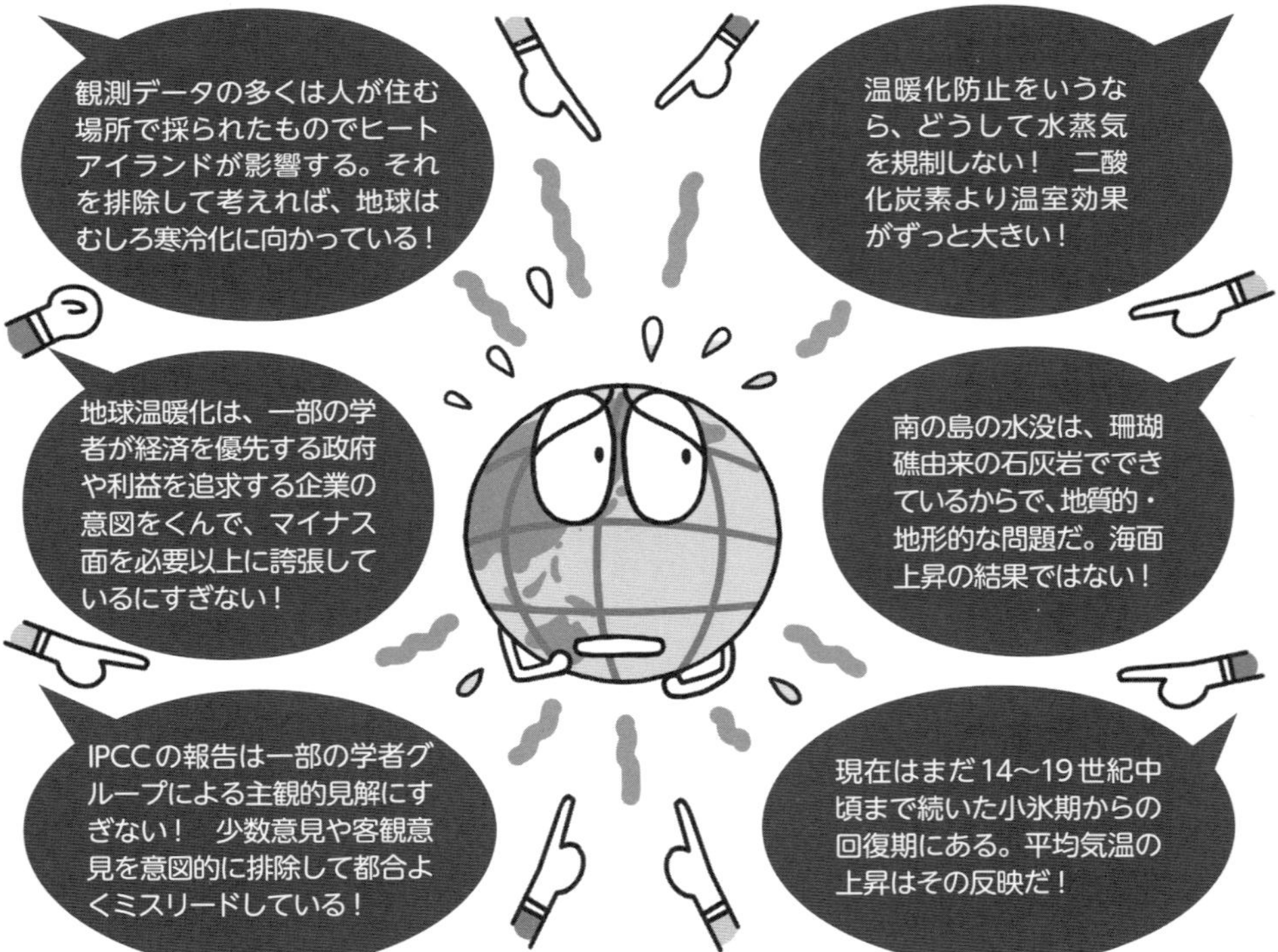
観測データの多くは人が住む場所で採られたものでヒートアイランドが影響する。それを排除して考えれば、地球はむしろ寒冷化に向かっている！

温暖化防止をいうなら、どうして水蒸気を規制しない！　二酸化炭素より温室効果がずっと大きい！

地球温暖化は、一部の学者が経済を優先する政府や利益を追求する企業の意図をくんで、マイナス面を必要以上に誇張しているにすぎない！

南の島の水没は、珊瑚礁由来の石灰岩でできているからで、地質的・地形的な問題だ。海面上昇の結果ではない！

IPCCの報告は一部の学者グループによる主観的見解にすぎない！　少数意見や客観意見を意図的に排除して都合よくミスリードしている！

現在はまだ14～19世紀中頃まで続いた小氷期からの回復期にある。平均気温の上昇はその反映だ！

これでもほんの一部です。でも異論が出されるのは科学にとっていいことだし必要なことです。検証を繰り返すことで真実に近づけるからです。
いろんな反対意見が出されているんですね。

右ページの異議への反論

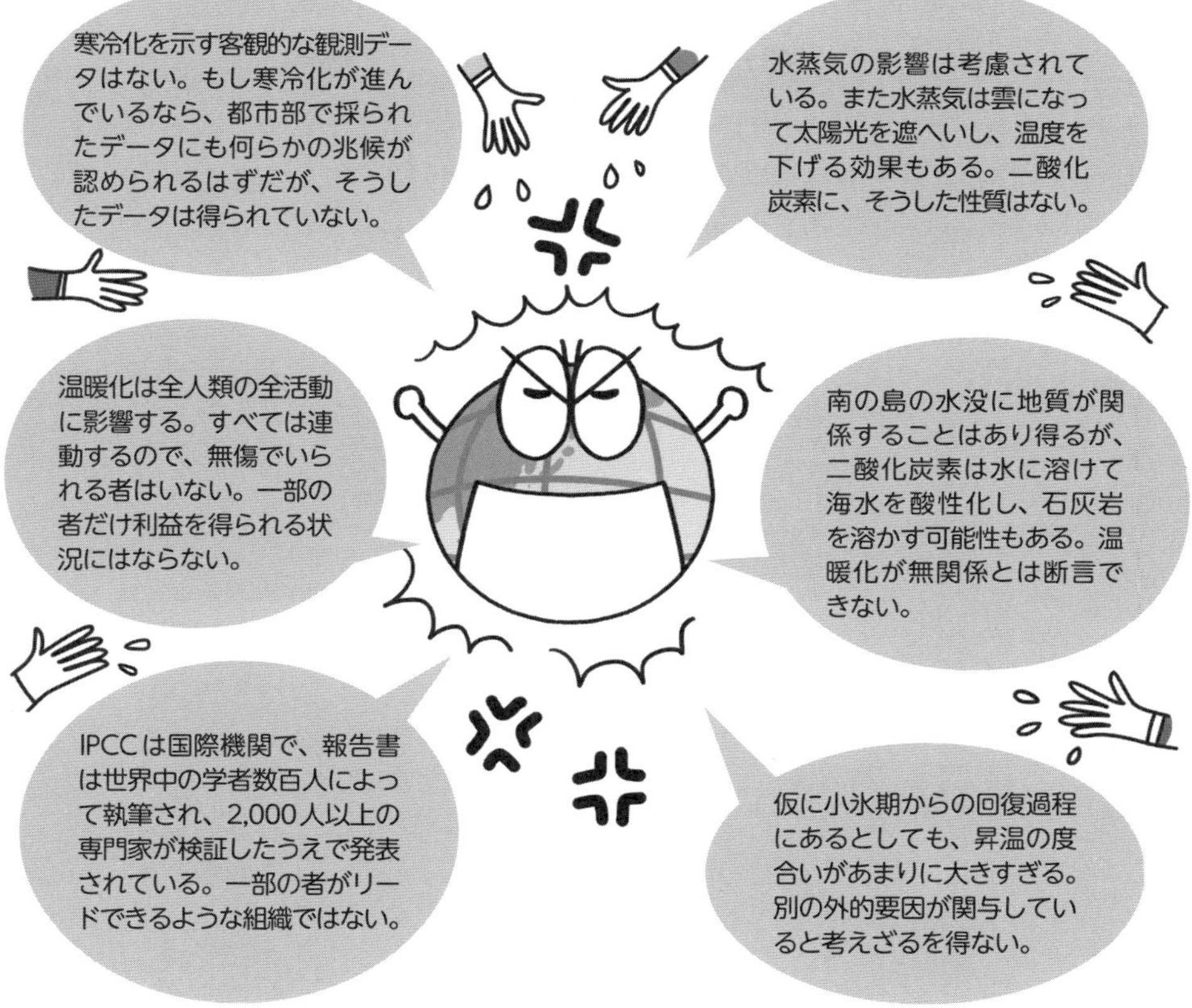
寒冷化を示す客観的な観測データはない。もし寒冷化が進んでいるなら、都市部で採られたデータにも何らかの兆候が認められるはずだが、そうしたデータは得られていない。

水蒸気の影響は考慮されている。また水蒸気は雲になって太陽光を遮へいし、温度を下げる効果もある。二酸化炭素に、そうした性質はない。

温暖化は全人類の全活動に影響する。すべては連動するので、無傷でいられる者はいない。一部の者だけ利益を得られる状況にはならない。

南の島の水没に地質が関係することはあり得るが、二酸化炭素は水に溶けて海水を酸性化し、石灰岩を溶かす可能性もある。温暖化が無関係とは断言できない。

IPCCは国際機関で、報告書は世界中の学者数百人によって執筆され、2,000人以上の専門家が検証したうえで発表されている。一部の者がリードできるような組織ではない。

仮に小氷期からの回復過程にあるとしても、昇温の度合いがあまりに大きすぎる。別の外的要因が関与していると考えざるを得ない。

正誤の評価より未来に向けどう行動するかが大切

地球温暖化懐疑論には、おおむね2つの傾向があるようです。科学的見地からの疑義と社会的な理由からの異議です。前者は観測データへの疑問やメカニズムへの異説であるのに対し、後者は政治的・経済的理由に基づく反対論です。極端な理論や過激な意見もなかにはありますが、根拠のある科学的な異論には耳を傾けるべきでしょう。ただ、だれもが納得できる新しい説は、今のところ出ていません。

現在主流の説が100%正しいという保証はありません。しかし**気候変動は長い時間スケールで考えるべき問題**です。正誤がわかるのは何年も先、評価を下すのは未来です。

今を生きる私たちに求められているのは「未来のために何を考え、どう行動するか」ではないでしょうか。

2-8

国際協力で何をすべきか
～京都議定書とその後～

地球温暖化について語られるとき、必ず話題にのぼるのが「京都議定書」です。よく聞く言葉ですが、いったい何が書かれているのでしょう？　また、これがまとめられるまでに何があり、今後どうしようとしているのでしょう？

地球温暖化をめぐる世界の動き

1970年代	一部に二酸化炭素濃度の上昇と温暖化の可能性を指摘する声があったが、主流は「地球は寒冷化に向かっている」だった。
1979年	アメリカ科学アカデミー特設委員会、二酸化炭素濃度の上昇による21世紀の気温上昇の可能性を指摘**（チャーニー報告）**。
	第1回世界気候会議（温暖化についての評価は見送る）。
1985年	**フィラハ会議**（地球温暖化をテーマとした初の国際会議）。
1988年	アメリカ上院エネルギー委員会公聴会にて、猛暑と地球温暖化の関連を指摘する発言**（ハンセン発言）**。
	気候変動に関する政府間パネル（IPCC）が発足。
	トロント会議開催（2005年までに先進国が二酸化炭素排出量を1988年レベルより20％減らすことを提案）。
1992年	**地球サミット**にて**気候変動枠組条約**を採択。
1997年	京都にて**第3回気候変動枠組条約締約国会議（COP3）**開催、**京都議定書**を採択（はじめて排出量の削減義務を規定）。
2001年	アメリカ、京都議定書からの離脱を表明。
2006年	経済学者・スターン卿、イギリス政府に経済的観点から温暖化対策の必要性を訴えた報告書を提出**（スターン報告）**。
2007年	IPCC、ノーベル平和賞を受賞。
2011年	カナダ、京都議定書からの正式離脱を表明。
2013年	IPCC第5次評価報告書発表（温暖化に関する最新の報告書）。
2014年	米中首脳会談で温室効果ガス削減目標設定に合意。
	COP20開催（12月1～12日／ペルー）。

地球温暖化が問題になって30年も経つのですね。いまだに意見がまとまらなかったり反対論が出たりって、私たち若い世代からみたら「何をやってるんだろう」って思います。

温暖化は80年代に問題化
画期的だった京都議定書

1980年代に入り、地球は温暖化していることがわかってきました。当初は学術研究のレベルにとどまっていましたが、'88年、アメリカ上院の公聴会で猛暑と温暖化を関連づける発言があったことで潮目が変わります。大きく報道されて一気に社会問題化し、各国の協力で対策に取り組もうとの気運が高まりました。

同年、**国際機関として「気候変動に関する政府間パネル」（IPCC）が発足**し、さらに'92年、**国連環境開発会議（地球サミット）で「気候変動枠組条約」が採択**されました。

そして'97年、**第3回気候変動枠組条約締約国会議（COP3）が日本の京都市で開催**。温室効果ガスの国別削減目標を盛り込んだ画期的な合意文書が採択されました。これが**「京都議定書」**です。

京都議定書とポスト京都議定書

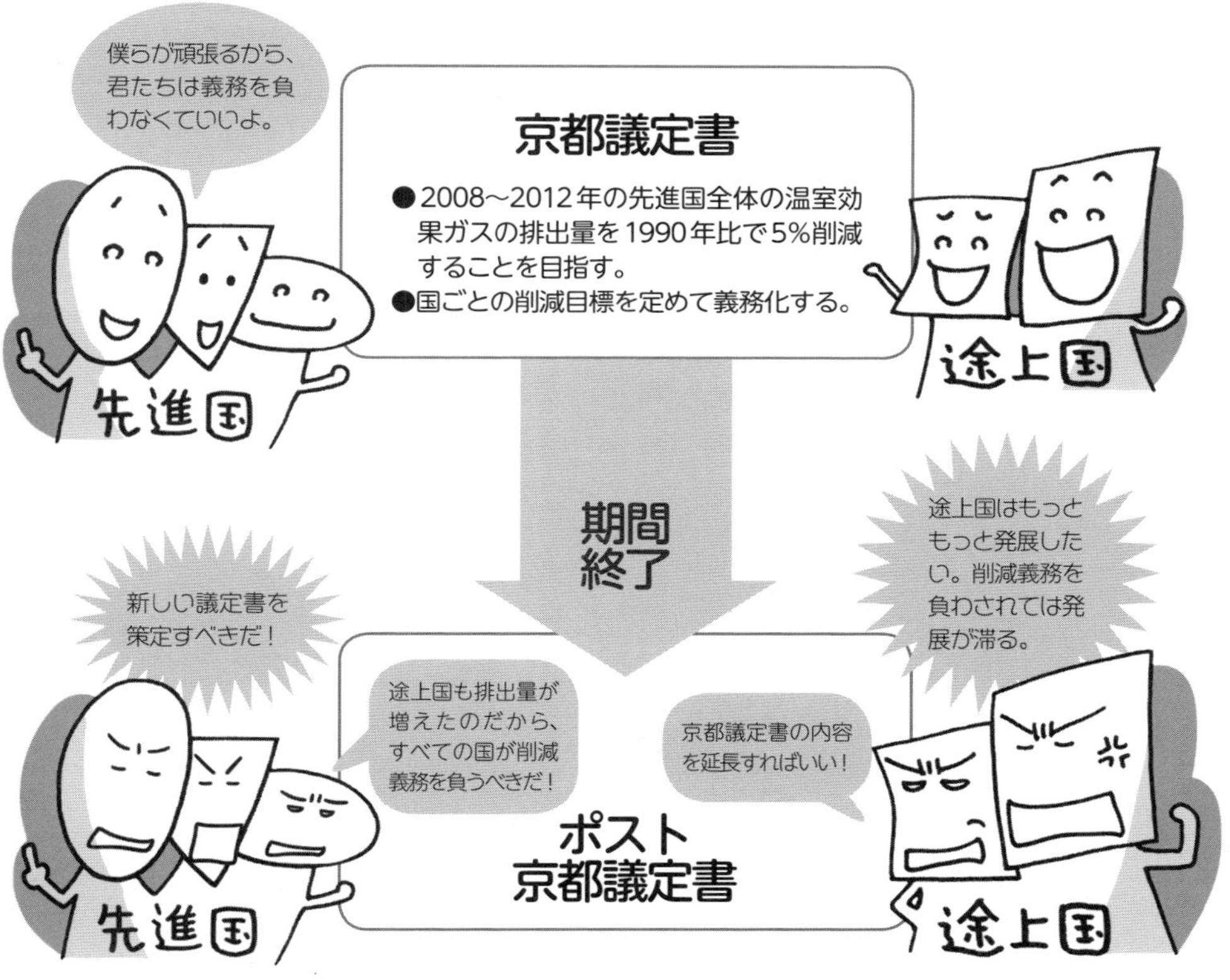
僕らが頑張るから、君たちは義務を負わなくていいよ。
京都議定書
●2008〜2012年の先進国全体の温室効果ガスの排出量を1990年比で5%削減することを目指す。
●国ごとの削減目標を定めて義務化する。
先進国
途上国
期間終了
新しい議定書を策定すべきだ！
途上国はもっともっと発展したい。削減義務を負わされては発展が滞る。
途上国も排出量が増えたのだから、すべての国が削減義務を負うべきだ！
京都議定書の内容を延長すればいい！
ポスト京都議定書
先進国
途上国

当初から抱えていた矛盾「ポスト京都」は？

京都議定書は2008〜2012年の温室効果ガス排出量に国別の削減目標を定め、未達成の場合のペナルティーも定めた厳しいものでした。強制力をもたせて実効性を狙ったわけですが、当初からいくつかの矛盾を抱えていました。

最大の矛盾は**中国とインドが規制の対象外**だったことです。当時は発展途上とされたからですが、両国はその後急速に発展し、温室効果ガスの大量排出国になっています。

さらに、議決当時は最大の排出国だったアメリカが、国内の事情で議定書から離脱。カナダも目標達成を断念して離脱してしまいました。

京都議定書の設定期間が終わり、現在は「京都後」をどうするか検討が続いていますが、各国の事情や思惑が絡み、先がみえない状況です。

斉田気象予報士の
異常気象コラム2

どんどん精密になる観測

進められる観測所の造設

昔と比べていまの天気が本当に「おかしいかどうか」を判断するためには、継続的な観測が必要です。

明治5（1872）年、日本ではじめての測候所が函館（北海道）に造られて以来、全国各地に気象台や測候所が建てられました。また、無人の観測施設「アメダス」が昭和49（1974）年から運用され始め、観測所はさらに数を増やしています。

現在アメダスは、17km四方に1カ所の割合で設置されています。全国約1,300カ所で地上の観測が行われているわけです。

上空のデータはラジオゾンデと呼ばれる小型の観測機器をつけた気球を飛ばしたり、電波を使って上空の風の流れを観測するウィンドプロファイラを使ったりして、集めています。一方、海洋のデータは船による観測はもちろん、気象衛星からも得られるようになってきました。このように、観測技術が高度化されることで、測候所は廃止され、無人化が進められています。

人間の目と頭で判断することも必要

しかし、気象観測には、人間の目で確認しなければならない側面もあります。

例えば「初冠雪」は、山頂が雪で覆われている状態をふもとの気象台や測候所から確認できたときに発表されます。桜の開花や黄砂なども、人間が確認しなくてはなりません。

継続的、という意味では観測地点の移転問題もあります。平成26（2014）年12月、気象庁本庁の移転（予定）に伴い、東京の観測地点は西へ約900mのところにある北の丸公園内（東京都千代田区）に移されました。たった900mですが、周辺環境の違いが影響し、最低気温が年平均で1.4度も低く記録されることが、事前の観測でわかっています。

同じ場所、同じ条件で観測が続けられることが望ましいのですが、そうはできない場合もあります。用途に応じて、観測データを正しく読み解く「目」を養うことが大切です。

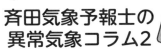

3章

何が天気を狂わせる？

「天気をおかしくする要因」はいろいろあります。
周期的な変動もあれば、突発的に起こる事象もあります。
地球自体が抱えている原因だけでなく、
遠く離れた太陽の活動なども影響しているようです。
それらがどのように気象に影響を与えるのか、本章で探ってみましょう。

3-1

海が変われば空も変わる
～海流と気候の深い関係～

海流については、暖流と寒流があることや、日本付近には黒潮と親潮が流れていることなどはよくご存じだと思います。でも、気象との関係となると、どうでしょう。実はこれ以上ないくらい密接に関係しているのです。

日本近海を流れる海流

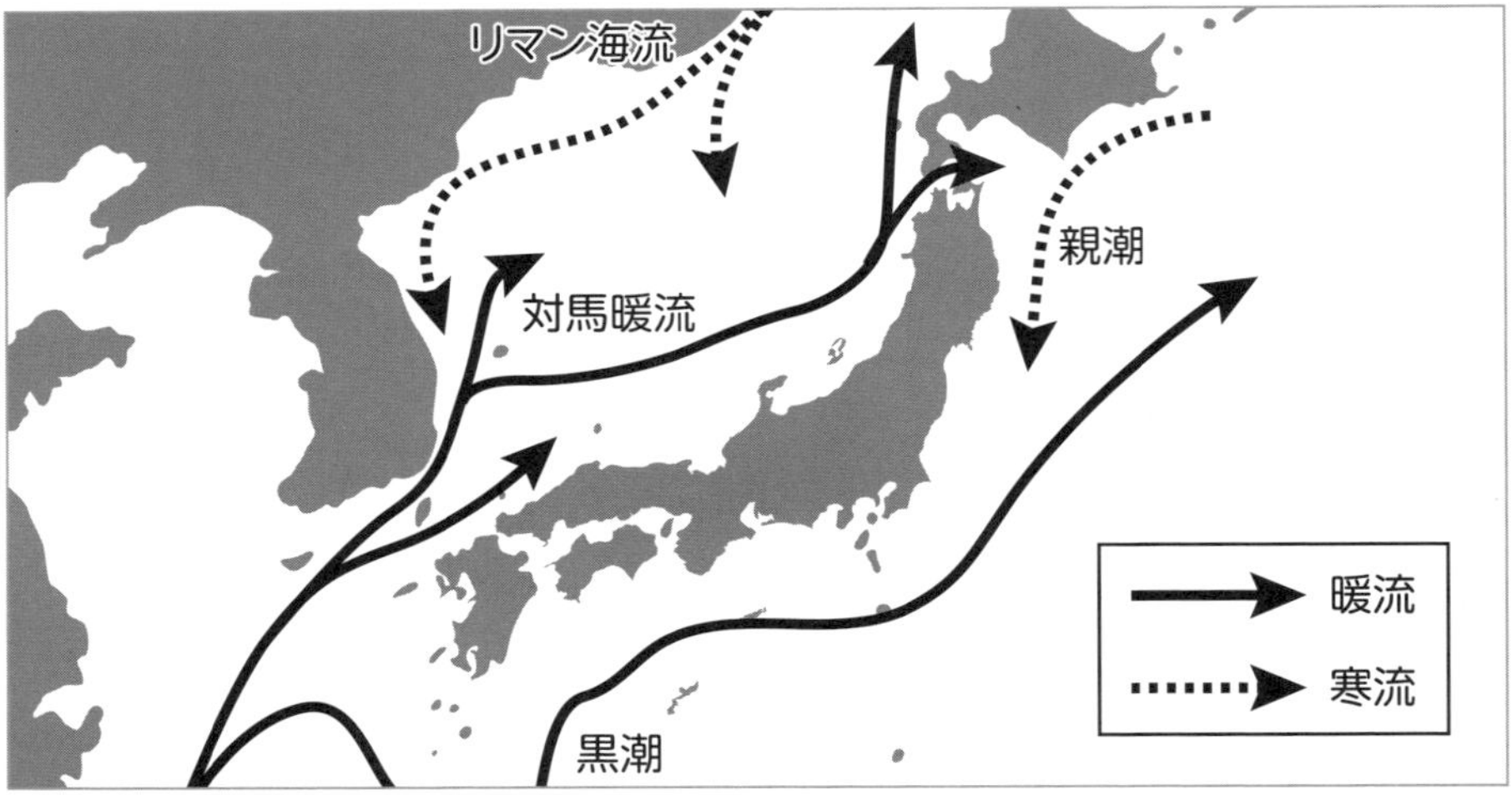

リマン海流
親潮
対馬暖流
黒潮
暖流
寒流

海流は両極と赤道のあいだの、海水の大循環であるという見方ができます。黒潮は亜熱帯循環、親潮は亜寒帯循環の、それぞれ一部です。海水によって熱エネルギーが循環しているともいえます。

海洋表層の循環

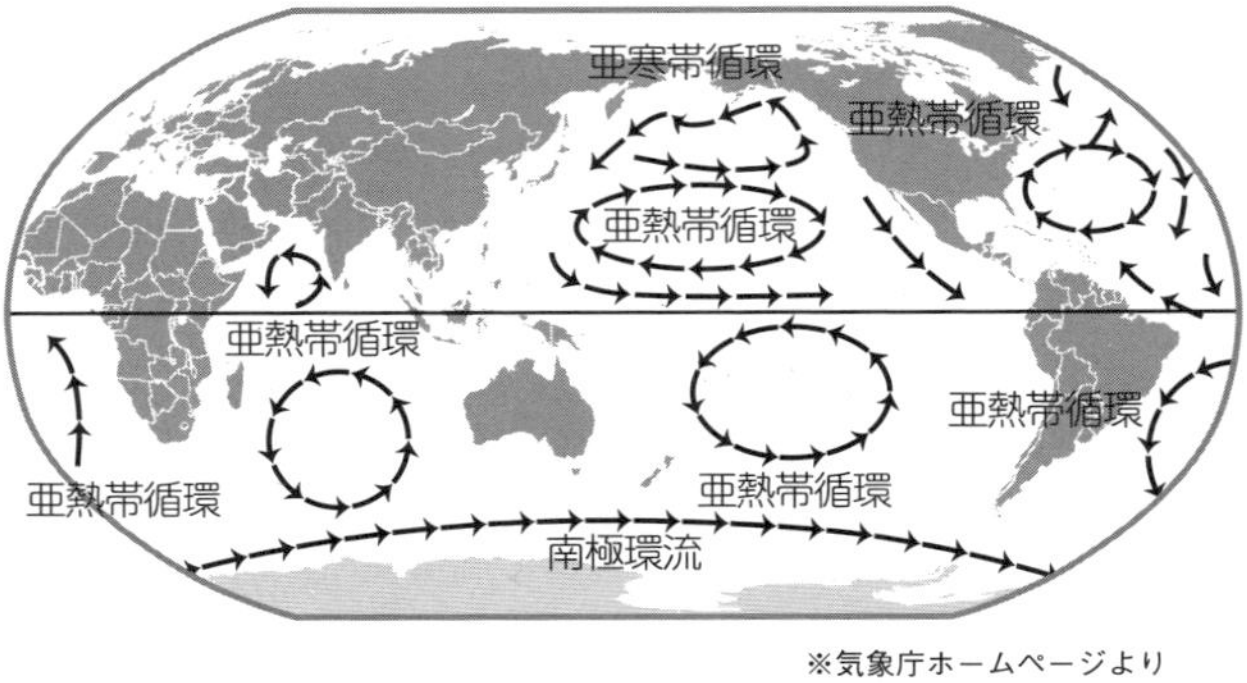

亜寒帯循環
亜熱帯循環
亜熱帯循環
亜熱帯循環
亜熱帯循環
亜熱帯循環
亜熱帯循環
南極環流

※気象庁ホームページより

海流と降雪・やませ

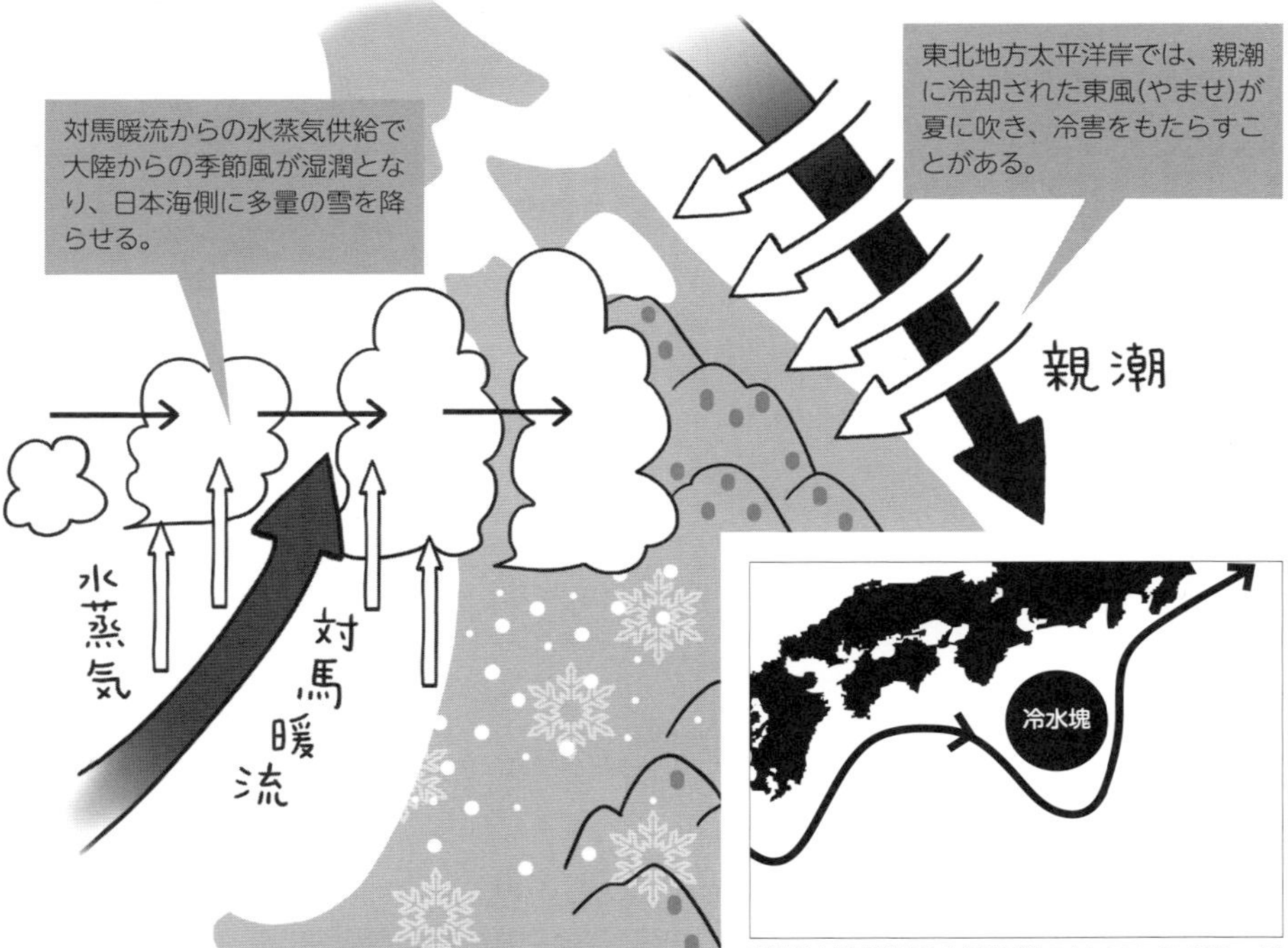
対馬暖流からの水蒸気供給で大陸からの季節風が湿潤となり、日本海側に多量の雪を降らせる。
東北地方太平洋岸では、親潮に冷却された東風(やませ)が夏に吹き、冷害をもたらすことがある。
親潮
水蒸気
対馬暖流
冷水塊

黒潮は紀伊半島や遠州灘の沖で大きく南へ蛇行し、内側に冷水塊をつくり出すことがある(黒潮大蛇行)。この現象が日本の気候に影響を及ぼすとの研究報告があり、特に南岸低気圧や太平洋岸の降雪との関連が指摘されている。

暖流からの水蒸気が台風や豪雪を生む

海流は水温によって**暖流**と**寒流**に、深さによって比較的浅いところを流れる**表層流**と深いところを流れる**深層流**に分けられます。海流が起こる原因はいくつか考えられますが、表層流は主に風、深層流は水温の低さおよび塩分濃度の差によって起こるとされています。

気象現象の源泉である空気中の水蒸気は、大半が海面からの蒸発に由来するので、海水温を左右する海流は気候に大きく関係します。例えば、**台風は暖流の黒潮やその源流である北赤道海流が流れる海域で発生**します。また**冬の日本海側が世界有数の豪雪地帯なのも、日本海を流れる対馬暖流が水蒸気を供給しているから**です。

P38で触れる**エルニーニョ現象**も、南アメリカの西側を流れる寒流のペルー海流が関係する気象現象です。

3-2 ペルー沖の海水温に注意！ ～エルニーニョとは何か～

異常気象の話題で、必ずといっていいほど耳にするのが「エルニーニョ」です。スペイン語で男の子（転じてイエス・キリスト）を意味する言葉ですが、いったいどのような現象で、どのような影響を及ぼすのでしょう？

エルニーニョ現象

平常時

東風（貿易風）が吹き、海水温はインドネシア近海で高温、ペルー沖は低温になっている。気圧配置は西低東高。積乱雲をつくる上昇気流はインドネシア近海で発生する。

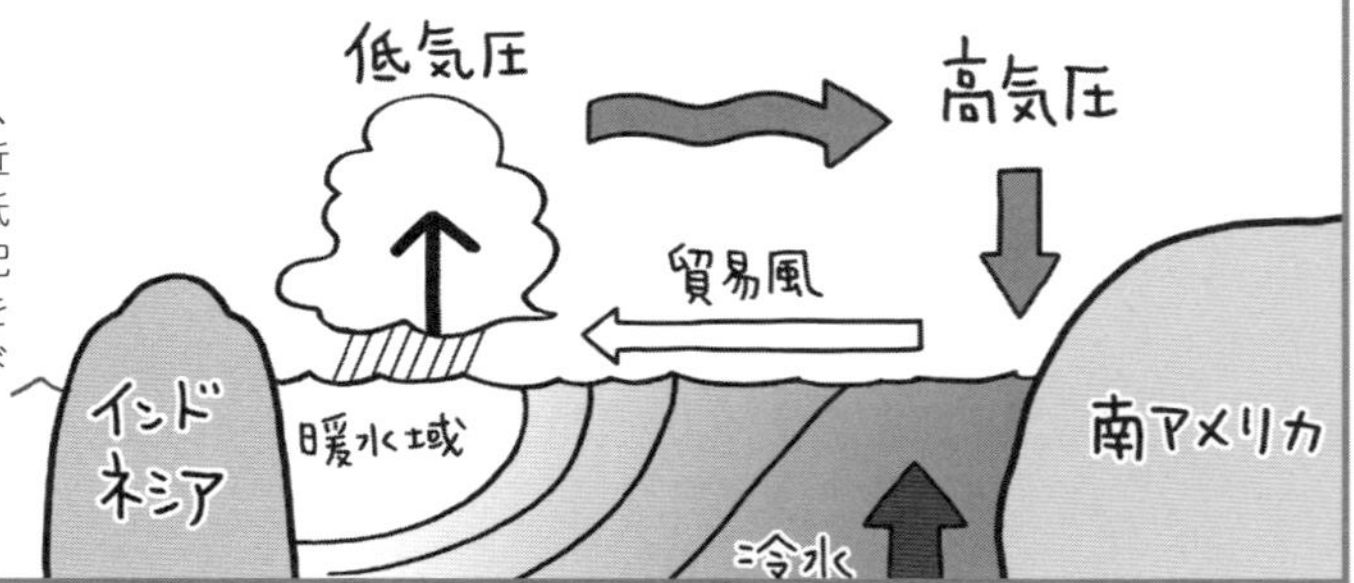

エルニーニョ

貿易風が弱まり、暖水域が東へ拡大、南太平洋中部にまで及ぶ。東西の気圧差は縮小。上昇気流の発生場所も東に寄るため、南太平洋東部の降水量が増加する。

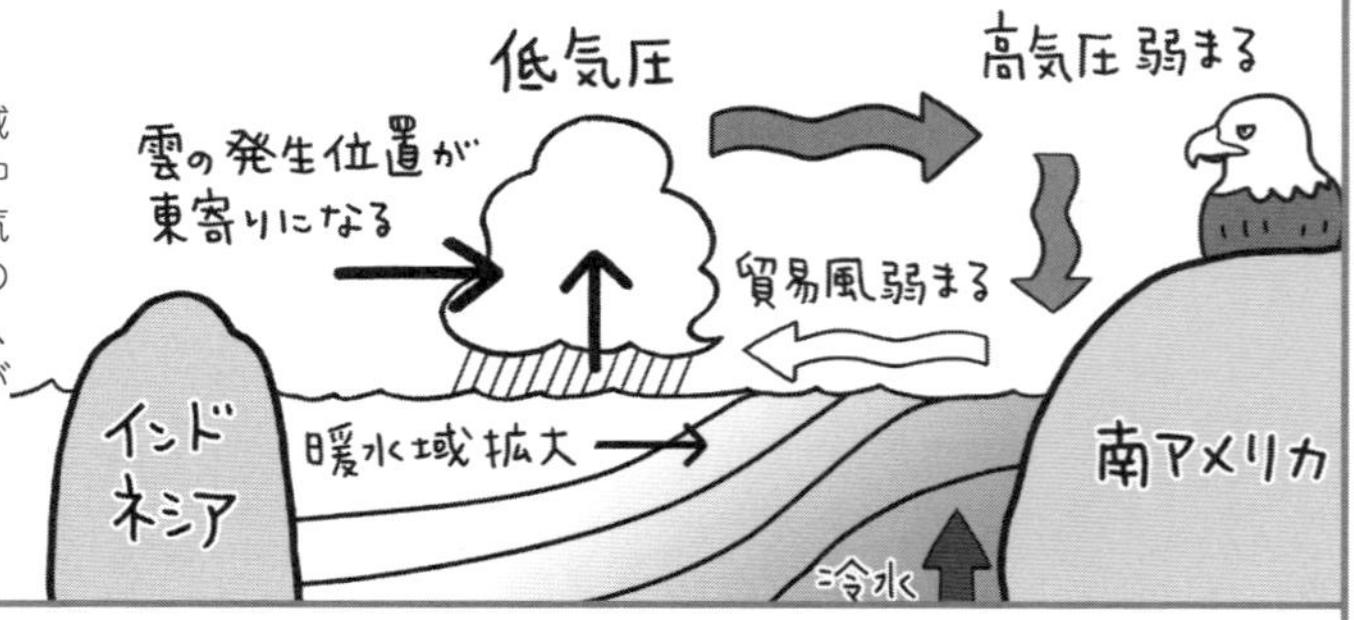

ラニーニャ

貿易風が平年より強くなり、インドネシア近海の海水温が平年より高温、ペルー沖は低温になる。上昇気流の発生場所がインドネシアに近くなるため、降水量が多くなる。

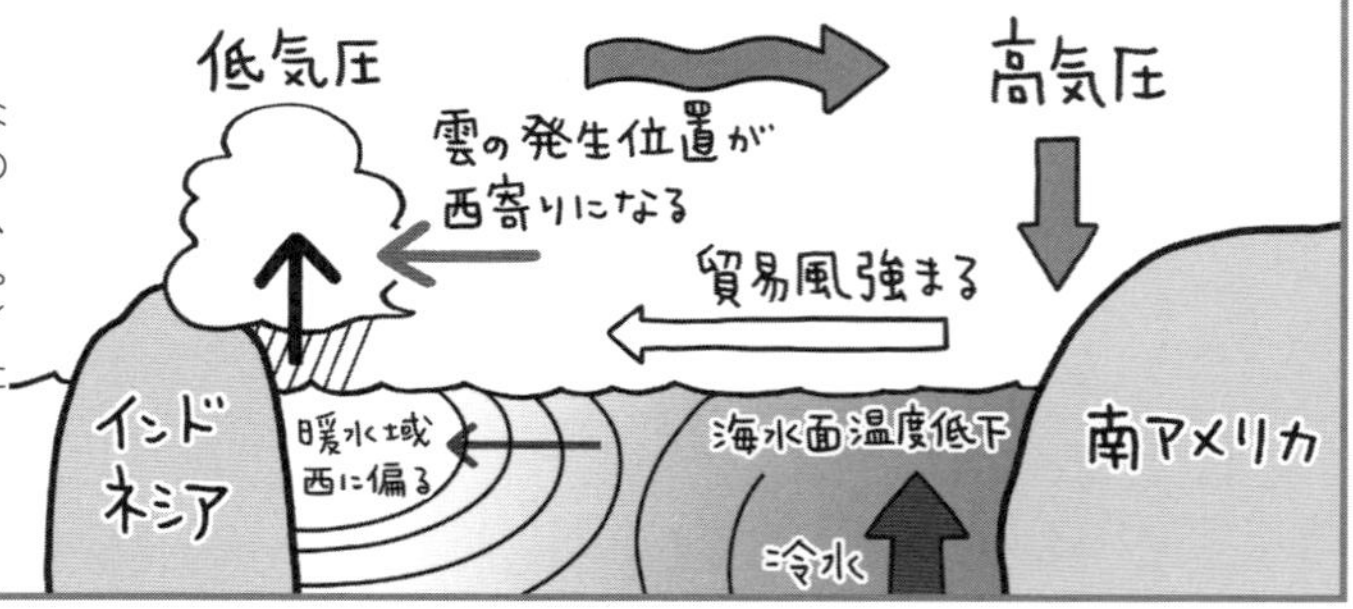

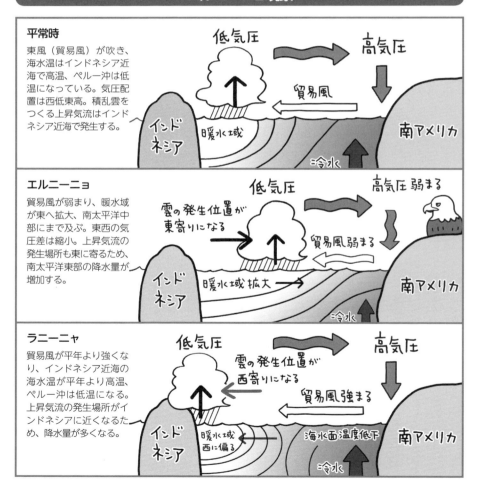

インド洋ダイポールモード現象

近年、インド洋の海水温の変動も世界中の気候に影響することがわかってきました。このインド洋の変化は「インド洋ダイポールモード現象」と呼ばれ、エルニーニョ現象と連動する場合があるという指摘もあります。

正のダイポールモード現象

インド洋東部は通常、弱い西風が吹いているが、東風に変わる。すると暖水域が西方に拡大し、東アフリカ沖で積乱雲が発生する。

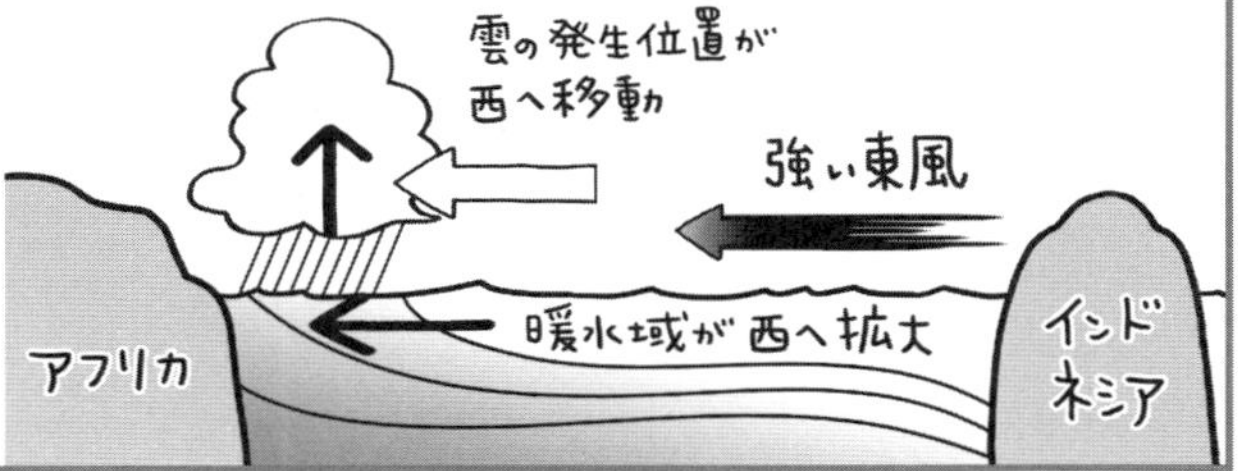
雲の発生位置が
西へ移動
強い東風
暖水域が西へ拡大
アフリカ
インドネシア

負のダイポールモード現象

インドネシア付近の上昇気流に向かって強い西風が吹く。暖水域はインド洋東部に集まり、インドネシア付近の積乱雲発生を強化する。東アフリカ沖の海水温は低下する。

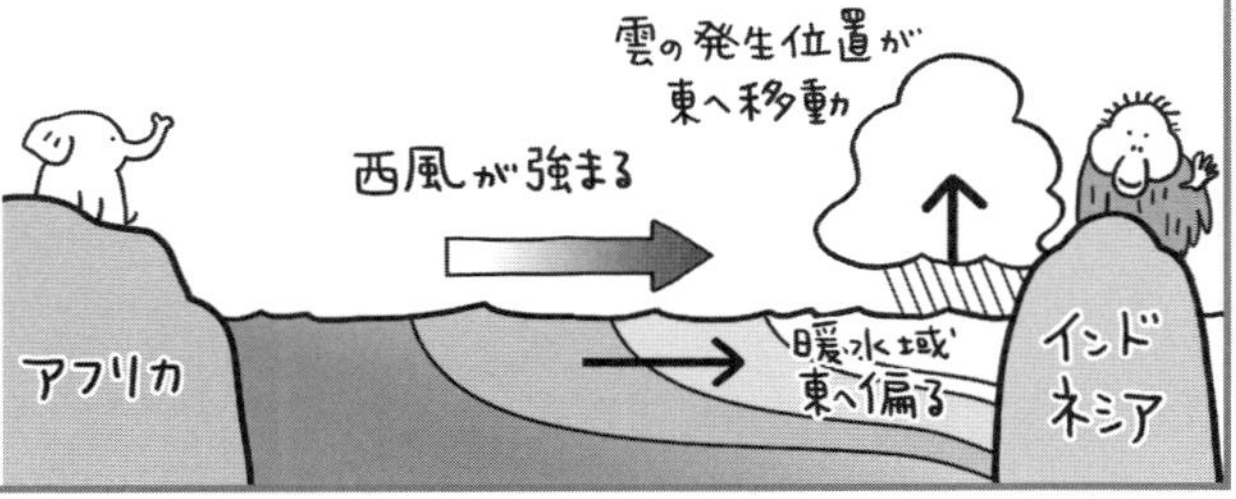
雲の発生位置が
東へ移動
西風が強まる
暖水域
東へ偏る
アフリカ
インドネシア

近年、遠く離れた日本への影響も大きいことがわかってきました。この話はP41で解説するテレコネクションに関係してきます。
南米の気象がアフリカの気象にもつながっているなんて、何だか不思議な気分です。

ペルー沖の海水温変化が世界中の気候に影響する

南アメリカ大陸の西には、寒流の**ペルー海流**（**フンボルト海流**）が流れています。そのため同緯度にある他海域に比べて海水温が低く、熱帯低気圧も発生しません。しかし時折、この海域の海水温が上昇することがあります。すると上昇気流が発生し、雨が多くなるなど平年とは違う気候となります。これが**エルニーニョ現象**で、南太平洋のみならず、世界の広いエリアに影響を及ぼします。

逆に海水温が平年より低くなることもあり、**ラニーニャ現象**と呼ばれます。この場合も特異な気象になります。また、これらの現象は、南太平洋東部とインドネシア近海の気圧の高低の定期的変動（**南方振動**）と密接に関係することがわかりました。さらにインド洋の気候との関係も指摘されています。

3-3 つながっている「ここ」と「よそ」 ～テレコネクションとは？～

エルニーニョ現象のように、ある場所の変化が遠く離れた場所の気象に影響することは珍しくありません。大気も海洋もひとつながりなのですから、むしろ“当然”といえます。では、そのメカニズムはどうなっているのでしょう？

エルニーニョ現象、ラニーニャ現象と日本の天候の変化

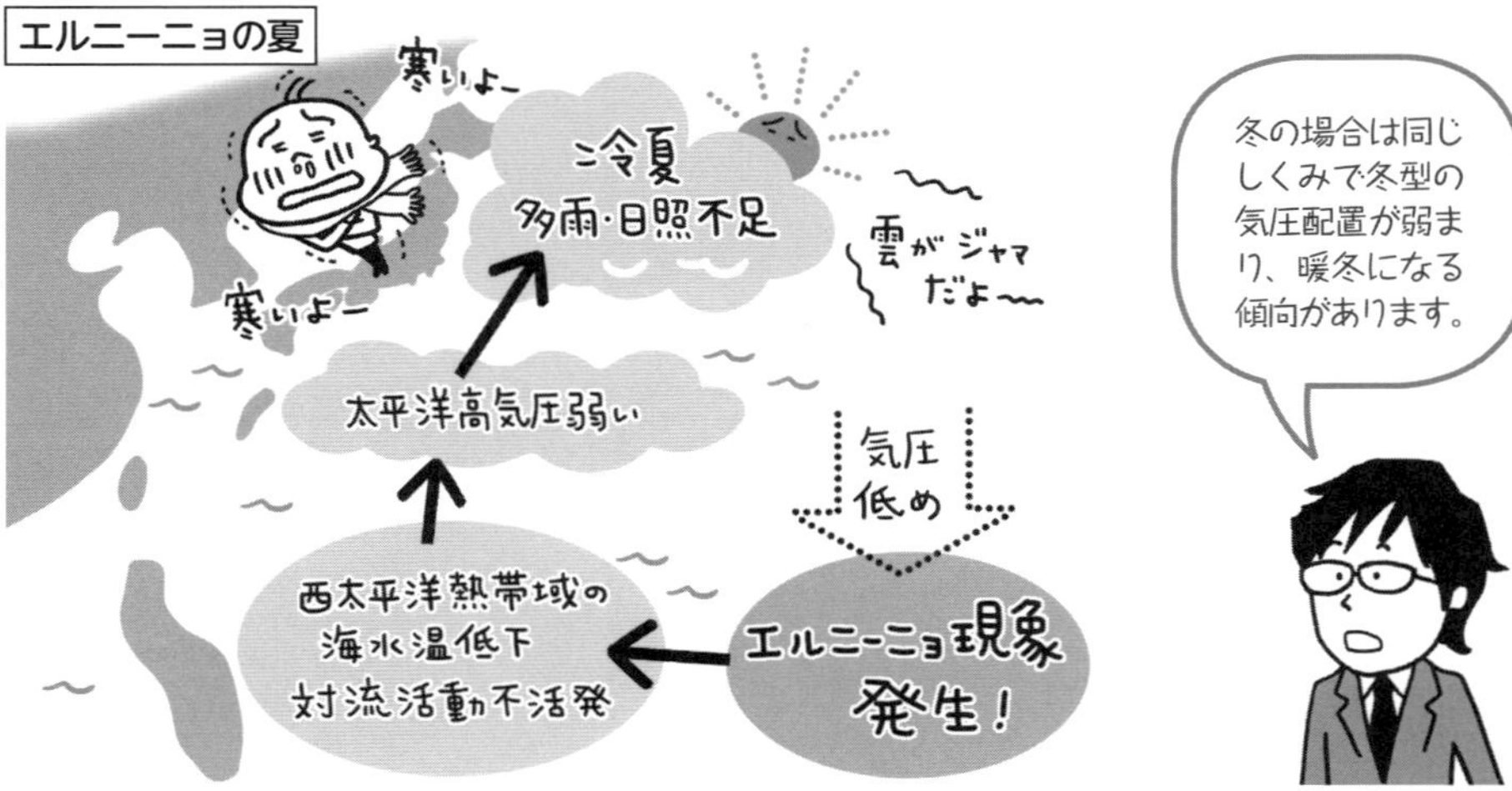

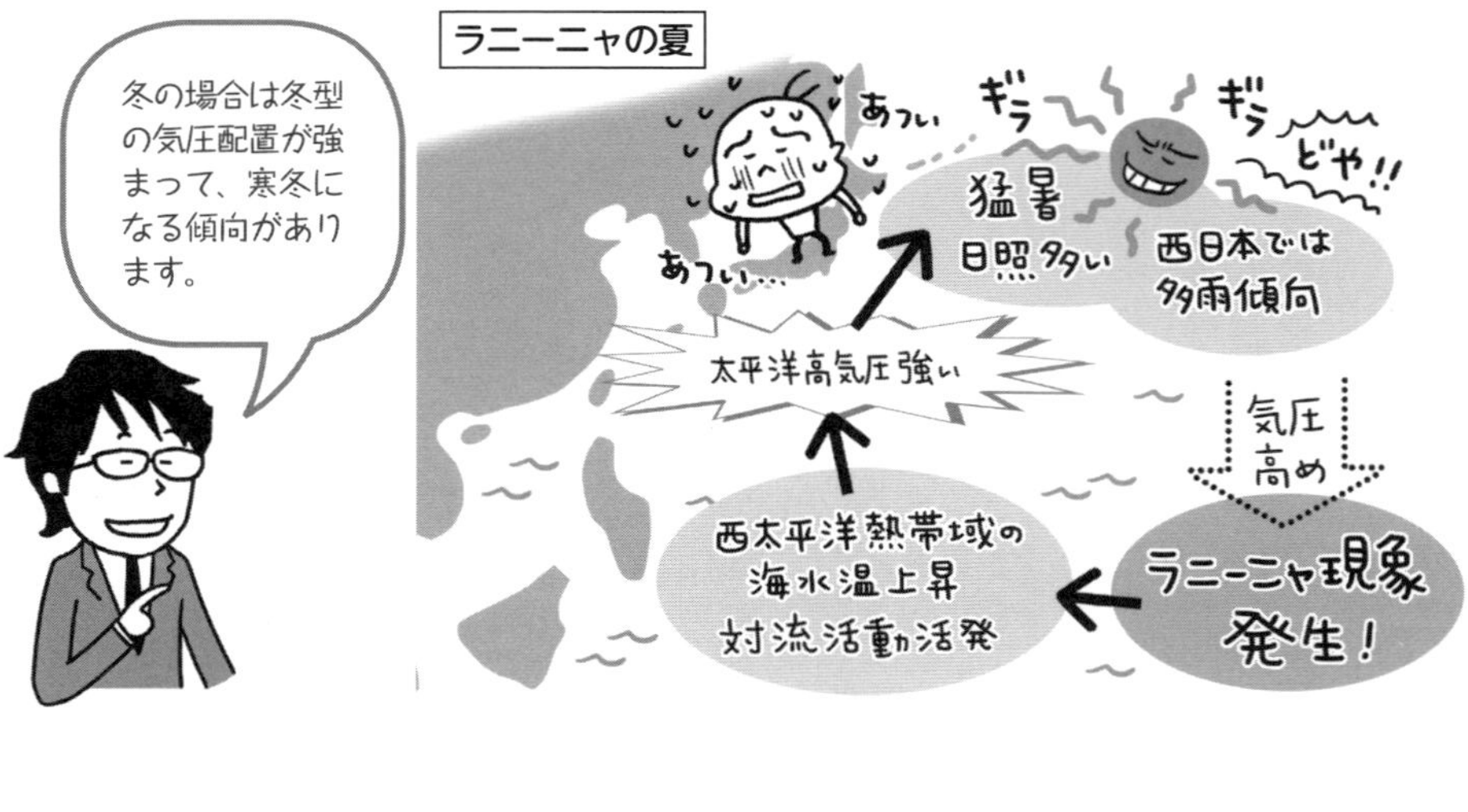

インド洋の海洋変動と日本の天候

インド洋の海水温の変化は、フィリピン近海の対流活動に影響を及ぼし、太平洋高気圧の勢力を左右する。エルニーニョ現象、ラニーニャ現象の影響は遅れてインド洋に及ぶため、エルニーニョ現象が解消しても、日本は冷夏になる場合がある。

冷夏
多雨・日照不足
さぶ〜
フィリピン付近の
対流活動不活発
太平洋高気圧の張り出し弱化
インド洋熱帯域
海水温上昇
気圧低下
西太平洋に伸張

日本付近の気圧は北極方面の気圧の変化とも相関関係があります。この気圧変動を「北極振動」といい、あとで触れる偏西風蛇行と寒気の南下に関係しています。

北極振動

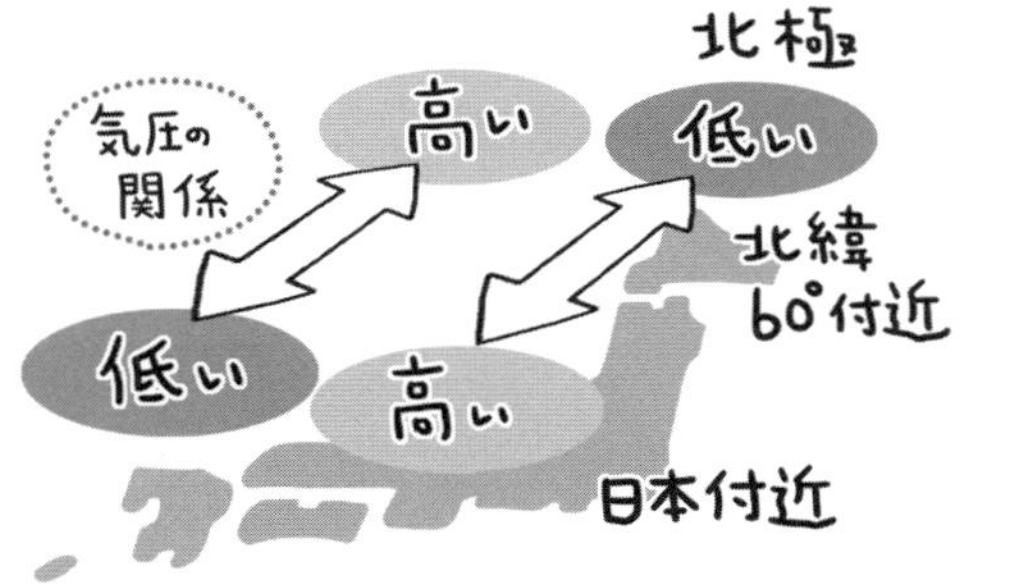
北極
気圧の関係
高い
低い
北緯60°付近
低い
高い
日本付近

「よそ」の異変が「ここ」の場所に影響する

P39で、**エルニーニョ現象が「南方振動」という気圧の定期的な変動に関係している**ことに触れました。海水面の温度変化は、接する空気の温度を変え、気圧を変化させます。

気圧の高低は相対的なもので、ある場所の気圧が高ければ、隣接する場所は気圧が低く、その隣はまた高い……といった具合に、気圧の高低は波のように伝わるため、遠く離れた場所の天候にも影響するのです。

こうしたしくみで、**ある場所の気象と遠隔地の気象が連動して変化することを「テレコネクション」あるいは「遠隔相関」**といいます。

エルニーニョ現象と**インド洋ダイポールモード現象**が連動する場合があることをP39で触れましたが、実は日本の気象もこの2つの海域の現象が影響しています。

※P40～41の図は気象庁ホームページの解説を基に作成

3-4 地球規模で吹き続ける風
～大気大循環とは何か～

P40 ～ 41 で解説したとおり、大気はひとつながりなので、すべての気象現象は連動しています。それは大気を全地球的スケールで眺めたときにみえるある一定の動きに大きく関係しています。「大気大循環」と呼ばれる動きです。

大気大循環

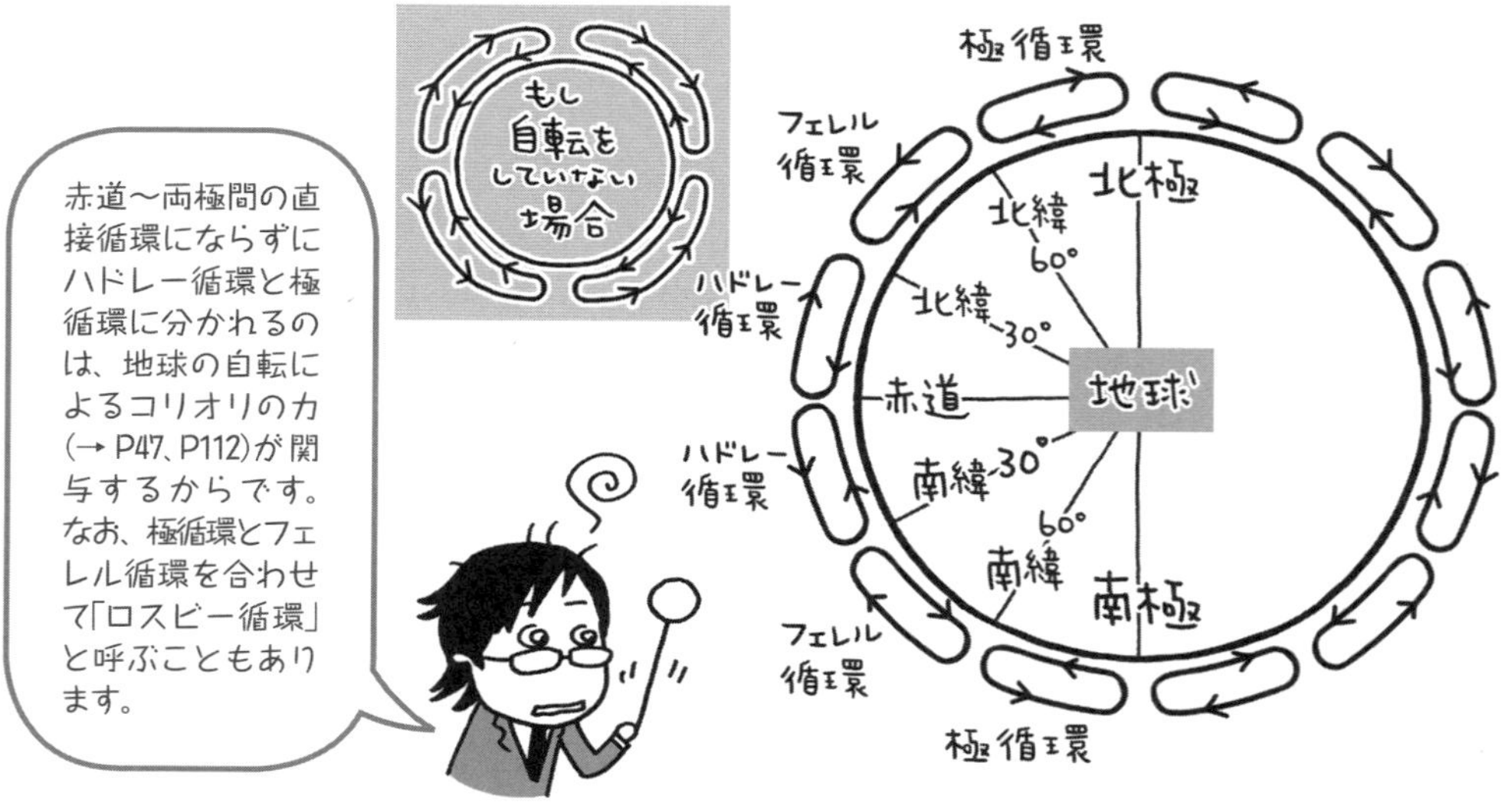
もし自転をしていない場合
極循環
フェレル循環
ハドレー循環
ハドレー循環
フェレル循環
極循環
北極
北緯60°
北緯30°
赤道
地球
南緯30°
南緯60°
南極
赤道～両極間の直接循環にならずにハドレー循環と極循環に分かれるのは、地球の自転によるコリオリの力（→ P47、P112）が関与するからです。なお、極循環とフェレル循環を合わせて「ロスビー循環」と呼ぶこともあります。

地球全体が熱せられ大気全体の対流が起きる

地球は球形なので、同じ面積が受ける**太陽熱の量は、その場所の緯度により異なります。**赤道付近が最大、両極が最小になりますが、この結果、**大気全体の対流**が起こります。

赤道付近で暖められた空気は上昇して両極へ、また両極で冷やされた空気は下降して赤道へと移動を開始しますが、実際には、赤道から両極へ向かった上空の空気は途中で冷え、緯度30度付近で下降してしまいます。同様に両極から赤道へ向かった地上付近の空気も、途中で暖まって緯度60度付近で上昇に転じます。

これにより、**赤道と南北の緯度30度のあいだ、および両極と緯度60度のあいだに、2つの空気循環が発生**することになります。前者を「**ハドレー循環**」、後者を「**極循環**」とそれぞれ呼びます。

大気大循環に伴う地表付近の風

大気大循環で高圧帯の地表付近に吹きおろした風は、低圧帯に向かって移動する。ただ、コリオリの力が働くため直進せず、北半球では右に、南半球では左に寄って吹く。なお、これらの風は“平均”であって、常時同じ向き・同じ強さで吹いているわけではないことに注意。

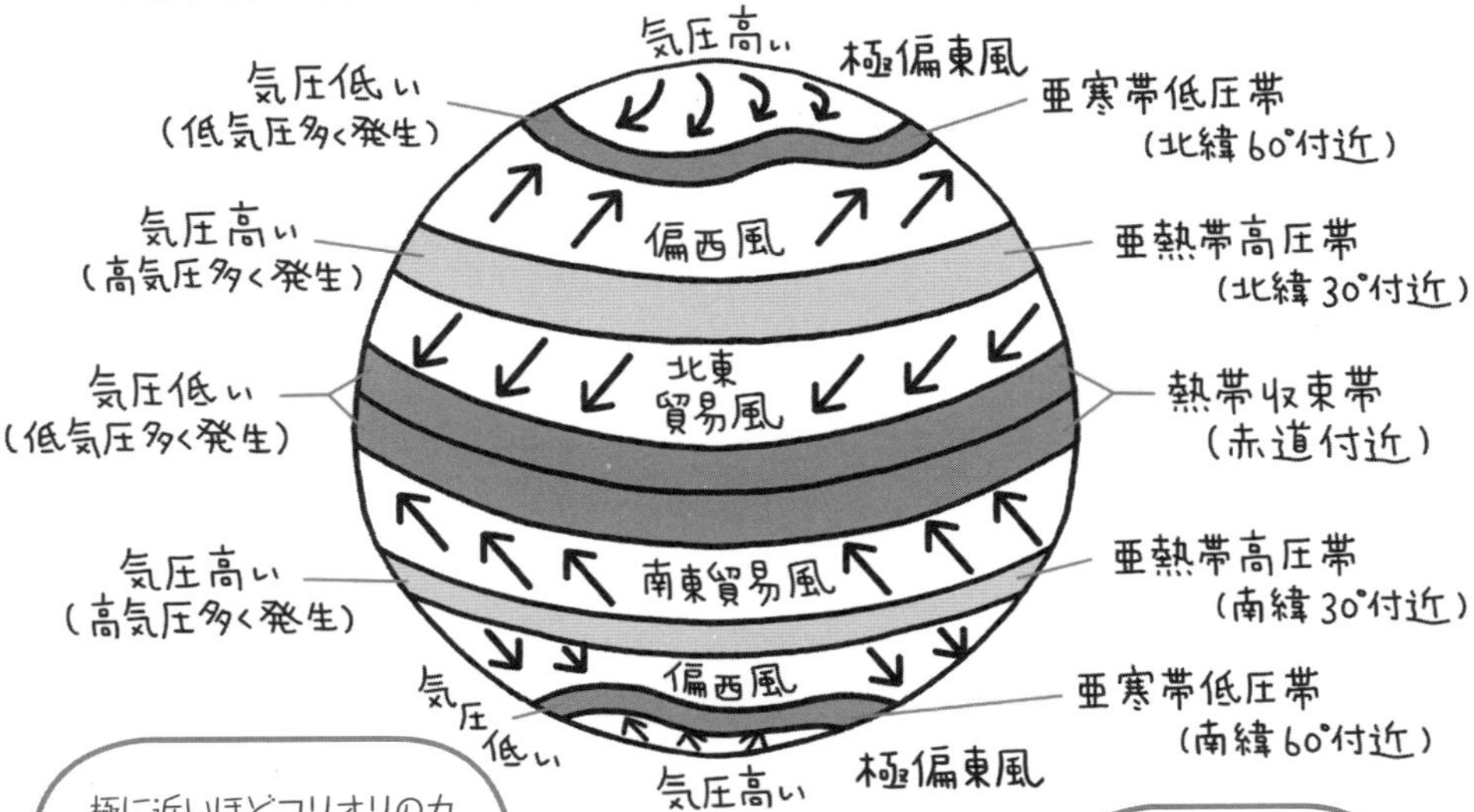

気圧が高いエリアと低いエリアができる

ハドレー循環と極循環に挟まれた**南北の緯度30度付近〜60度付近の空気は、2つの循環の流れに引きずられるように逆向きの循環が発生**しています。これが「**フェレル循環**」です。対流に直接起因しないため、循環は不完全で、中緯度地方の気象が変動しやすい一因にもなっています。

地上付近をみると、**赤道付近は上昇気流が発生しているので気圧が低い**ことになります。この帯状エリアを「**熱帯収束帯**」といいます。

また**緯度30度付近は下降気流が生じているので気圧が高く、「亜熱帯高圧帯」または「中緯度高圧帯」と呼ばれます。**一方、**緯度60度付近は上昇気流が発生しているので気圧が低い**エリアです。「**亜寒帯低圧帯**」あるいは「**高緯度低圧帯**」といいます。

3-5 西風は揺れ動く
～偏西風の変動～

私たちが暮らす日本列島の大部分は、亜熱帯高圧帯と亜寒帯低圧帯に挟まれた中緯度地域に位置します。このエリアは前ページの図に示したように、気象現象にさまざまな影響を与えている「偏西風《へんせいふう》」が吹いています。

ジェット気流

亜寒帯
低圧帯付近
寒帯前線ジェット気流
寒帯前線
亜熱帯
高圧帯付近
亜熱帯ジェット気流
赤道
2つのジェット気流は、亜寒帯低圧帯と亜熱帯高圧帯の上空を吹いていると考えていいわけですね。
単に「ジェット気流」といったときは、風速が特に強いこの2つの流れを指す場合がほとんどです。また「偏西風」は、寒帯前線ジェット気流を指す場合が大半です。

中緯度地方に吹く偏西風上空ではジェット気流に

偏西風は亜熱帯高圧帯から亜寒帯低圧帯に向かって吹いている風です。本来は高圧帯から低圧帯へ向かって真っ直ぐ吹くはずですが、**コリオリの力**（→P47、P112）**が働くため、北半球では北東方向へ吹きます。**

　風速は上空ほど強く、対流圏界面（→P113）の付近では秒速100mにもなることがあり「**ジェット気流**」と呼ばれます。特に亜寒帯低圧帯では、上昇気流が起きていることに加え、亜寒帯低圧帯に沿って吹く風と合流して風速が増幅します。これを「**寒帯前線ジェット気流**」といいます。ちなみに寒帯前線は亜寒帯低圧帯にできる前線です。極偏東風が運んだ寒気と偏西風が運んだ暖気の境界になります。

　気象の話題で単に「偏西風」といったとき、多くの場合、この寒帯前線ジェット気流を指します。

偏西風波動と偏西風蛇行

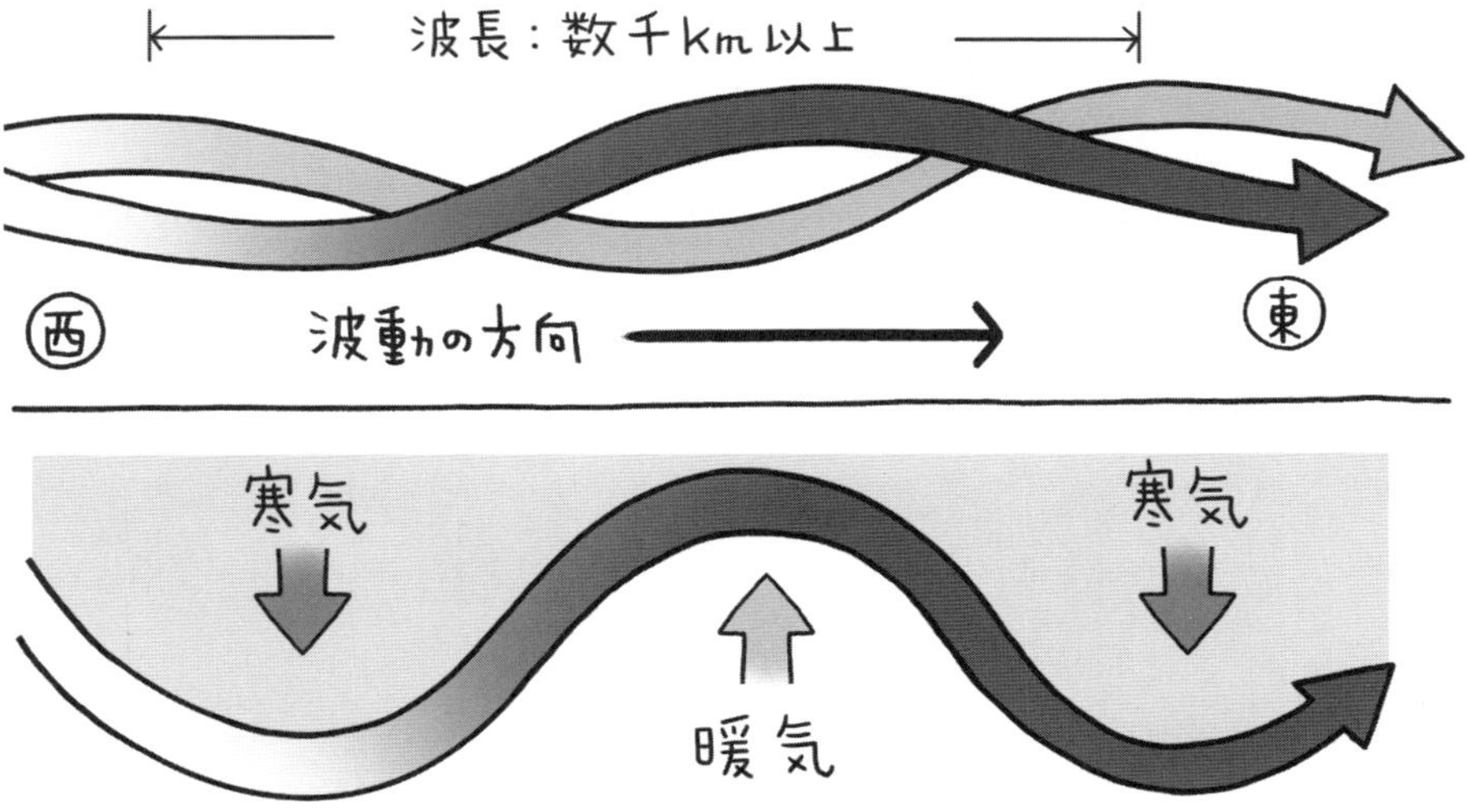
波長：数千km以上
西
波動の方向
東
寒気
寒気
暖気

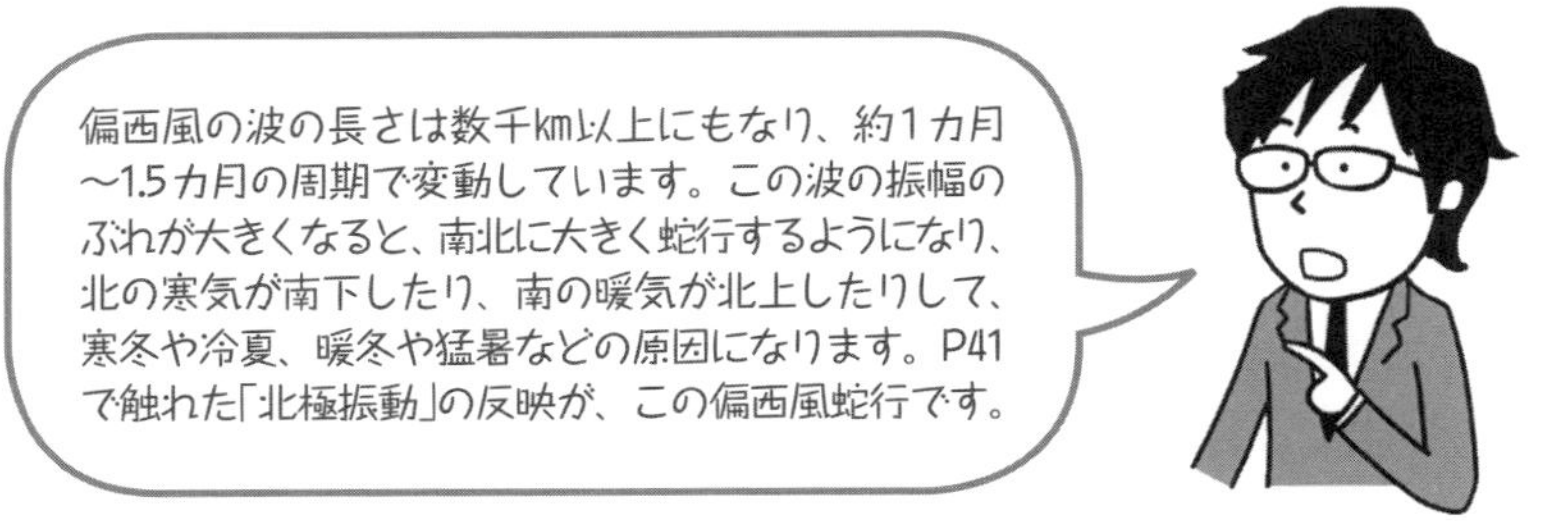
偏西風の波の長さは数千km以上にもなり、約1カ月～1.5カ月の周期で変動しています。この波の振幅のぶれが大きくなると、南北に大きく蛇行するようになり、北の寒気が南下したり、南の暖気が北上したりして、寒冬や冷夏、暖冬や猛暑などの原因になります。P41で触れた「北極振動」の反映が、この偏西風蛇行です。

蛇行して吹く偏西風に影響を受ける日本

ジェット気流にはもう1つ、**亜熱帯高圧帯上空の「亜熱帯ジェット気流」**もあります。こちらはハドレー循環に伴って熱帯収束帯から亜熱帯高圧帯へ向かった上空の風が地球の自転の関係で高速化したものです。

この**2つの風の通り道は真っ直ぐではなく、長い波を打っており「偏西風波動」といいます。**寒帯前線ジェット気流は波の振幅の変動が大きく、日本付近まで南下することもよくあります。**流路が大きく蛇行するこの現象を「偏西風蛇行」**といいます。

偏西風蛇行は、北の寒気を南下させたり南の暖気を北上させたりするので、寒冬や冷夏、暖冬や猛暑などの原因になります。蛇行がさらに拡大すると、亜熱帯ジェット気流と合体したり**「ブロッキング」**と呼ばれる現象（→P46）を起こしたりします。

3-6 閉じ込められた気圧配置
～ブロッキングとは何か～

P45 で、偏西風（寒帯前線ジェット気流）が大きく蛇行すると「ブロッキングを起こす」と説明しました。実はこの現象が、多くの異常気象の原因であることがわかっています。異常気象の“実行犯”がみえてきました。

ブロッキング

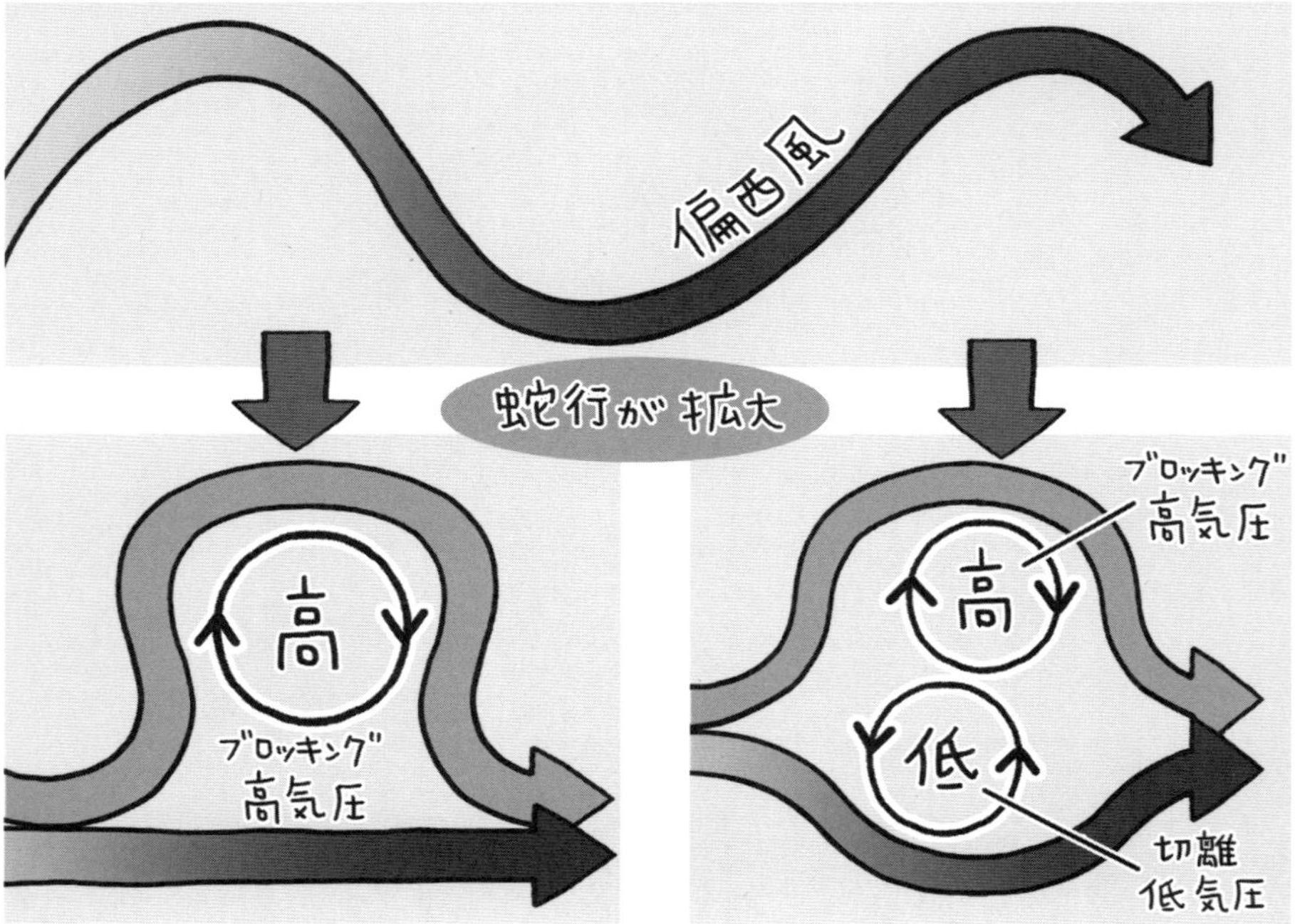
偏西風
蛇行が拡大
高
ブロッキング
高気圧
ブロッキング
高気圧
高
低
切離
低気圧

2つの流れに囲まれて身動きがとれず、それで長期間居座ってしまうのですね。
ブロッキングは、高気圧だけができるタイプと、高気圧と低気圧の2つができるタイプがあります。どちらも蛇行が大きくなってショートカットしてしまい、偏西風が2つに分かれるのが特徴です。

コリオリの力

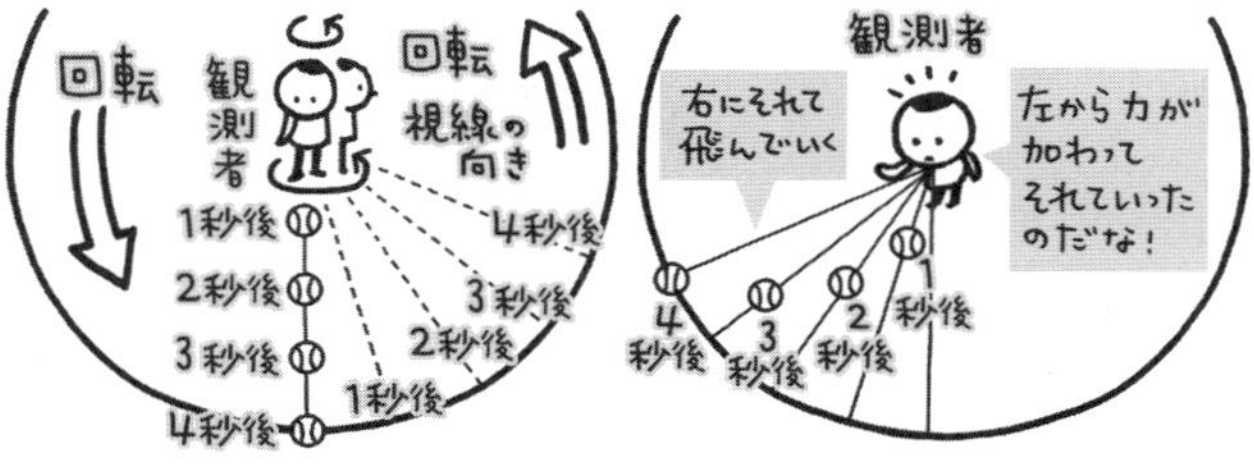
回転
観測者
回転
視線の向き
1秒後
2秒後
3秒後
4秒後
4秒後
3秒後
2秒後
1秒後
観測者
右にそれて飛んでいく
左から力が加わってそれていったのだな！
4秒後
3秒後
2秒後
1秒後

回転板の中心から円周へボールを投げる。ボールは真っ直ぐ飛ぶが、回転板と共に回転する観測者からは、右にそれて飛んだとみえる。つまり、左から力が加わったことになる。このように回転する観測者に認識される力をコリオリの力といい、地球上では両極で最大、赤道でゼロになる。

コリオリの力は「転向力」ともいいます。これまでにも何度か触れましたが、ここで簡単に説明しておきましょう。

おもしろ～い！まさしく偏西風蛇行とブロッキングのミニチュアですね。

偏西風波動の実験

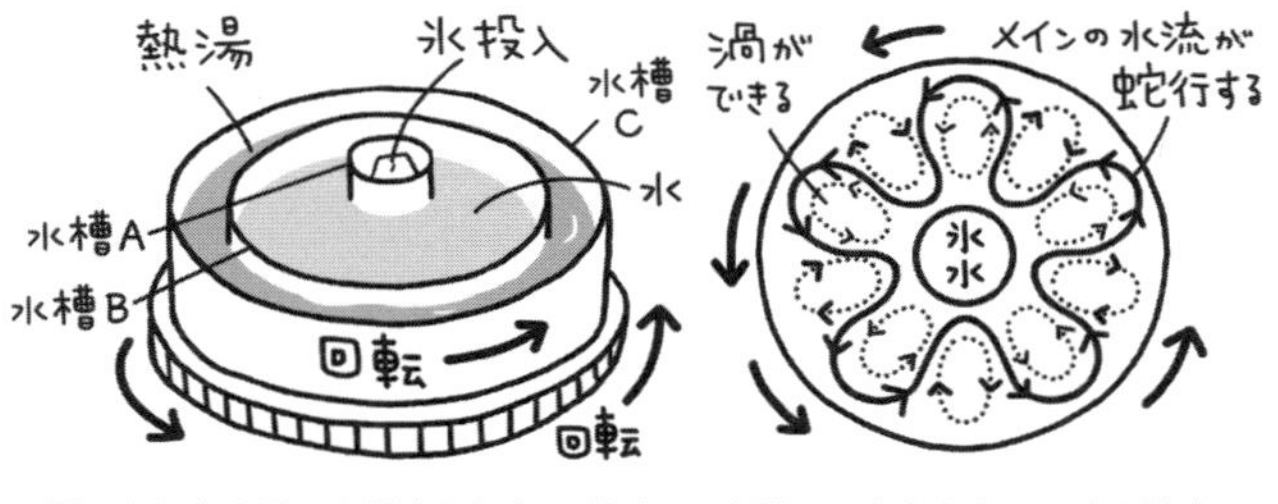
熱湯
氷投入
水槽C
水
水槽A
水槽B
回転
回転
渦ができる
メインの水流が蛇行する
氷水

図のような３重の水槽を回転台に載せる。水槽Bに水を入れて一定の速度で回転させると水流が生じる。ここで中心の水槽Aに氷、取り囲む水槽Cに熱湯を入れると、対流の動きと回転する水流のバランスをとるために水流が蛇行し、内側と外側に渦ができる。

切り離された高気圧が猛暑を招く？

偏西風蛇行の振幅が著しくなると、蛇行部分の内側に渦ができ、高気圧や低気圧に成長することがあります。すると偏西風はショートカットして、これらを切り離してしまいます。

こうして形成された高気圧を**「ブロッキング高気圧」、低気圧を「切離低気圧」または「寒冷低気圧」と呼びます。**切離低気圧は地上では小さな低気圧として観測されることが少なくありませんが、一方で、ブロッキング高気圧は多くの場合、巨大な高気圧になります。

しかも、偏西風が周囲を囲んでいるので動きが鈍く、**同じ位置に長期間居座って移動性の高気圧や低気圧を遮断**してしまいます。そのため天気は変化が乏しくなります。**猛暑の“実行犯”がブロッキング高気圧**であるという事例は珍しくありません。

3-7 氷の融解が止まらない
～極地の氷と氷河の消失～

まわりが解けて小さな氷上に孤立し、悲しそうな表情のホッキョクグマ……温暖化の影響と報道されたこの映像を覚えている人もいるでしょう。確かに極地の氷は縮小しています。アルプスやヒマラヤの氷河も後退しつつあります。

北極域の海氷域面積の変化（1979〜2013年）

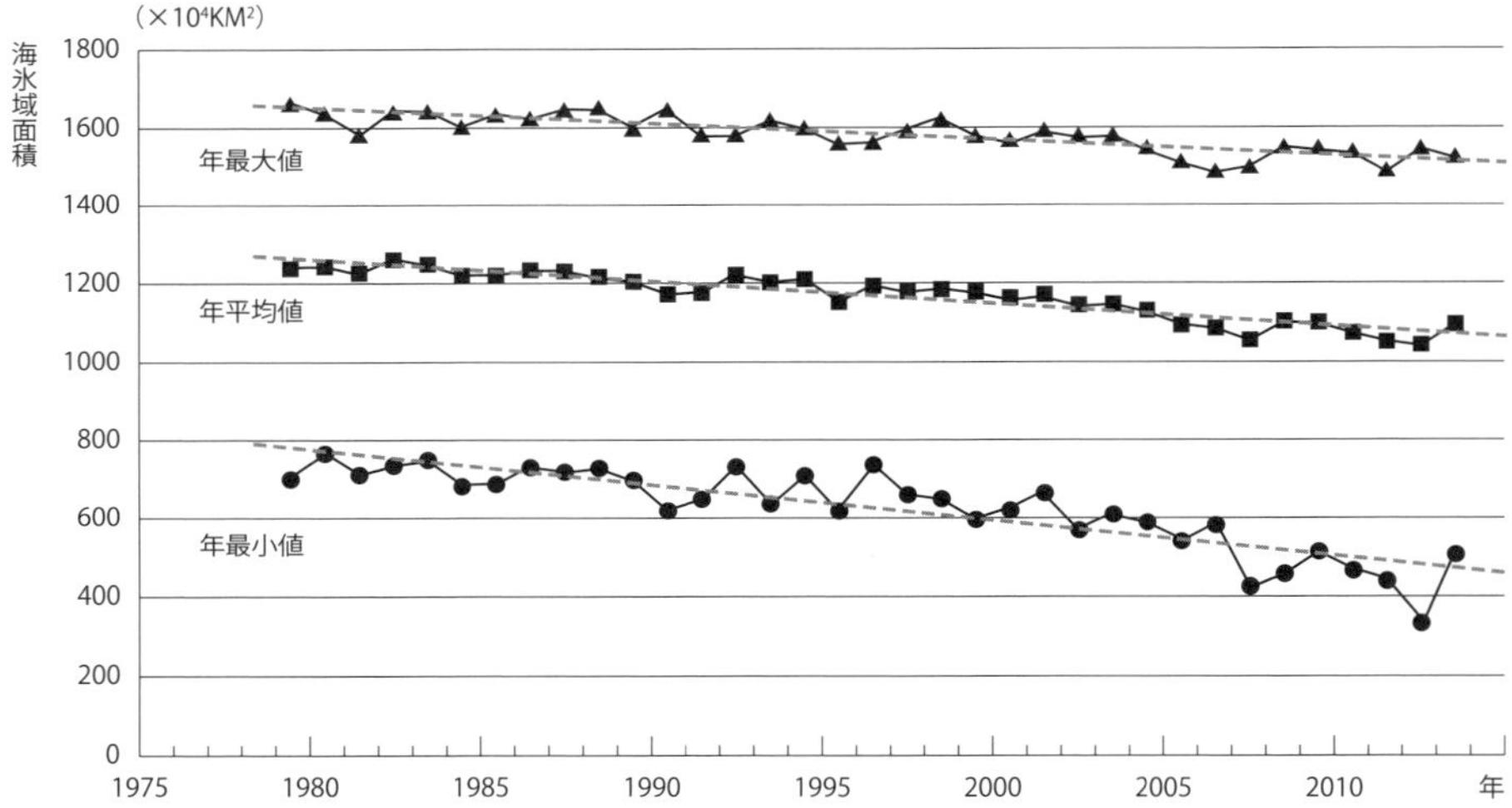
（×10^4KM^2）
海氷域面積
1800
1600
1400
1200
1000
800
600
400
200
0
年最大値
年平均値
年最小値
1975
1980
1985
1990
1995
2000
2005
2010
年

※気象庁「気候変動監視レポート2013」より

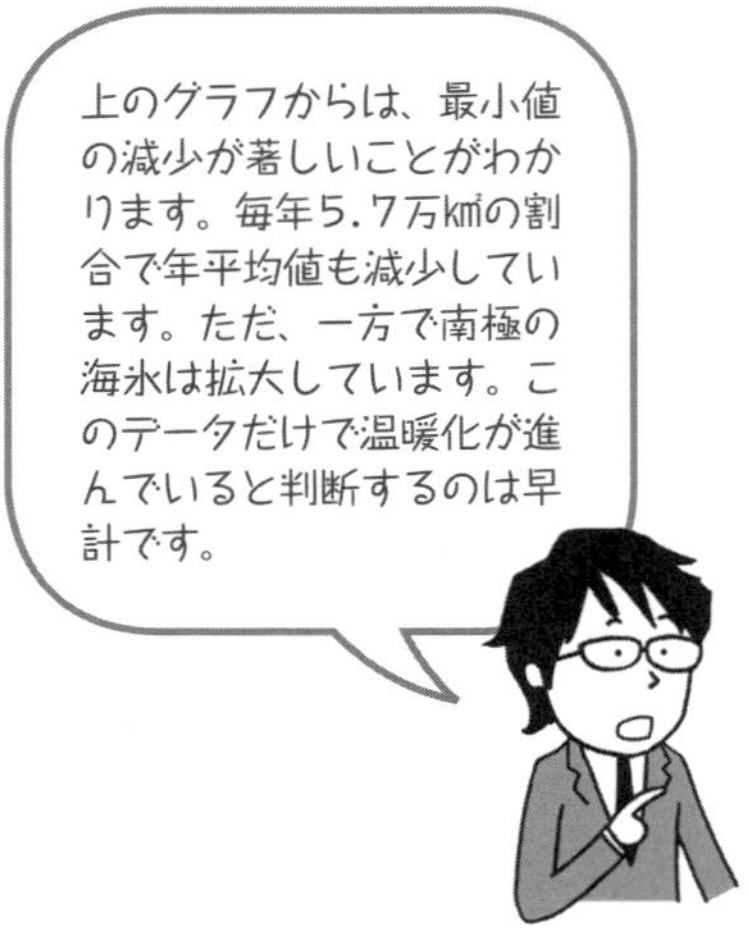
上のグラフからは、最小値の減少が著しいことがわかります。毎年5.7万㎢の割合で年平均値も減少しています。ただ、一方で南極の海氷は拡大しています。このデータだけで温暖化が進んでいると判断するのは早計です。

北極域の海氷域の年間最小面積比較

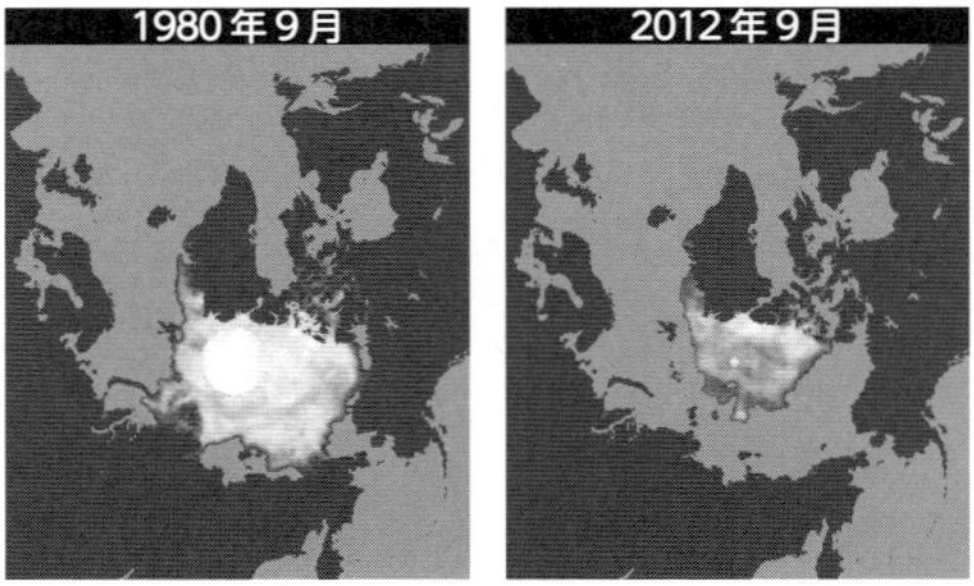
1980年9月
2012年9月

北極海の海氷域は9月に最も小さくなる。最も大きかった1980年と最も小さかった2012年では、これだけの差がある。
※気象庁ホームページより

氷が解けて困ること

海面温度の上昇

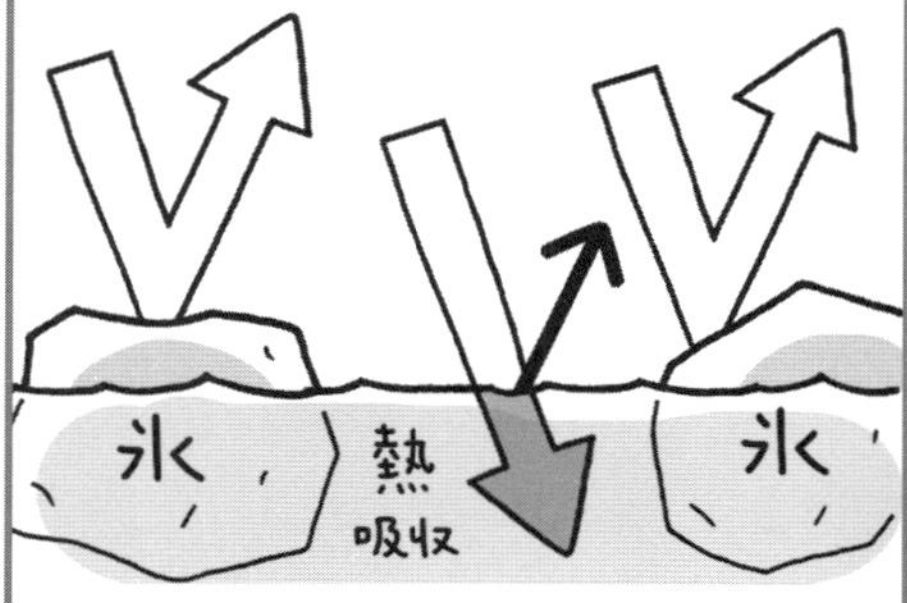

太陽光を反射していた海氷が減少すると海面の熱吸収が進み、海水温が上昇する。

海面高度の上昇

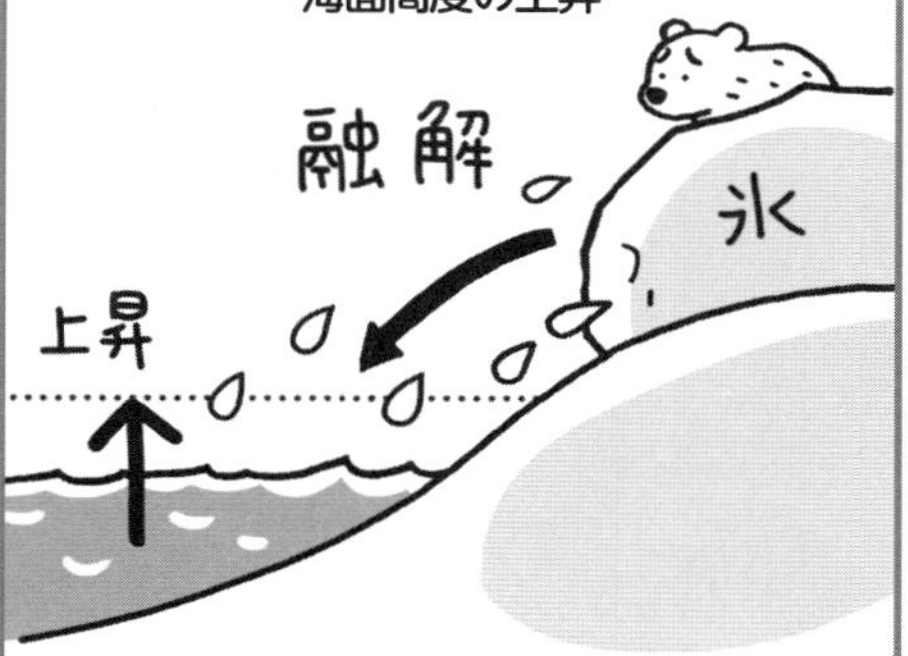

陸上の氷河や氷床が融解して水が海に流れ込むと、海面の位置を上昇させる。

氷河湖決壊洪水

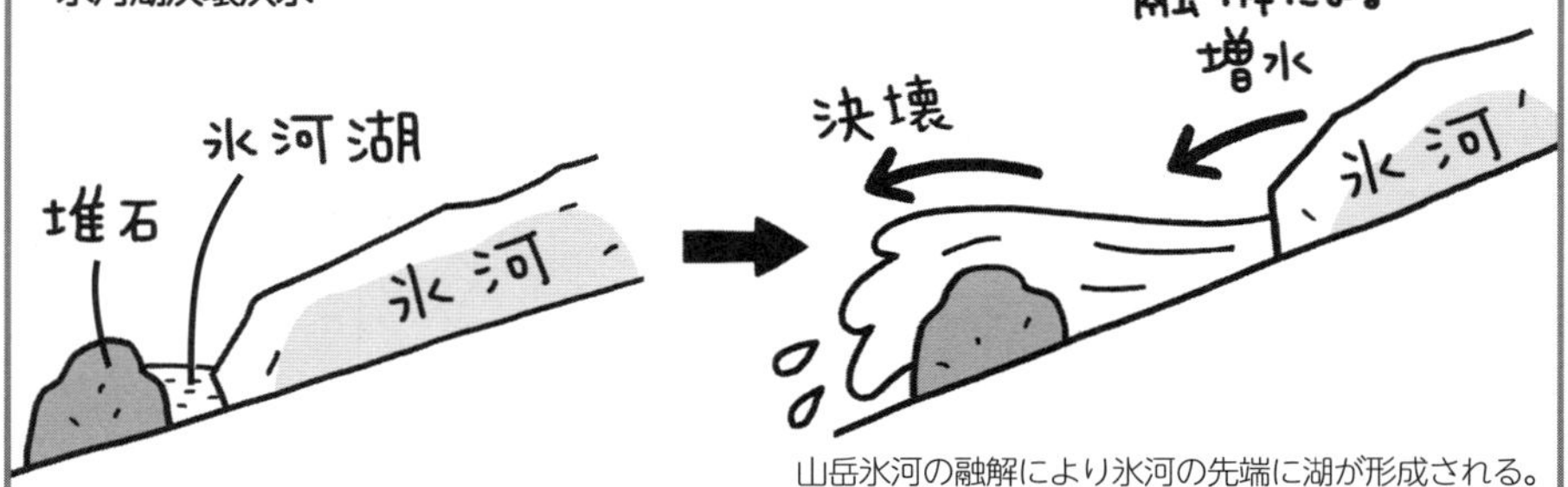

山岳氷河の融解により氷河の先端に湖が形成される。融解が進行して増水し決壊、下流に大きな被害が及ぶ。

極地の氷の減少が著しい 山岳氷河も解けて洪水に

北極海の海氷が縮小していることは人工衛星の観測からも明らかです。海氷は1年を通じて拡大と縮小を繰り返していますが、近年は縮小時の面積が著しく小さくなっています。**海氷減少は太陽熱の海面吸収を促し、温暖化を促進させる**といわれます。

海氷は海に浮かんでいるので、解けても海面の位置にはほとんど影響しませんが、**極地の陸氷の融解は海面を上昇させる恐れがあります**。グリーンランドにおける氷床減少は著しく、南極でも、1万年以上前から存在してきたとされる南極半島の「ラーセンB棚氷」が２００２年に崩壊し、研究者に大きな衝撃を与えました。

山岳氷河の後退も顕著で、ヒマラヤ山脈にあるネパールなどでは、氷河が解けてできた湖が決壊したことによる洪水も起こっています。

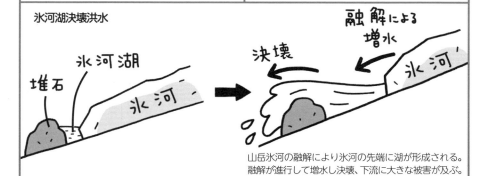

3-8

気候変動は天文現象？
～ミランコビッチ・サイクルと太陽黒点～

前章で触れたように、地球は太古から周期的に寒暖を繰り返してきました。では、どうしてそうなるのでしょう？　気象現象が太陽の熱エネルギーに起因していることを考えると、宇宙にも目を向ける必要がありそうです。

ミランコビッチ・サイクル

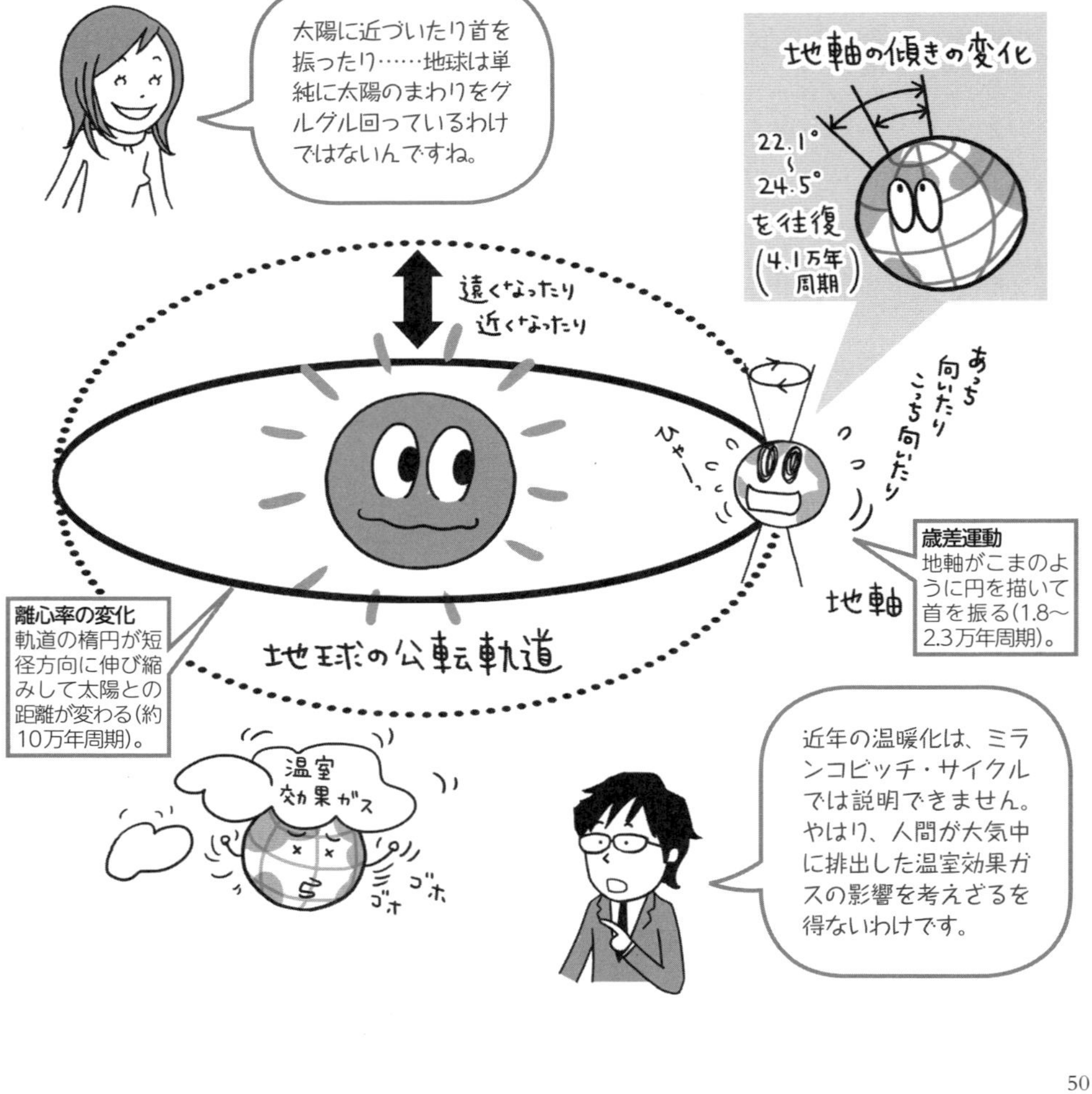

太陽に近づいたり首を振ったり……地球は単純に太陽のまわりをグルグル回っているわけではないんですね。
地軸の傾きの変化
22.1° ～ 24.5° を往復
(4.1万年周期)
遠くなったり
近くなったり
あっち向いたり
こっち向いたり
ひゃー
地軸
地球の公転軌道
歳差運動
地軸がこまのように円を描いて首を振る(1.8～2.3万年周期)。
離心率の変化
軌道の楕円が短径方向に伸び縮みして太陽との距離が変わる(約10万年周期)。
温室効果ガス
ゴホ
ゴホ
近年の温暖化は、ミランコビッチ・サイクルでは説明できません。やはり、人間が大気中に排出した温室効果ガスの影響を考えざるを得ないわけです。

「小氷期」の原因は太陽黒点の減少？

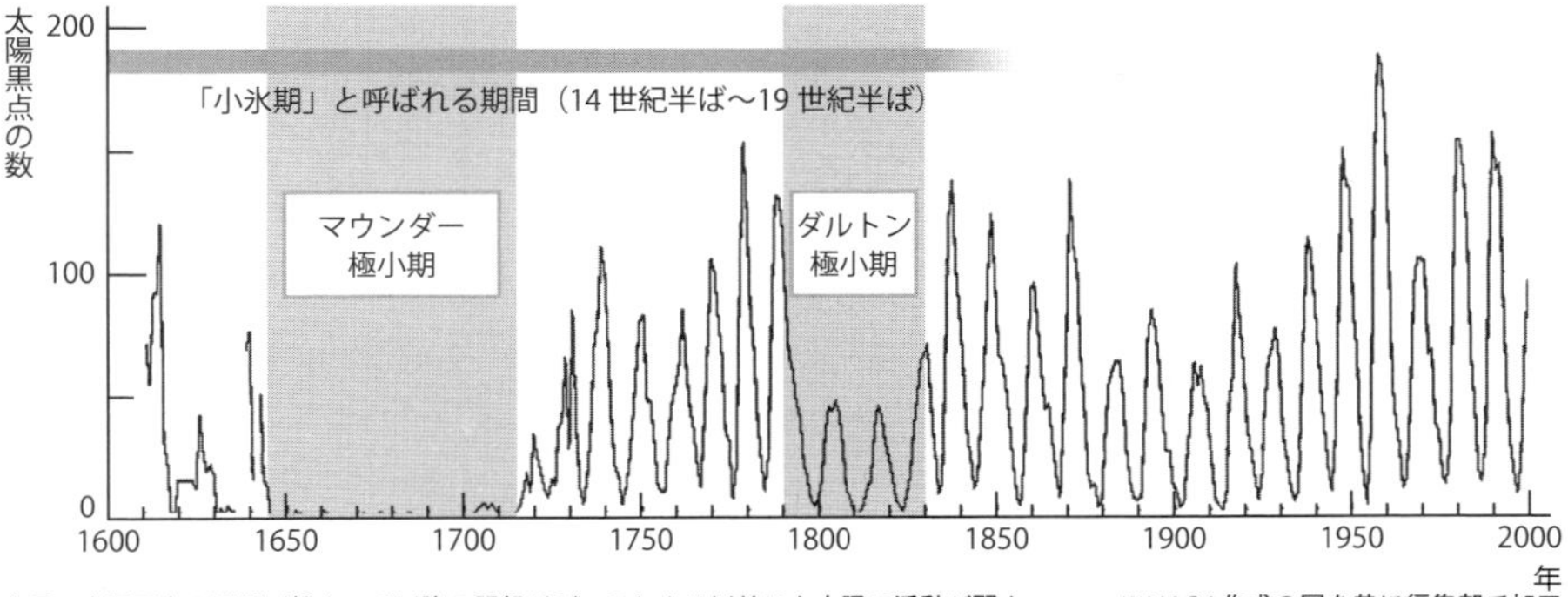
太陽黒点の数
200
100
0
「小氷期」と呼ばれる期間（14世紀半ば〜19世紀半ば）
マウンダー極小期
ダルトン極小期
1600
1650
1700
1750
1800
1850
1900
1950
2000
年

※NASA作成の図を基に編集部で加工

上図は太陽黒点の観測が始まって以降の記録だが、これより以前にも太陽の活動が弱まった時期（太陽黒点が著しく減少した時期）が繰り返しあったことが判明している（木の年輪と含まれる放射性炭素の比較分析に基づく）。このうち「シュペーラー極小期」（15世紀半ば〜16世紀半ば）は「小氷期」と時期が重なる。また「ウォルフ極小期」は13世紀終わり〜14世紀半ばで、「中世の温暖期」の終盤から「小氷期」へ移行する時期と重なる。

黒点の極小期と小氷期が重なる部分がありますね。
ただ、黒点が多くても寒冷だったり、その逆だったりしたこともあります。ほかの要素も絡んでくるので、黒点の多い少ないだけで、温暖になるか寒冷になるかは判断できません。

周囲の太陽面の温度（約6,000℃）より低いので黒くみえる（約4,000℃）。太陽の活動が活発な時期に多くなる。 カワグチツトム©PIXTA

地球の自転と公転軌道、そして太陽黒点が原因か

気候が変化するということは、地球が受ける太陽エネルギーの量が変化するということです。具体的には地球が受ける日射量の変化ということになります。

日射量が周期的に変化するメカニズムは、**地軸の傾きの変化**、**歳差運動**、**公転軌道の離心率の変化の3つの要素**から説明されます。発見者の名を取って「**ミランコビッチ・サイクル**」と呼ばれています。

太陽黒点の増減も、熱エネルギーの量に影響しているといわれ、太陽活動が活発な時期に増え、穏やかな時期に少なくなります。短期的には約11年周期で増減を繰り返していますが、長期的にも増減の波があります。14世紀半ば〜19世紀半ばの「小氷期」は、黒点が少ない時期と重なる部分があります。

3-9 地球を冷やす灰のベール
～火山噴火と異常気象～

2014年9月27日、長野県の御嶽山が噴火し、多くの人が巻き込まれて死傷する大惨事になりました。火山噴火は噴石などの直接的被害だけでなく、気候にも大きな影響を及ぼします。この噴火もこれからの気候に影響するのでしょうか。

火山噴火の規模と気候への影響

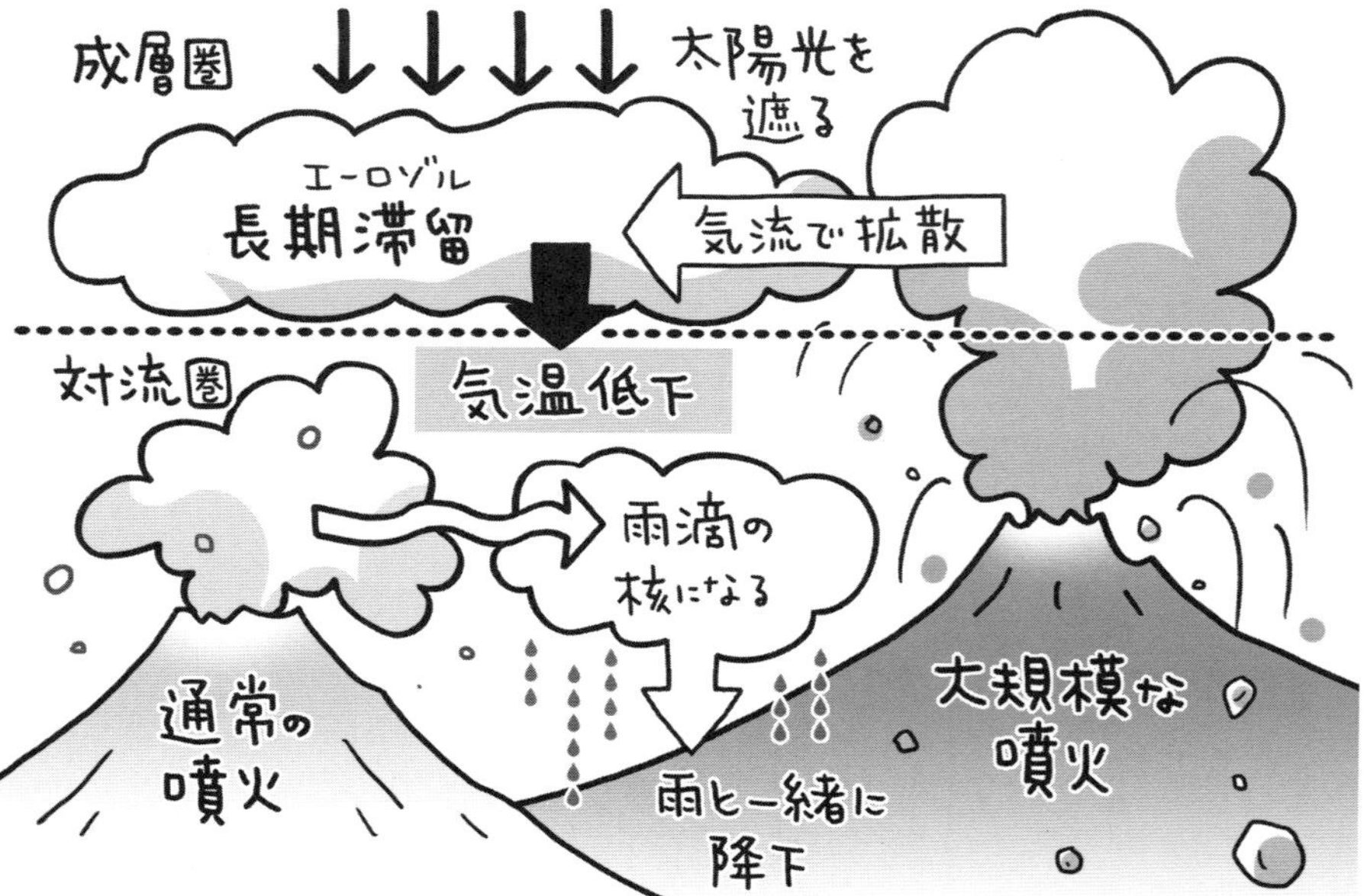
成層圏
太陽光を遮る
長期滞留《エーロゾル》
気流で拡散
気温低下
対流圏
雨滴の核になる
通常の噴火
雨と一緒に降下
大規模な噴火

火山性エーロゾルによる日傘効果は、噴火の直後ではなく、あとから影響が現れるのが特徴です。1883年のクラカタウ山の噴火では、噴火の翌々年まで影響が及び、日本の東北でも2年続きの凶作になりました。
成層圏まで噴煙が吹きあげられると、雨で洗い落とされることがないので、エーロゾルが長期間漂ってしまうのですね。

ピナツボ山の大噴火が影響した？　1993年の日本の異常気象

1991年4月に始まったフィリピンのピナツボ山の噴火は、20世紀最大級の規模となり、噴煙は成層圏まで到達、大量のエーロゾルが拡散した。これにより日射量が最大5％減少、平均気温は北半球で0.5〜0.6℃低下した。噴火の影響で2年後の1993年、日本は冷夏となり、日照不足のため農作物に過去最大規模の被害が出た（被害総額約1兆350億円）。

上空高く達した噴煙が太陽の熱を遮って低温化

大規模な火山噴火で**火山灰が高空に達すると、エーロゾルとなって太陽光を遮り、地上の気温を下げる、「日傘効果」が起こります。**火山灰が対流圏上層から成層圏にまで達すると、ジェット気流に乗って拡散し、世界中に影響が及ぶ場合があります。

このように、気候を変化させた大噴火は、何度も起こっています。有名なのはインドネシアのクラカタウ山の噴火（1883年）で噴煙が成層圏にまで達し、北半球の平均気温は0・5〜0・8℃低下しました。

近年ではピナツボ山（フィリピン）の大噴火（1991年）が、やはり世界中の気温を低下させました。

ただし今回の御嶽山の噴火は、噴煙がそれほど上空まで上昇しなかったので、気候への影響は、軽微な範囲にとどまると思われます。

台風は今後どうなるか
～地球温暖化と熱帯低気圧～

日本に暮らしている以上、台風との“つき合い”からは逃れられません。「地球温暖化で異常気象が頻発している」と聞いて、台風の発生が気になるのは当然といえば当然。そういえば、何だか大きな台風が増えているような……？

台風の構造

上空では時計回りに
風が
吹き出す
らせん状の
上昇気流
台風の目
海面水温の
上昇
大量の水蒸気
反時計回りに
風が吹き込む
海面水温の
上昇
コンコンコン
シミュレーションでは、このまま温暖化が進むと、勢力の強い台風が、今より増えることが予想されています(左ページの図を参照)。
温暖化すると海面からの蒸発量が大きくなって、エネルギーをたくさん取り入れることができるので、台風は強大化するんですね。

温暖化実験による熱帯低気圧の年平均出現数

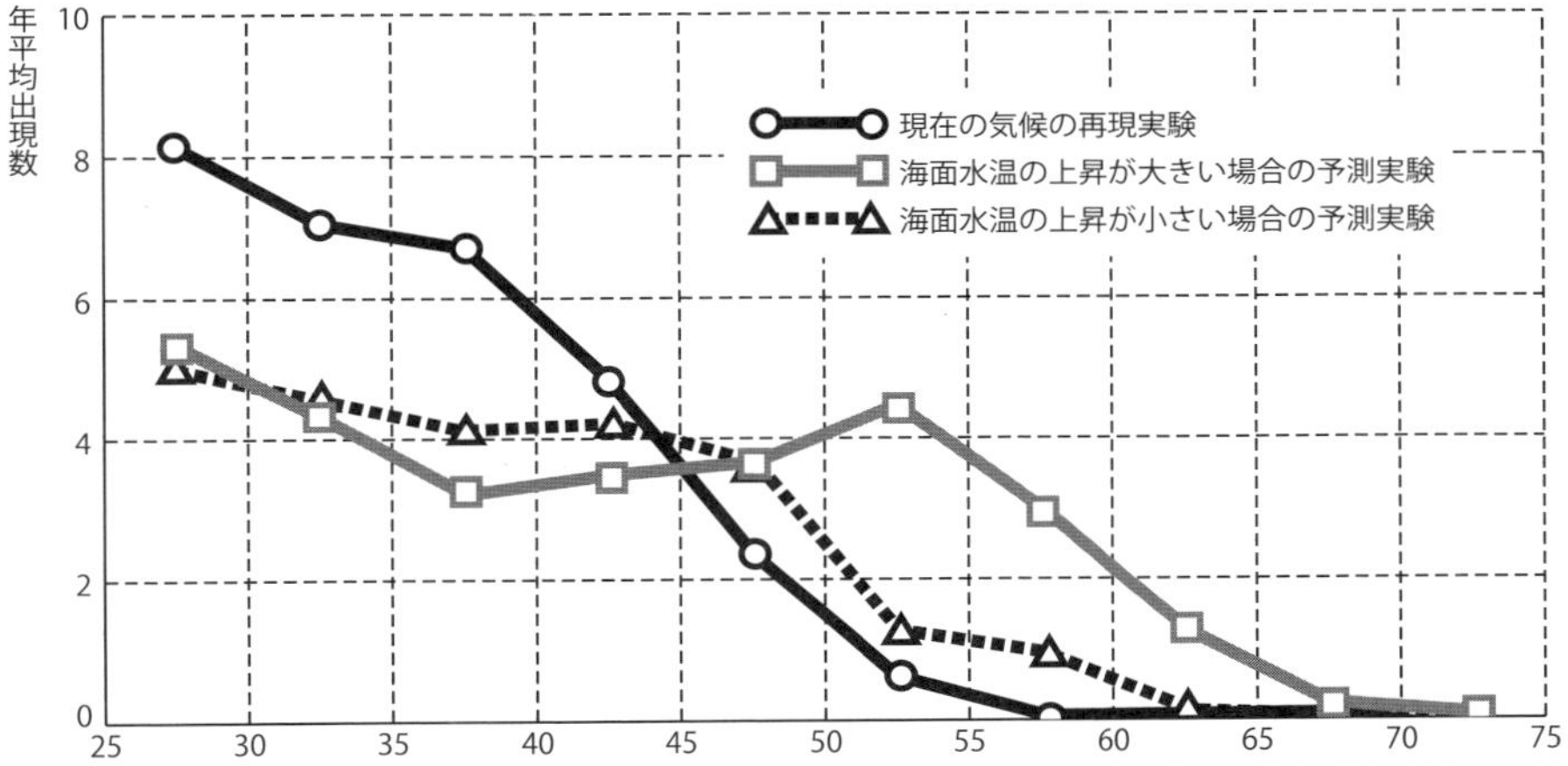
年平均出現数
10
8
6
4
2
0
現在の気候の再現実験
海面水温の上昇が大きい場合の予測実験
海面水温の上昇が小さい場合の予測実験
25
30
35
40
45
50
55
60
65
70
75
熱帯低気圧の強さ（最大風速：m/s）

※気象庁気象研究所ほかの研究に基づく（2007年）

温暖化すると台風が強くなる理由はわかりましたが、どうして発生件数が減るんでしょう？
おそらく、温暖化すると海面と上空の温度差が小さくなるため、大気の安定度が増して、強い上昇気流が発生する機会が減るからではないかと思われます。

発生件数は減る一方で強大化する可能性が

１章でも触れましたが、台風の発生件数に、温暖化によると思われる変化は、今のところ現れていません。むしろ少ない年もあるので、関係性の有無を判断するには、今後の推移を見守っていく必要があります。

ただＩＰＣＣは、**温暖化により将来的には熱帯低気圧が強大化する**との見解を示しています。また気象庁と外部の機関が共同で行った研究でも、温暖化によって発生件数は減るものの、最大風速が現在より強い台風が発生するという予測を出しています。

２００４年、ブラジルに被害を及ぼしたハリケーン「カタリーナ」は、少なくとも**気象衛星による観測が始まって以降、一度も発生の記録がなかった南大西洋ではじめて発生**しました。温暖化が原因とは断定できませんが、気になるところです。

斉田気象予報士の
異常気象コラム3

「ハイエイタス」という現象

地球温暖化は本当に止まったのか？

世界の年平均気温は20世紀後半、明らかな上昇傾向にありましたが、21世紀に入ってからはほぼ横ばいとなっています（→P22「世界の年平均気温偏差」参照）。

温暖化が停滞したとも思えるこの状態は「ハイエイタス」と呼ばれ、いくつかの原因が考えられます。

まずは、太陽の黒点影響説（→P51）です。太陽の活動は11年の周期で変化していますが、現在は黒点の数が少ない時期にあたります。つまり、日射量が減少しているわけですが、これだけではハイエイタスという現象を十分に説明しているとはいえません。

次に、エーロゾル（→P24）の増加を指摘する研究があります。噴火や人為起源の大気汚染によるエーロゾルが、地表付近から成層圏まで上昇し、太陽からの日射を長期間にわたって遮るというものです。しかしこの説も、温暖化が止まったと断定できるほどの信憑性《しんぴょうせい》はないとされています。

海水温の変化にも注目

また、最近の研究では海水温の変化が注目されています。エルニーニョ現象は太平洋赤道域の東部の海面水温が１年程度平年より高くなる現象ですが、この海域では数十年という長い周期でも高温と低温が繰り返されているのです。太平洋の海面水温はこの10年ほどは低めの傾向にあり、こうした長期の変動が世界の平均気温に影響しているとも考えられています。

一方で、これまでデータが少なかった水深700mを超える深海の水温の分析も進められています。ハイエイタスがはじまった2000年頃から、深海の水温の上昇が加速していることがわかってきたからです。そしてこれは地球全体としては温暖化が停滞していないことを示しています。海水温の上昇はさまざまな影響を及ぼしますが、深海を暖めた熱はいずれ大気へ放出され、気温の急激な上昇を引き起こしかねないからです。

4章

すっかり変わった？日本の天気

「昔はよかった」は、洋の東西を問わず、
いつの時代もいちばんよく聞く嘆きだとか。
とはいえ「昔の日本は、こんなにおかしな天気ではなかった」と、
日本に暮らすだれもが感じているに違いありません。
最近の日本の天気の“おかしな点”を確認してみます。

4-1

暑いぞ、ニッポン！
～酷暑が続く日本の夏～

１章で触れたように日本の夏は確かに暑くなっています。都市の猛暑は、P60で解説するヒートアイランドの影響が非常に大きいですが、日本列島全体をみても、猛暑になる気象条件が頻繁に起こるようになっています。

2000年以降に集中していることがわかります。アメダスで全国をきめ細かく観測できるようになったことも影響していますが、40℃以上がこんなに多くなったのは、やっぱり何だかおかしいですね。

最高気温40℃以上の観測値と観測日

順位	観測地のある市町村	観測値（℃）	観測日
1	高知県四万十市	41.0	2013年8月12日
2	埼玉県熊谷市	40.9	2007年8月16日
	岐阜県多治見市	40.9	2007年8月16日
4	山形県山形市	40.8	1933年7月25日
5	山梨県甲府市	40.7	2013年8月10日
6	和歌山県かつらぎ町	40.6	1994年8月8日
	静岡県浜松市天竜区	40.6	1994年8月4日
8	山梨県甲州市	40.5	2013年8月10日
9	埼玉県越谷市	40.4	2007年8月16日
10	群馬県館林市	40.3	2007年8月16日
	群馬県高崎市	40.3	1998年7月4日
	愛知県愛西市	40.3	1994年8月5日
13	千葉県市原市	40.2	2004年7月20日
	静岡県浜松市天竜区	40.2	2001年7月24日
	愛媛県宇和島市	40.2	1927年7月22日
16	山形県酒田市	40.1	1978年8月3日
17	岐阜県美濃市	40.0	2007年8月16日
	群馬県前橋市	40.0	2001年7月24日

※気象庁ホームページより

一日の最高気温・最低気温に基づく分類

猛暑日	日最高気温が35℃以上の日
真夏日	日最高気温が30℃以上の日
夏　日	日最高気温が25℃以上の日
熱帯夜	最低気温が25℃以上の夜
冬　日	日最低気温が０℃未満の日
真冬日	日最高気温が０℃未満の日

※気象庁ホームページより

このほか、広い範囲に4～5日以上にわたって著しい高温をもたらす現象を「熱波」と呼んでいます。

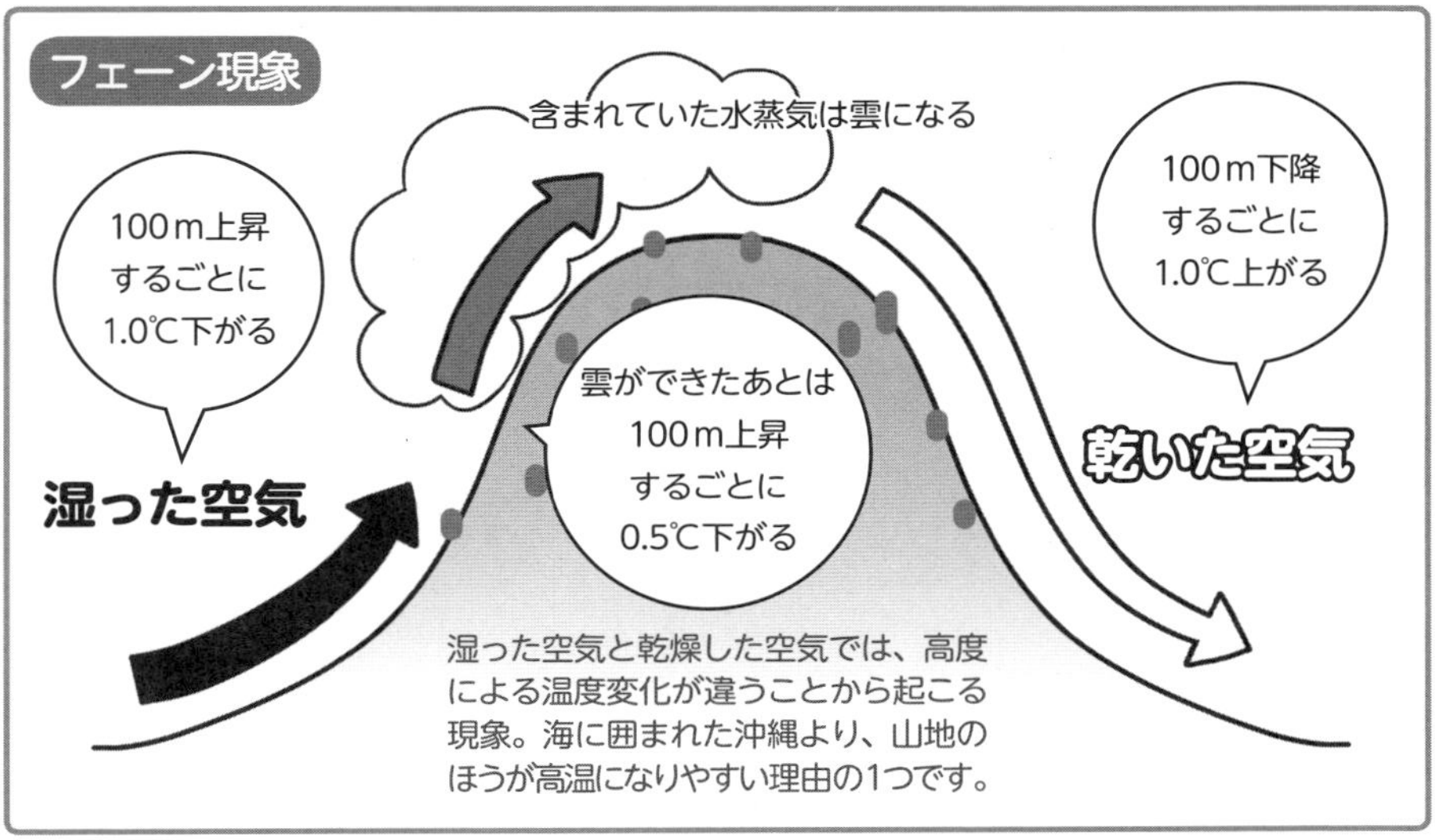
フェーン現象
含まれていた水蒸気は雲になる
100m上昇
するごとに
1.0℃下がる
100m下降
するごとに
1.0℃上がる
雲ができたあとは
100m上昇
するごとに
0.5℃下がる
湿った空気
乾いた空気
湿った空気と乾燥した空気では、高度による温度変化が違うことから起こる現象。海に囲まれた沖縄より、山地のほうが高温になりやすい理由の1つです。

当日、四万十市付近では西北西の風が吹いていたこと、また、太平洋高気圧から日本列島に向かって、暑い風が吹いていたことがわかりますね。

2013年8月12日の天気図

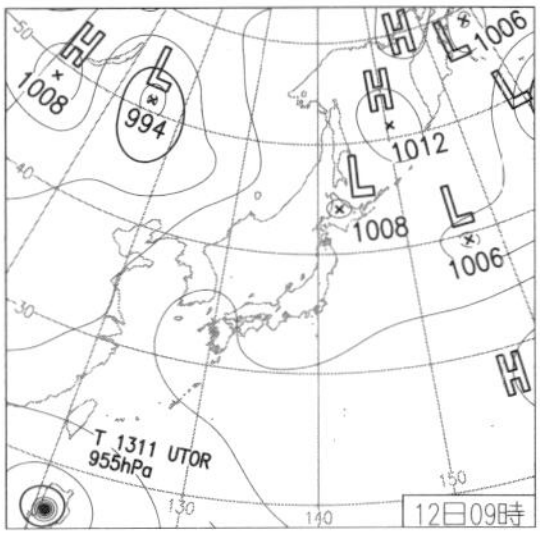
1008
994
1006
1012
1008
1006
T 1311 UTOR
955hPa
12日09時

異様に暑い日が続く近年の日本の夏

２００７年４月以降、**最高気温が35℃以上を記録した日を「猛暑日」と呼んでいます**。それだけ「異様に暑い日」が増えたということです。

国内で40℃以上の記録はこれまでに18日間ありますが、そのうち11日は21世紀に入ってから記録されたものです。１９９０年以降に範囲を広げると、15日にも及びます。

国内で観測される異常高温は、**乾いた高温の風が山から吹きおろされるフェーン現象**が絡んでいる場合が大半です。２０１３年８月に高知県四万十市江川崎で、国内最高気温の記録が塗り替えられたときにも、山を越える西北西の風が吹いていました。

２０１３年の夏は**太平洋高気圧とチベット高気圧の勢力が強く、日本付近にはその両方が覆いかぶさっていました**。連日の猛暑の原因です。

4-2

便利な暮らしが気温をあげる

〜「ヒートアイランド」とは何か〜

最近よく耳にする「ヒートアイランド」。都市活動が原因となっている気象現象です。これはいい換えれば「私たちの便利な暮らしが原因」ということ。知らずしらずのうちに地球があげている悲鳴なのかもしれません。

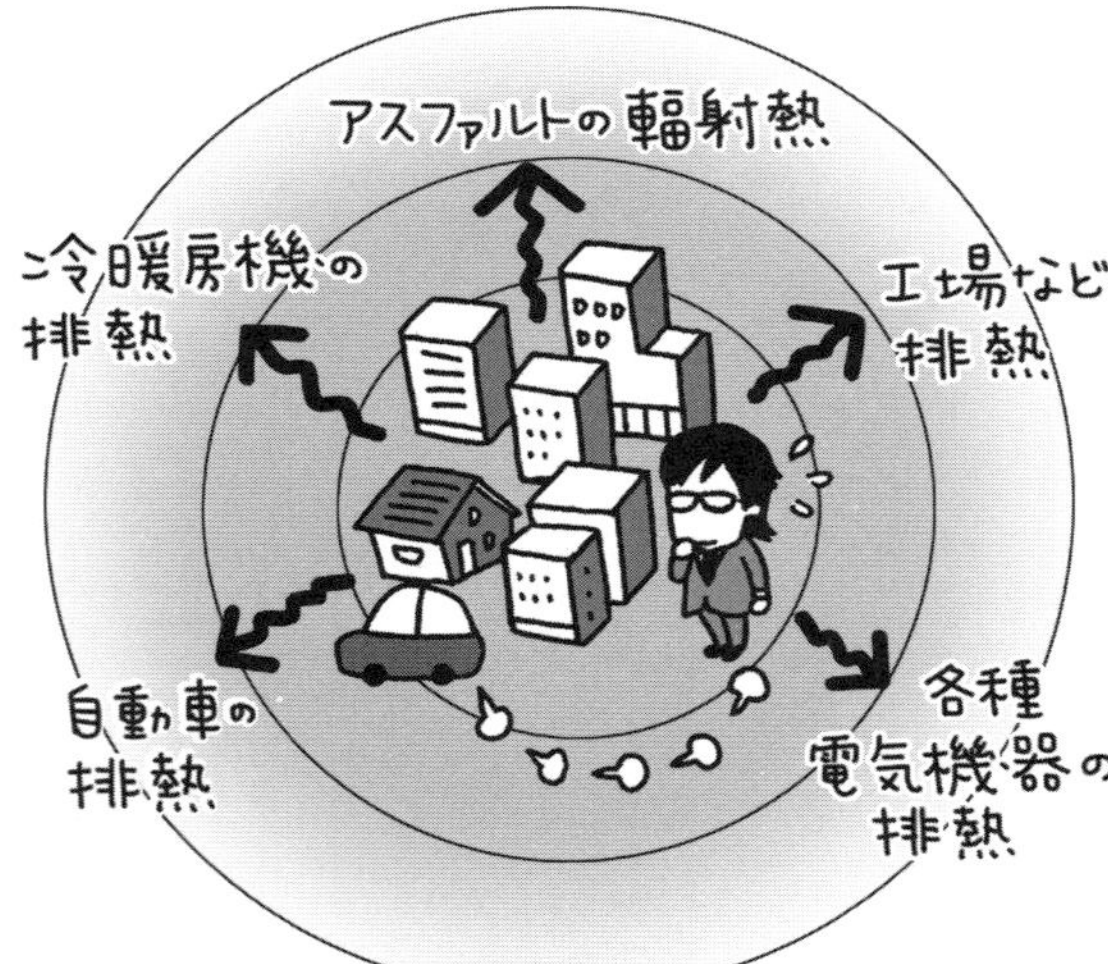
アスファルトの輻射熱
冷暖房機の排熱
工場などの排熱
自動車の排熱
各種電気機器の排熱

ヒートアイランドは気温をあげるだけでなく、特に夜間は空気の流れを閉じ込めるので、大気汚染の原因にもなります。これは冬に顕著で、近年問題になっている中国・北京市の大気汚染も、ヒートアイランドが原因の1つと考えられています。

ヒートアイランド内の気流
大気汚染物質

弱い風があると、ヒートアイランドで暖められた空気が風下に移動します。よく埼玉県北部や群馬県の猛暑が話題になりますが、都心やさいたま市のヒートアイランドが、東京湾の海風に吹かれて内陸に移動することも原因の1つといわれています。
気温上昇
内陸へ移動
都心のヒートアイランド
何だか、とんだとばっちりですね。
海風
東京湾

人間の文化がもたらした気候の変動

ヒートアイランドという名の由来は、都市部の気温が周辺より高く、等温線を描くと島のように見えることにちなんでいます。18世紀末～19世紀には、ドイツやイギリスなどで、すでに観測された記録があります。

現在では、**コンクリートやアスファルトの輻射熱《ふくしゃねつ》、工場や冷暖房機器、自動車などからの排熱《はいねつ》**など、気温を上げる要因が大幅に増えました。また、かつては一日の気温差が激しい晩秋から冬に特有の現象でしたが、現在は**真夏でも現れ、猛暑の一因**になっています。また、風によって高温の気塊が移動し、遠隔地の気温に影響を及ぼしているともいわれます。

ヒートアイランド内は気流が閉じ込められて大気汚染が進んだり、最低気温が上昇することで外来昆虫の越冬が容易になったりもします。

4-3

風通しがよくない東京
～高層ビルと風～

高層ビルがひしめく都会の強風に、驚いた経験がある人は少なくないでしょう。いわゆるビル風ですが、ビルの影響は強風だけではないという指摘があります。例えば「都心の猛暑は東京湾岸の高層ビル群のせい」というのですが……？

ビル風のしくみ

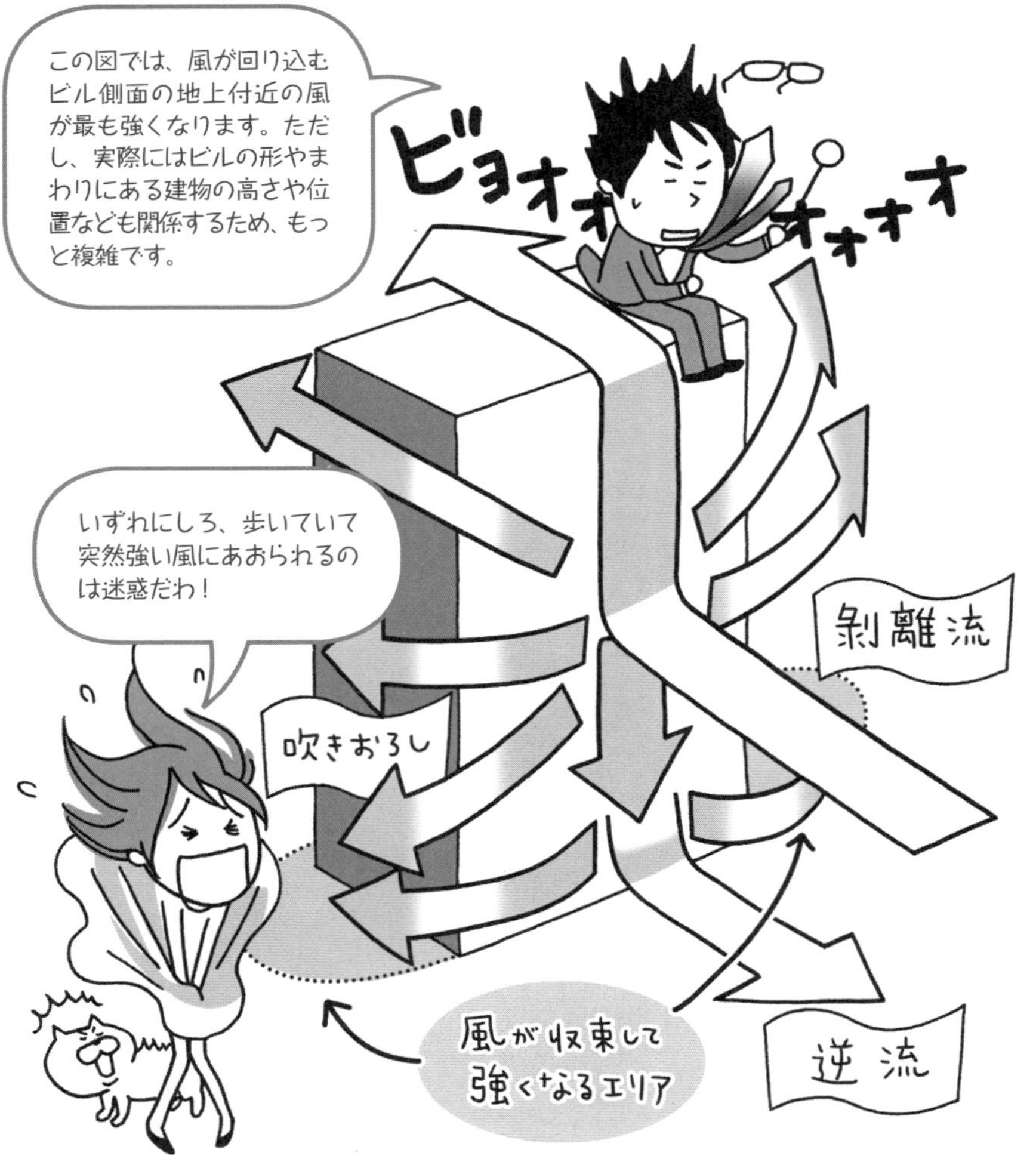

この図では、風が回り込むビル側面の地上付近の風が最も強くなります。ただし、実際にはビルの形やまわりにある建物の高さや位置なども関係するため、もっと複雑です。
ビョオオオオオオ
いずれにしろ、歩いていて突然強い風にあおられるのは迷惑だわ！
剥離流
吹きおろし
風が収束して強くなるエリア
逆流

東京ウォールでヒートアイランド強化？

確かに臨海ビル群の陸側は風が弱まって気温もあがるようです。ただし範囲は限られているため、都心全体のヒートアイランド現象を強力にしているという説は、ちょっとムリがあるように思います。
ヒートアイランド増強(?)
あっついわ〜
あちー
それでも、風が十分届かないので、体感的な暑さは増しますよね。
地上付近の海風
東京湾
あちち
あち

そびえ立つビル群が涼風を遮っている？

風が高層建築物にあたると、流路が上下左右に分かれます。**建物を回り込むように吹きおろした風は、地上付近でほかの方向から来た風と合流し、風速が強くなります。**これがビル風の基本的なしくみです。

不意に傘を飛ばされたり、酷《ひど》い場合は転んだりすることもあります。

また、風が遮られると反対側では弱まるので、気温にも影響が及びます。実際、ビルの後ろの狭い範囲で、気温の上昇が確認されています。

東京では近年、汐留地区など東京湾沿いに高層ビルが相次いで建設されました。それが**東京湾からの海風を遮り、ヒートアイランド現象を強力にしている**という指摘があります。そのため、このビル群を壁に見立てて「**東京ウォール**」と呼ぶ人もいます。

4-4

雨雲は都会を目指す
～ゲリラ豪雨のメカニズム～

近年「ゲリラ豪雨」という言葉を耳にすることが多くなりました。夏、ごく狭い地域だけに突然降る大雨。以前はめったにありませんでしたが、現在は毎夏、頻発しています。大都市では特に多くなっているようです。

東京のゲリラ豪雨発生のしくみ

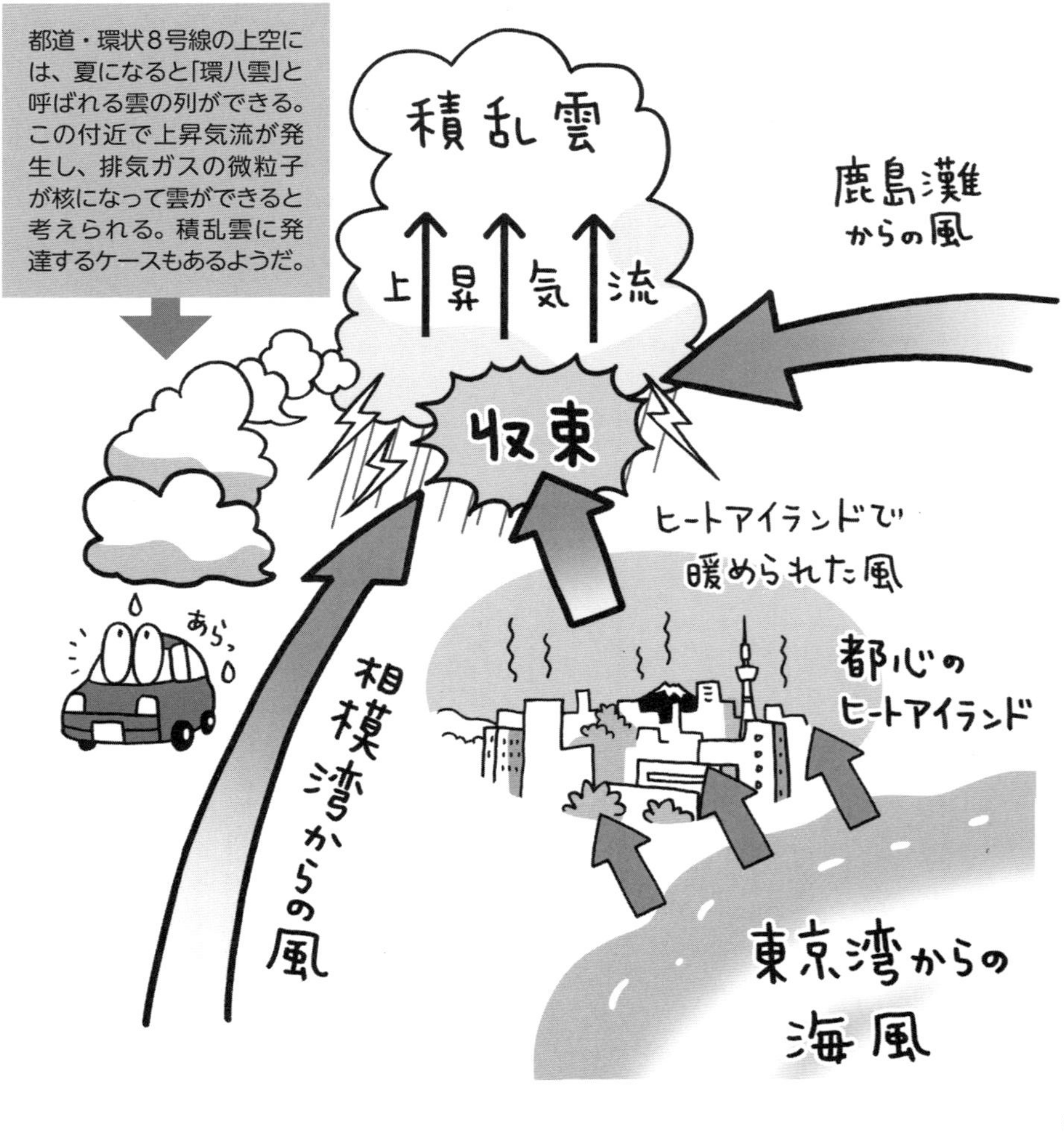
都道・環状8号線の上空には、夏になると「環八雲」と呼ばれる雲の列ができる。この付近で上昇気流が発生し、排気ガスの微粒子が核になって雲ができると考えられる。積乱雲に発達するケースもあるようだ。
積乱雲
上昇気流
鹿島灘からの風
収束
あらっ
ヒートアイランドで暖められた風
相模湾からの風
都心のヒートアイランド
東京湾からの海風

1999年7月21日 練馬豪雨における総雨量（単位：mm）

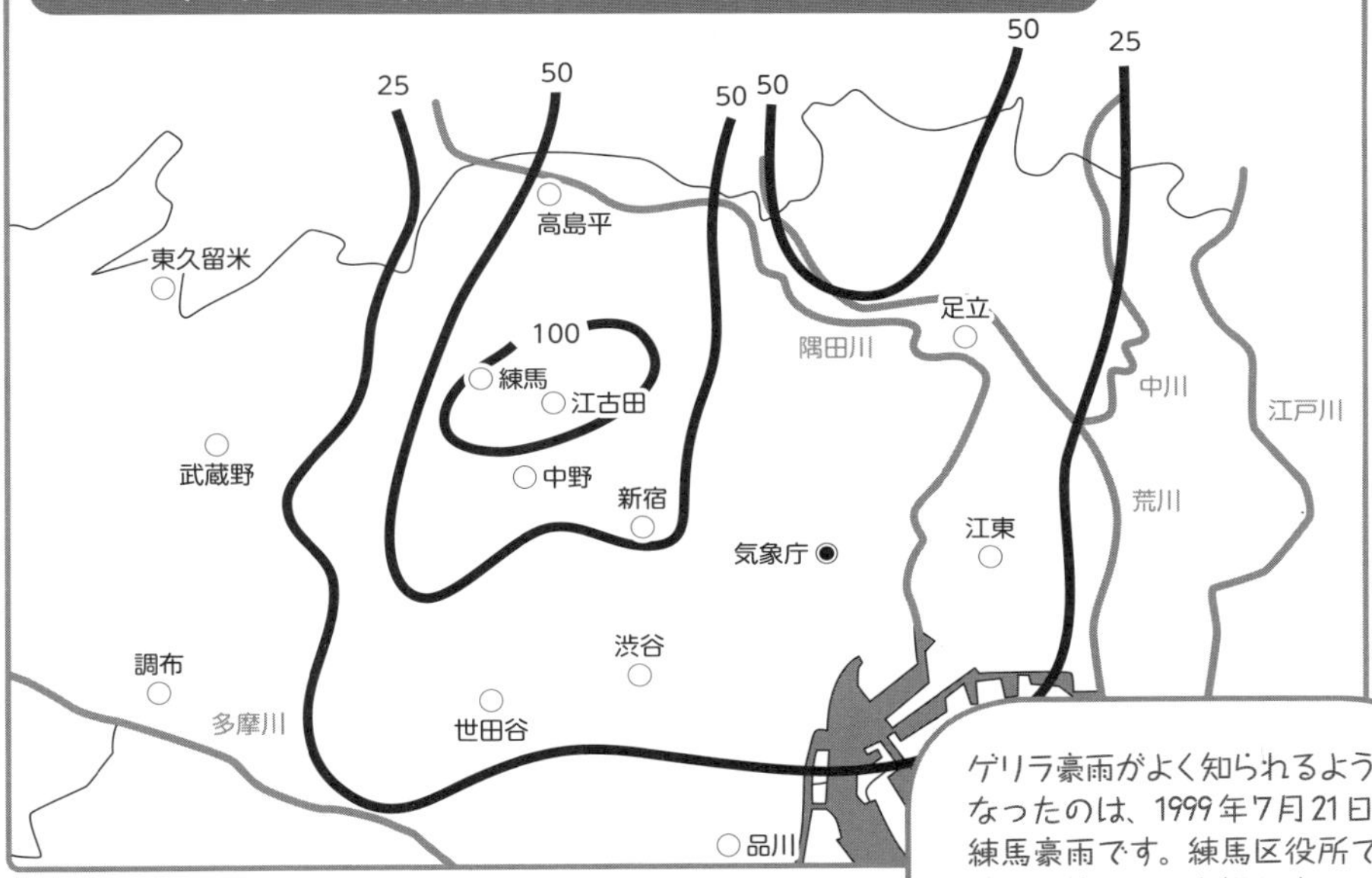
25
50
50
50
50
25
100
高島平
東久留米
足立
隅田川
練馬
江古田
中川
江戸川
武蔵野
中野
新宿
荒川
江東
気象庁
渋谷
調布
世田谷
多摩川
品川

※東京都建設局ホームページ掲載の図を基に作成

ゲリラ豪雨がよく知られるようになったのは、1999年7月21日の練馬豪雨です。練馬区役所で1時間に約130mmを観測するほどの豪雨だったのに、練馬区とその近辺以外では、ほとんど降りませんでした。
ごく狭い範囲にしか降らないのですね。夏は晴れているからといっても、油断できませんね。

ヒートアイランドが雨雲を発達させる？

「ゲリラ豪雨」はマスコミがつけた通称で、気象庁は**局地的大雨**と呼んでいます。あまりにも物騒だという理由から、最近は使用を控える報道機関も増えていますが、**限られた範囲に突然発生する**という特徴を考えれば、いい得て妙かもしれません。

局地的大雨は東京のような大都市で多く発生することから、ヒートアイランドとの関連性が早くから指摘されてきました。大雨を降らせる**積乱雲**が東京の近くで発達する理由は、近年の研究で以下のようなおおよそのメカニズムがわかりました。

まず、東京湾からの海風がヒートアイランド現象で暖められた空気を北西方向へ運び、都心の周縁部で、相模湾からの風や鹿島灘からの風とぶつかります。それに伴い**上昇気流が発生し、積乱雲が発達**するのです。

「経験したことのない大雨」の多発
～変わってきた集中豪雨～

4-5

最近「これまでに経験したことのないような大雨」「30 年に１回」などの表現をよく耳にします。インパクトがある言葉なので記憶に残りやすいこともありますが、雨の降り方が変わってきていることは確かなようです。

30年に１回の値を超えた地点の割合（アメダス毎正時の24時間降水量）

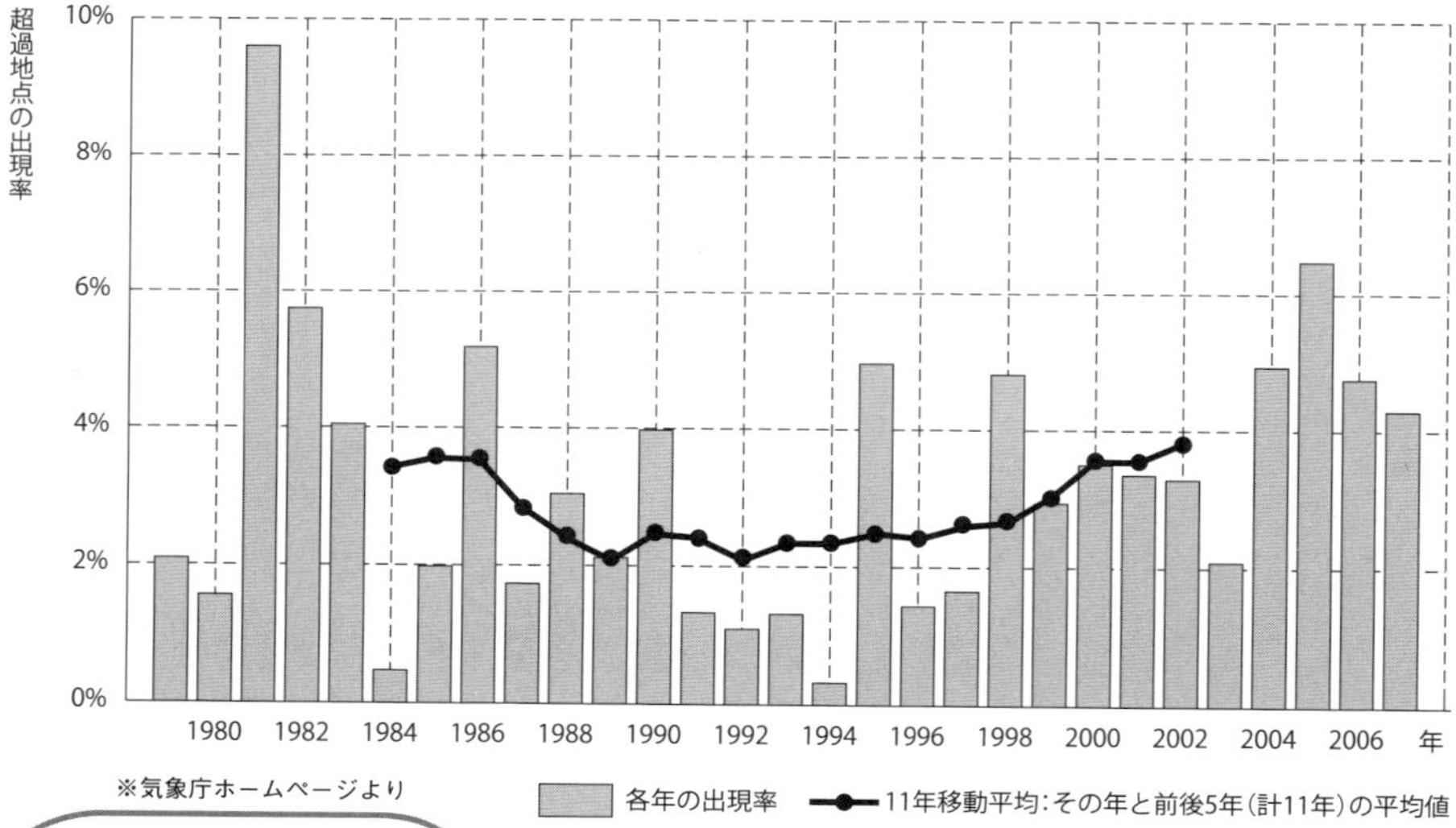

超過地点の出現率
10%
8%
6%
4%
2%
0%
1980 1982 1984 1986 1988 1990 1992 1994 1996 1998 2000 2002 2004 2006 年
各年の出現率
11年移動平均：その年と前後5年（計11年）の平均値

※気象庁ホームページより

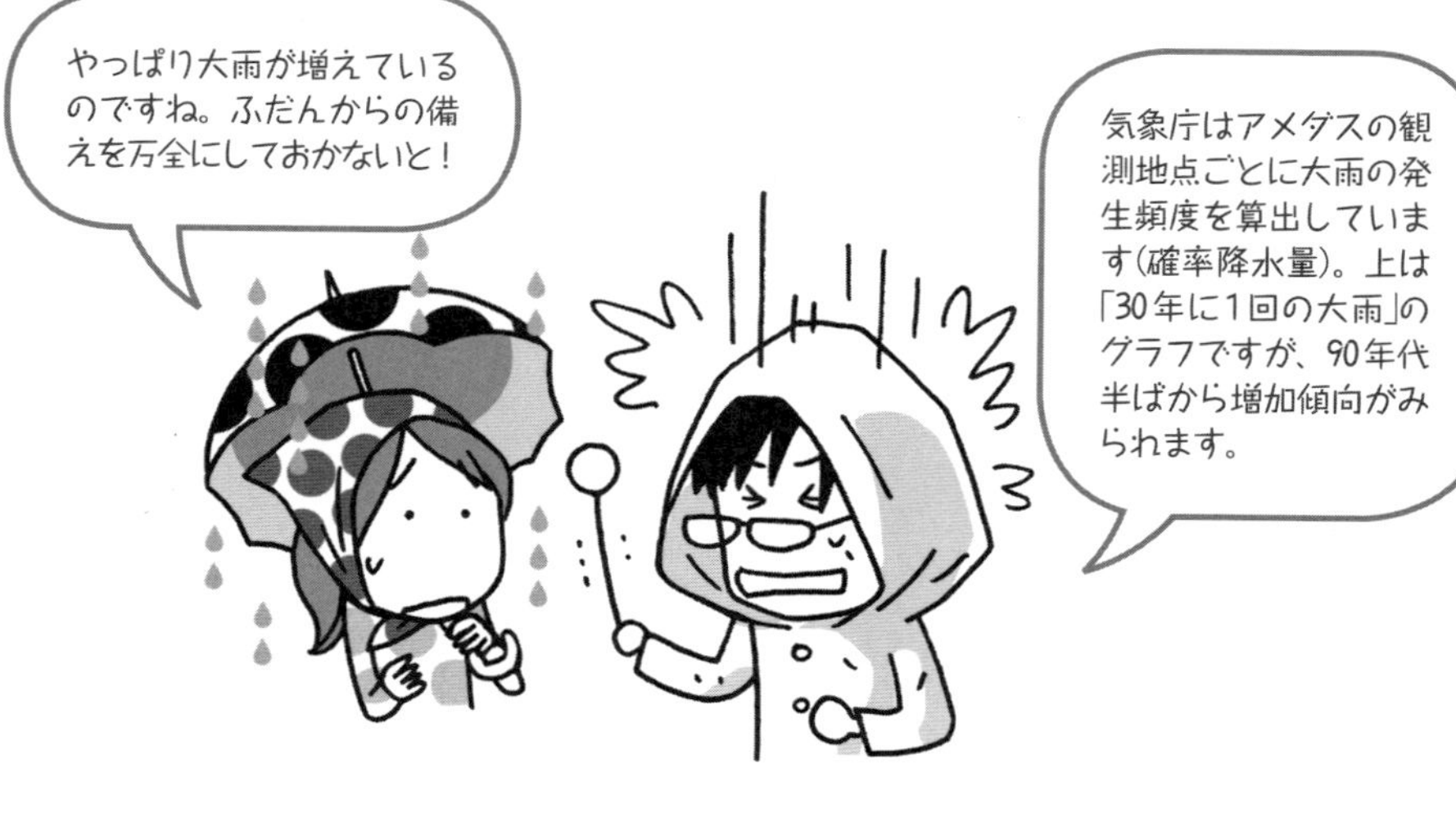

やっぱり大雨が増えているのですね。ふだんからの備えを万全にしておかないと！
気象庁はアメダスの観測地点ごとに大雨の発生頻度を算出しています（確率降水量）。上は「30年に１回の大雨」のグラフですが、90年代半ばから増加傾向がみられます。

バックビルディング

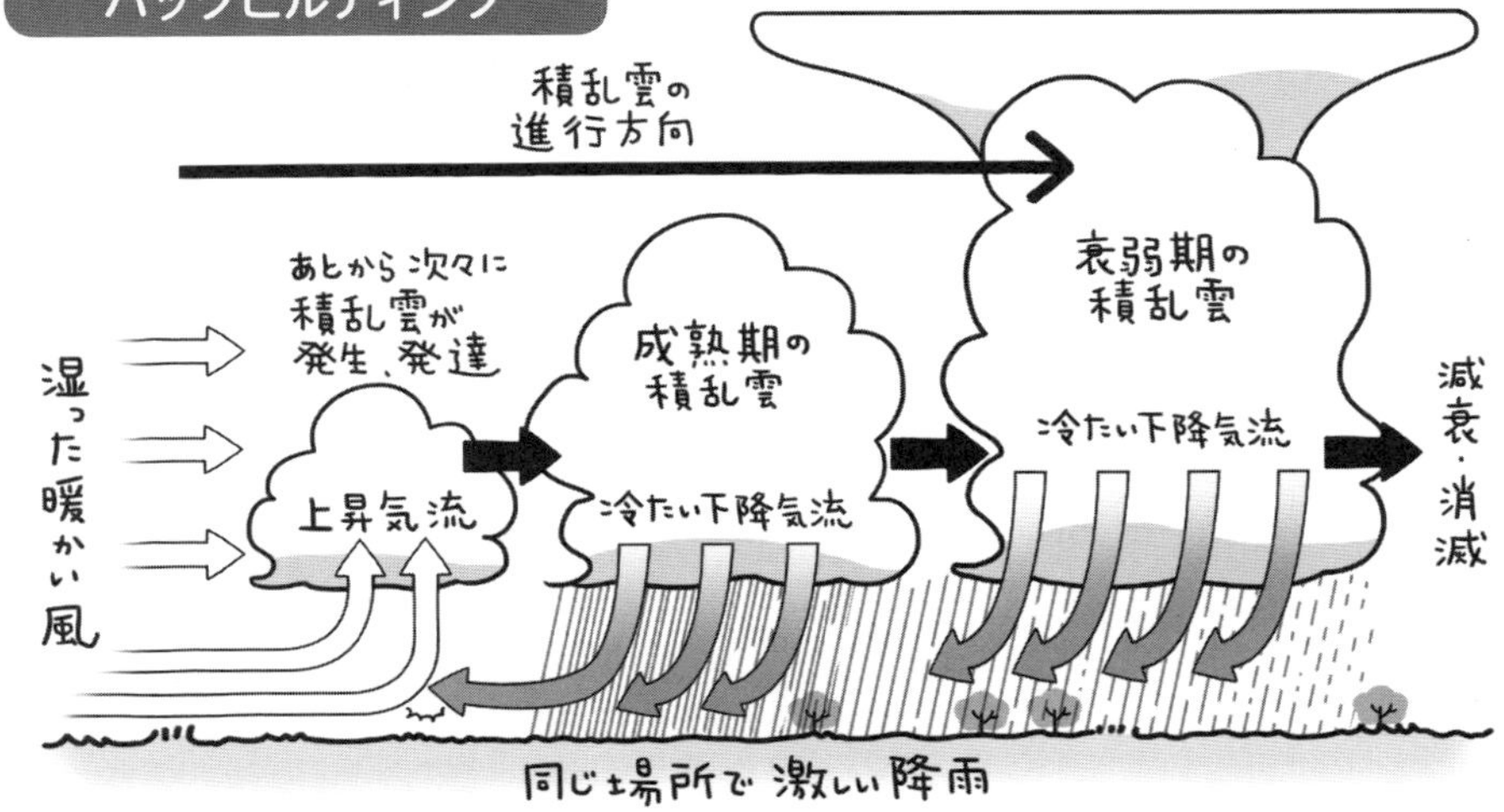

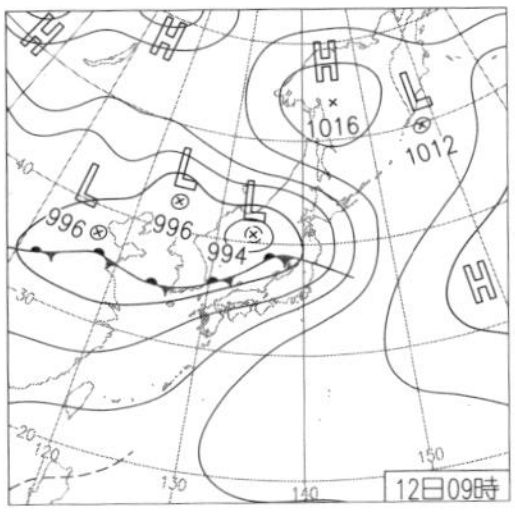

2012年7月12日09時

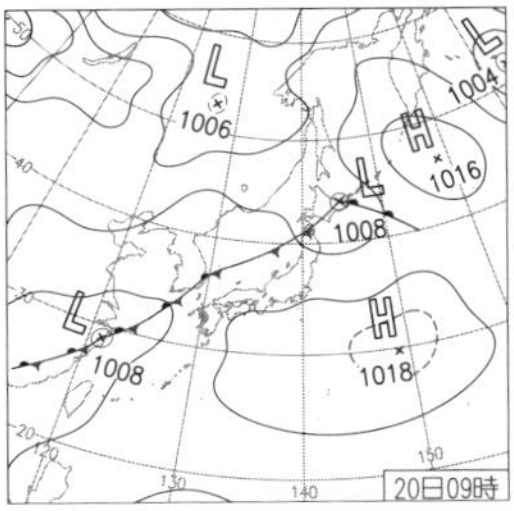

2014年8月20日09時

2012年7月の九州北部豪雨と、広島市に大規模土砂災害をもたらした2014年8月豪雨の気圧配置は酷似している。日本海の前線に向けて湿った南風が吹き込み、バックビルディング現象による積乱雲が発達した。これは、東シナ海あるいは豊後水道で大量の水蒸気を含んだ空気が、地形的な条件(九州山地や四国山地の存在)が絡んで南西ないし南の風となって前線に吹き込んだことによる。

積乱雲が次々に発生するバックビルディング現象

気象庁がはじめて「**これまでに経験したことのないような大雨**」という表現を使ったのは2012年7月の九州北部豪雨でした。近年は「30年に1回」「100年に一度」といった表現もよく耳にします。激しい豪雨が増えていることがうかがえます。

「集中豪雨」は狭い範囲に短時間、集中的に降る大雨のことで、気象庁は**「積乱雲が同じ場所で発生・発達を繰り返すことにより起きる」と定義**しています。ゲリラ豪雨のような単独の積乱雲によるものは「局地的大雨」と呼んで区別しているのです。

積乱雲が次々に発生するしくみはいくつかありますが、「**バックビルディング**」と呼ばれる現象は報道などによって一般の人にも知られるようになりました。**続々と発生した積乱雲が列を成して襲来する現象**です。

4-6
天空を駆け抜ける「大型爆弾」
～「爆弾低気圧」とは何か～

温帯低気圧は中心気圧が急速に低下し、台風並みの勢力になって暴風雨をもたらすことがあります。こうした低気圧を、俗に「爆弾低気圧」と呼びます。恐ろしげな呼び名ですが、どんな低気圧なのでしょう？

【爆弾低気圧】
中心気圧が24時間で

$$24\text{hPa} \times \frac{\sin(\varphi)}{\sin(60^\circ)} \text{ 以上低下}$$

※φ＝緯度

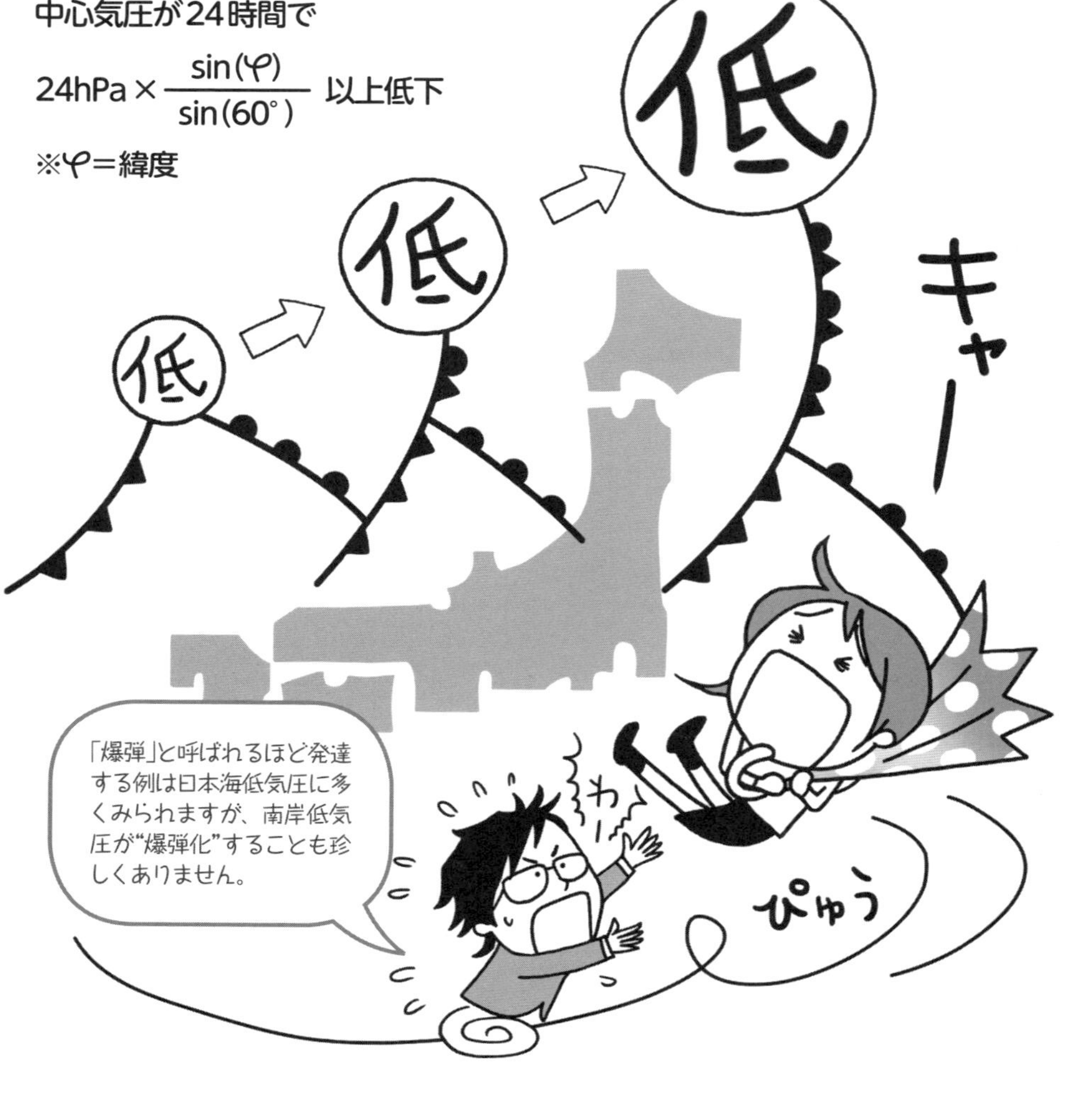

低
低
低
キャー
わ
ぴゅう
「爆弾」と呼ばれるほど発達する例は日本海低気圧に多くみられますが、南岸低気圧が“爆弾化”することも珍しくありません。

2012年4月3〜4日に急速に発達した低気圧

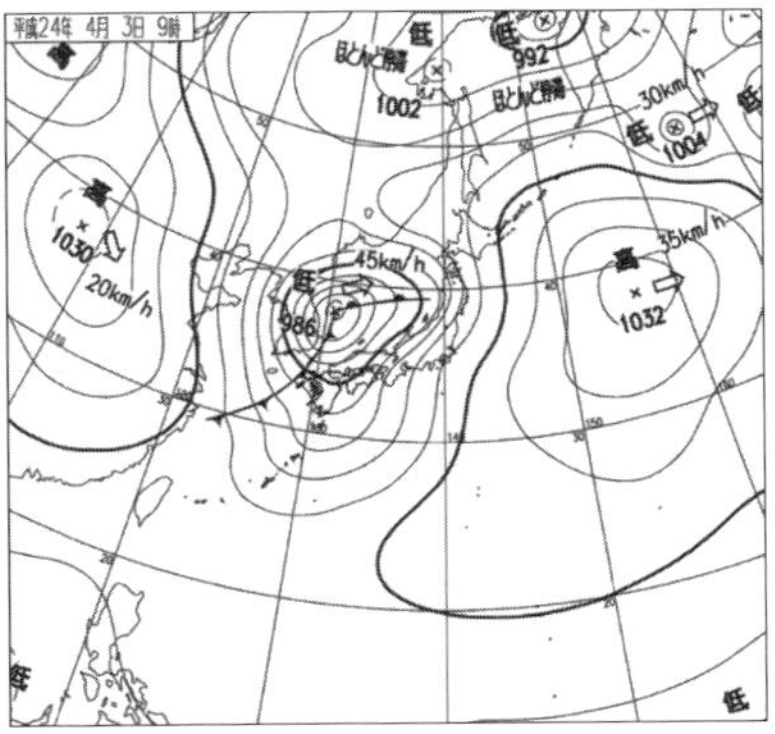

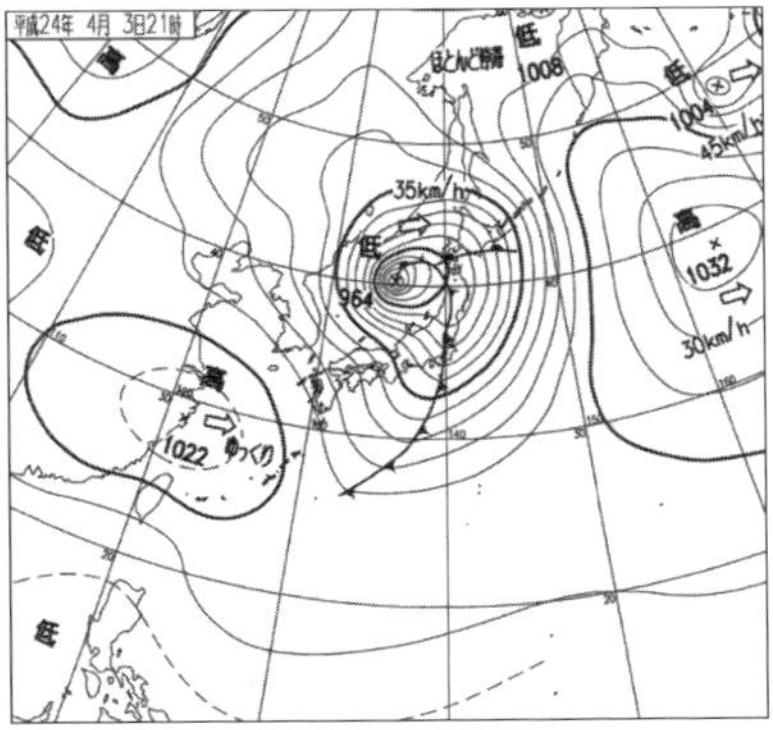

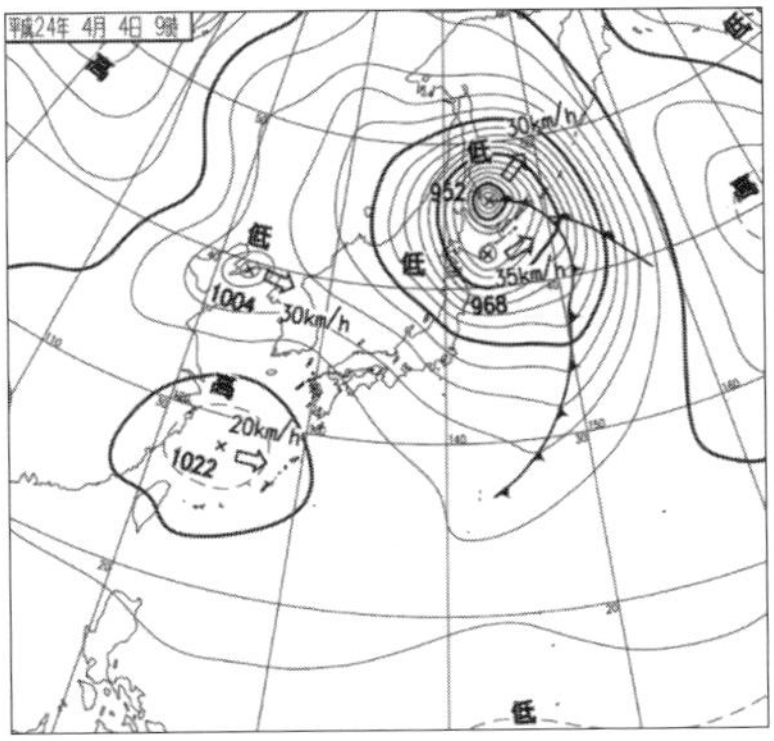

※新潟地方気象台「平成24年4月3日から4日にかけて急速に発達した低気圧に関する新潟県気象速報」より

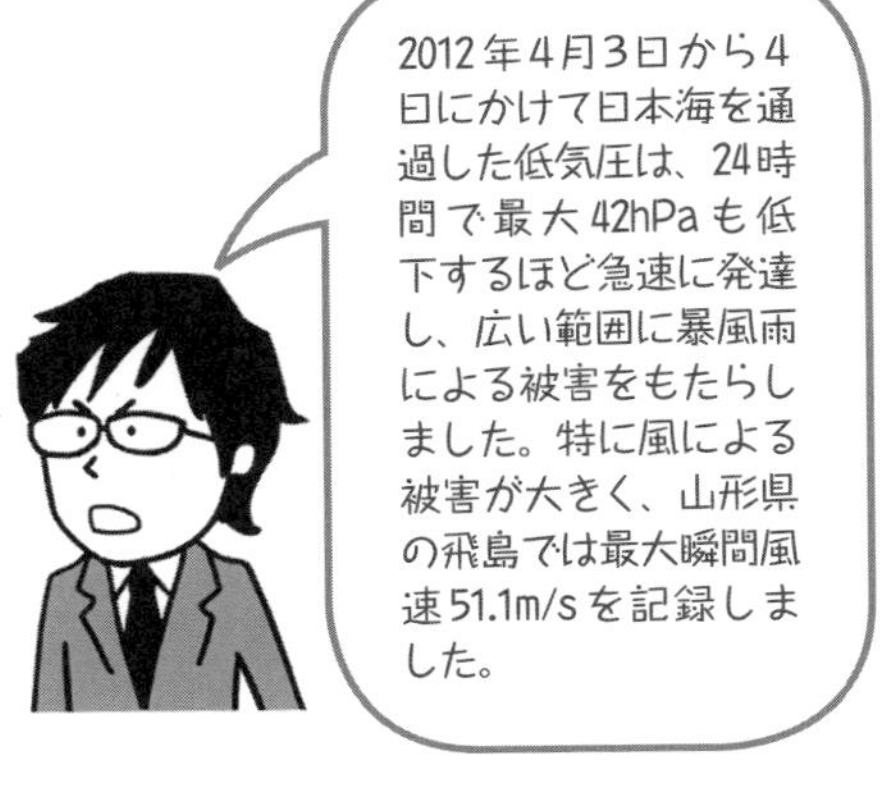
2012年4月3日から4日にかけて日本海を通過した低気圧は、24時間で最大42hPaも低下するほど急速に発達し、広い範囲に暴風雨による被害をもたらしました。特に風による被害が大きく、山形県の飛島では最大瞬間風速51.1m/sを記録しました。

暴風をもたらす空の爆弾

年が明けてしばらく経つと、冬型の気圧配置が長く続かなくなり、日本付近を温帯低気圧が頻繁に通過するようになります。日本海を進む低気圧を**「日本海低気圧」**、太平洋側を進む低気圧を**「南岸低気圧」**といい、2つが同時に進む**「二つ玉低気圧」**になることもあります。

日本海低気圧は急速に発達し、強い風をもたらすことが珍しくありません。**短時間で台風並みに発達し、暴風雨の被害を及ぼす**ことさえあります。これが**「爆弾低気圧」**ですが、この呼称は正式な気象用語ではありません。「気象用語に〝爆弾〟はふさわしくない」との理由で、気象庁は**「急速に発達する低気圧」**といい換えています。報道機関も最近は、**「猛烈に発達する低気圧」「猛烈低気圧」**などと呼ぶようになりました。

4-7

想定外の大雪で首都圏混乱
～「南岸低気圧」とは何か～

「雪で首都圏交通マヒ」。ここ数年、そんなニュースがたびたび流れます。雪に慣れていない地方だけに、対策が追いつかないのも仕方ないかもしれません。さて、どんなときに太平洋側に大雪が降るのでしょう？

南岸低気圧と東京付近の降雪

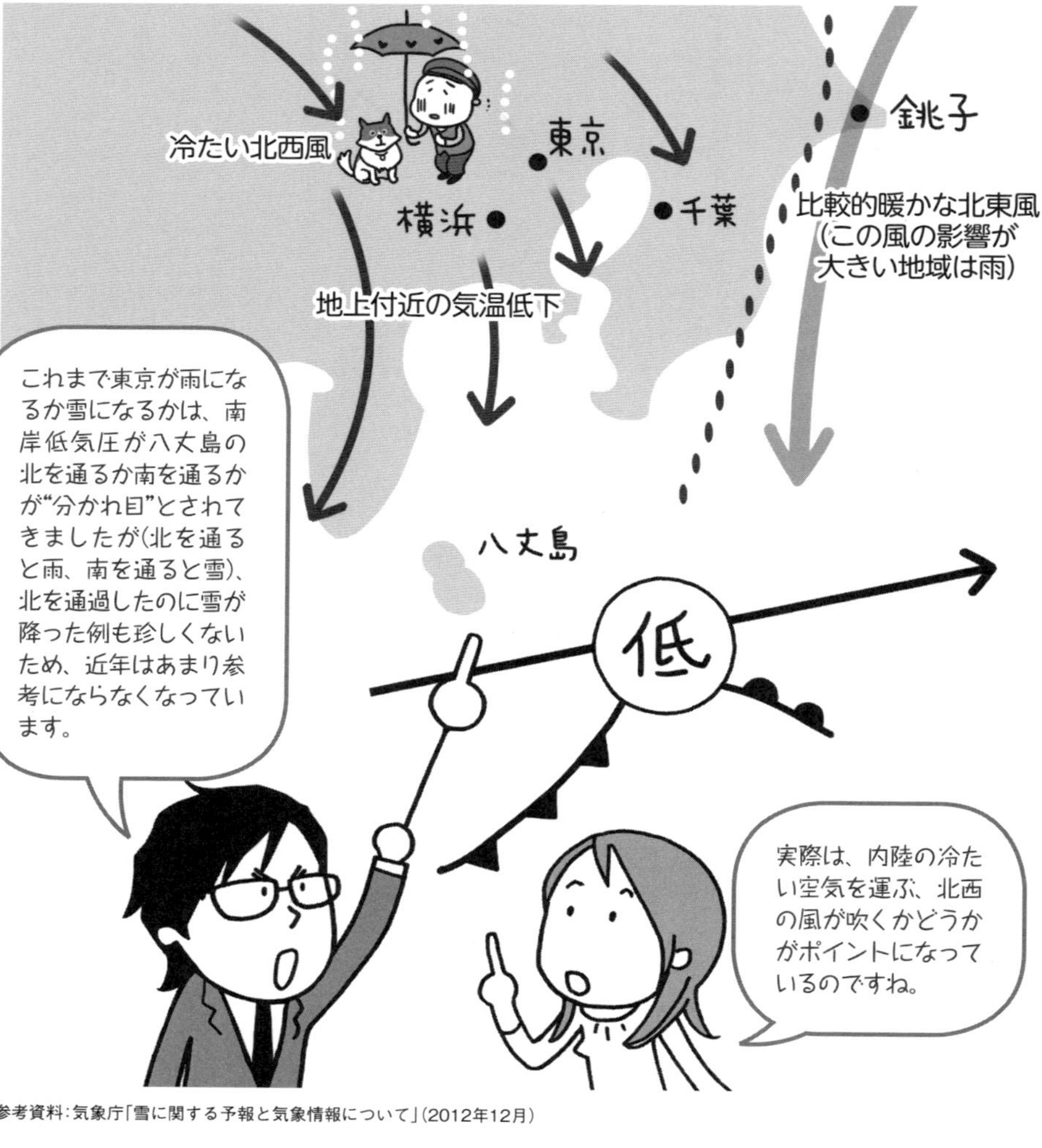

冷たい北西風
東京
銚子
横浜
千葉
比較的暖かな北東風
(この風の影響が
大きい地域は雨)
地上付近の気温低下
八丈島
低
これまで東京が雨になるか雪になるかは、南岸低気圧が八丈島の北を通るか南を通るかが"分かれ目"とされてきましたが(北を通ると雨、南を通ると雪)、北を通過したのに雪が降った例も珍しくないため、近年はあまり参考にならなくなっています。
実際は、内陸の冷たい空気を運ぶ、北西の風が吹くかどうかがポイントになっているのですね。

参考資料：気象庁「雪に関する予報と気象情報について」(2012年12月)

2014年2月の関東豪雪の天気図（午前9時）

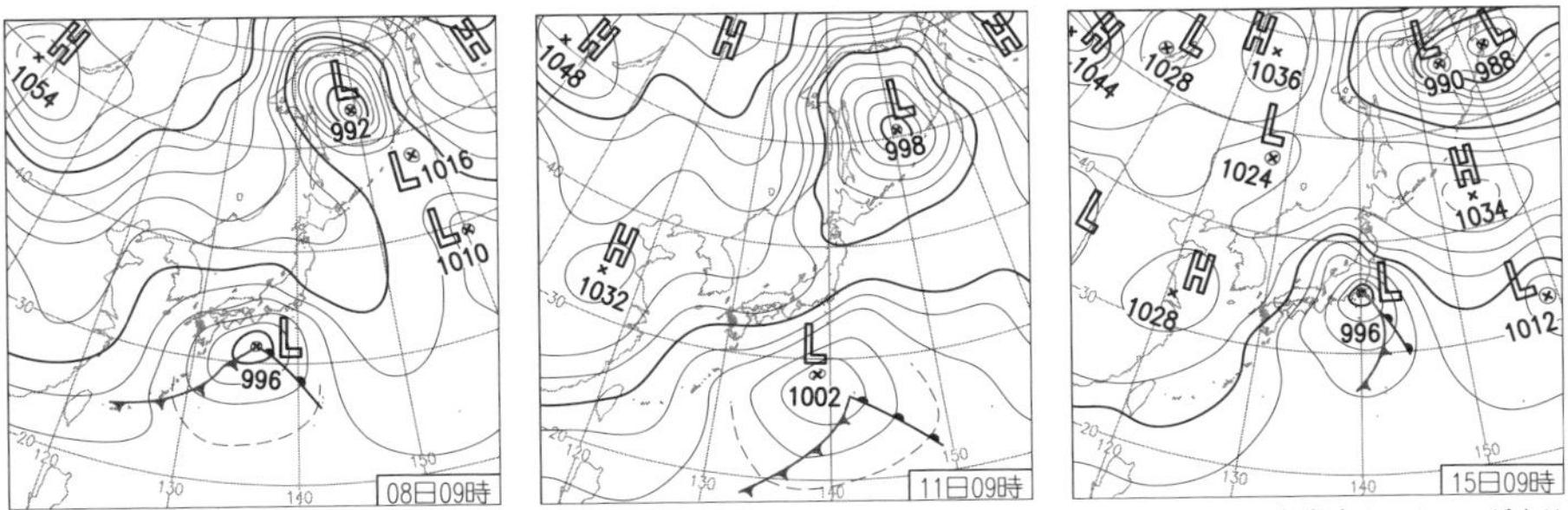
08日09時
11日09時
15日09時

※気象庁ホームページより

2014年2月14日
雪に覆われた
日比谷公園
（東京都千代田区）

©Kazuya Shimizu

2014年2月上旬は1週間に3個の南岸低気圧が通過して雪を降らせました。特に14〜15日は近畿から東北の広い範囲で記録的な大雪となりました。山梨県では甲府市で過去最深となる114cmの積雪を記録するなどの豪雪となり、孤立状態に陥る集落が続出しました。

太平洋側に雪を降らせる大きな要因

太平洋側の降雪は、南岸低気圧によるものが大半です。これは太平洋岸を沿うように進む低気圧で、発生場所と天気図に描かれる等圧線の形から、以前は「台湾坊主」とも呼ばれました。急速に発達して爆弾低気圧（↓P68）になる場合もあります。

雪が降る条件の1つは、**冬型の気圧配置のときは上空の気温が1500m付近でマイナス6℃以下であること**、とされていますが、**南岸低気圧ではマイナス3℃でも雪になる**ことがあります。近年、関東平野の降雪は、**下層に滞留した寒気（厚さ数百m）や湿度、風向（北西風）なども関係する**ことがわかってきました。

南岸低気圧が通る経路も雨か雪かを左右します。陸の近くを通ると雨、離れると雪になりますが、遠すぎると降らないので、これも微妙です。

4-8

空から弾丸が降ってくる？
〜東京を襲った雹の驚異〜

空から降ってくるのは、雨や雪だけではありません。氷の塊、すなわち雹《ひょう》があります。それ自体は珍しい気象現象ではありませんが、ときとして大粒のものが、あるいは大量に降ることで、大きな被害が出ます。

雹の大きさの記録

1917年に降ったこの巨大な雹は、カボチャのような大きさだったそうです。もちろん、これは特に大きいもので、大半は梅の実ほどだったそうですが、卵大のものもいくつもみられたといいます。
カン
イテテ
カン
カン
カン
カン
ひー っ
直径29.6cm
1917年6月29日
埼玉県熊谷市
重さ：3.4kg
シビュン
ビュン
5〜6cm
2000年5月24日
千葉県・茨城県
負傷者多数
ビュン
4〜5cm
1933年6月14日
兵庫県中部
死傷者多数
まるで隕石！　こんな大きな塊が落ちてきたらと想像すると……。

雹が降るしくみ

積乱雲
氷の粒
雹を割ると断面が年輪のようになっているので、少しずつ大きくなっていったことがわかりますね。
氷の粒が、積乱雲の上昇気流に吹きあげられ、水蒸気が凝結して大きくなって落下し、また吹きあげられて……といったプロセスを繰り返して成長し、ついには重みに耐えられなくなって落ちてきます。
ドス
上昇気流
落下

時速１００㎞超で落ちてくることも

２０１４年6月24日、東京の三鷹市や調布市に大量の雹が降り、雪のように積もりました。場所によっては数十㎝も積もったといいます。ピンポン球ほどの雹もあったそうです。

雹は氷の塊ですが、寒い冬よりも、5月や10月など春や秋がシーズンで、夏は落下するまでに解けてしまいます。発達した積乱雲のなかで、氷の粒が落下と上昇を繰り返しながら大きくなっていき、最終的には地上へ落下します。なお、霰《あられ》も空から降る氷の粒ですが、違いは大きさだけで（直径5㎜未満）、発生のしくみは雹と変わりません。

直径5㎝以上の巨大な雹になると、落下速度は時速１００㎞にも達するといわれ、大変危険です。頭にでもあたったら、負傷どころか、場合によっては命までも失いかねません。

もう竜巻は珍しくない？
～発生は増えているのか～

「竜巻《たつまき》注意情報」を耳にすることも多くなりました。北海道や北関東で起きた竜巻災害の惨状は今も記憶に新しいだけに、つい身構えてしまいます。それにしても、発表の回数が多い気が……。発生が増えているのでしょうか。

災害を起こした近年の竜巻

2006年11月7日
北海道
佐呂間町
F3
2006年9月17日
宮崎県
延岡市
F2
2012年5月6日
茨城県
常総市・
つくば市
F3
2011年11月18日
鹿児島県
徳之島町
F2
2006年９月の延岡市の竜巻では、ＪＲ日豊本線で停止中の列車が巻き込まれて横転しました。似たようなケースでは1978年２月28日、東京の地下鉄東西線の電車が荒川の鉄橋を走っているときに竜巻で横転し、多くのケガ人を出したことがあります。
電車をもちあげて横倒しにするなんて、ものすごいパワーですね。

※Ｆを冠した数字は、竜巻の強さを表す「Ｆ（藤田）スケール」。Ｆ０～Ｆ５があり、数字が大きいほど強い（→P101）

竜巻の発生確認件数(1991～2013年)

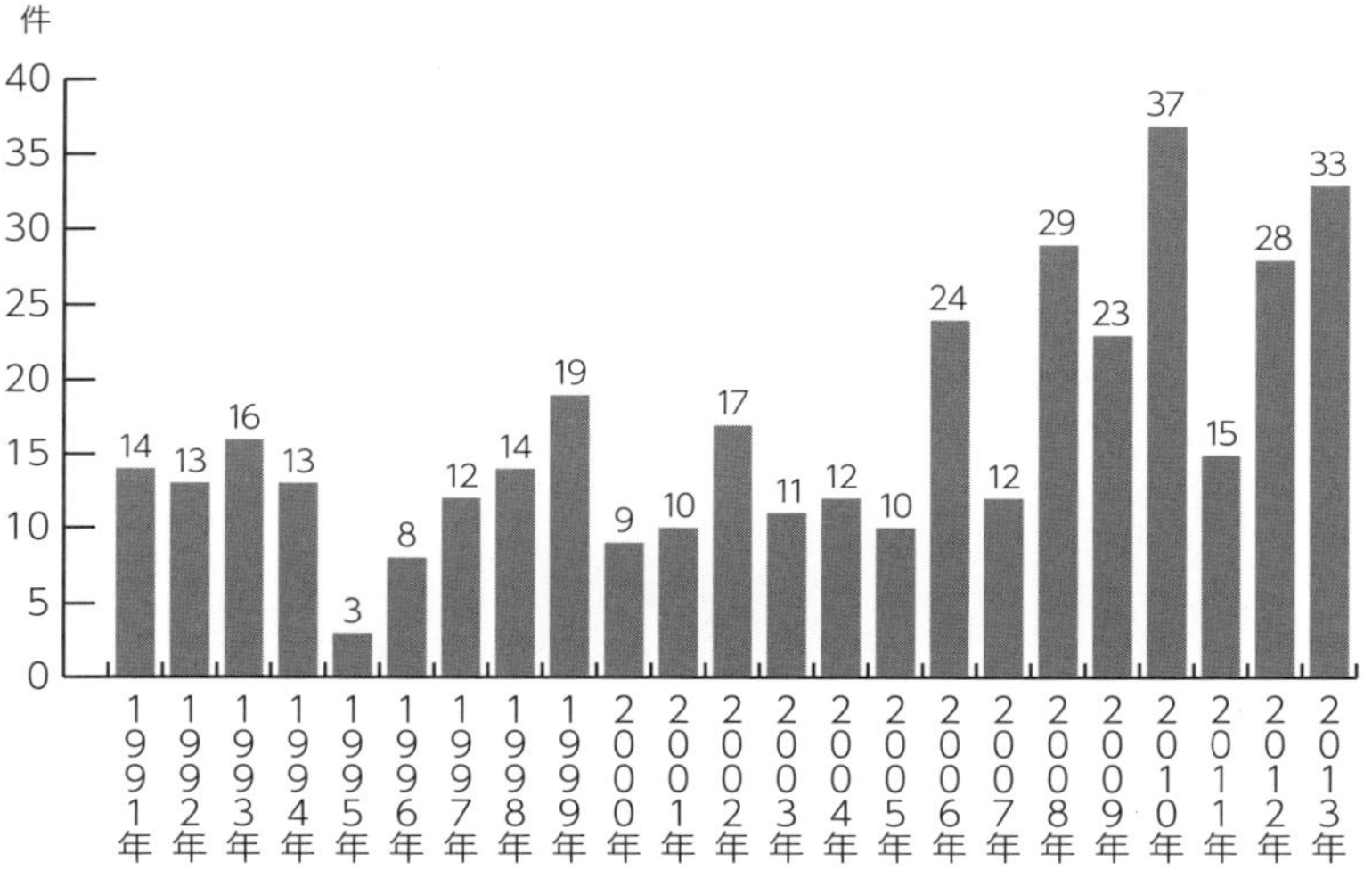
件
40
35
30
25
20
15
10
5
0
14 13 16 13 3 8 12 14 19 9 10 17 11 12 10 24 12 29 23 37 15 28 33
1991年 1992年 1993年 1994年 1995年 1996年 1997年 1998年 1999年 2000年 2001年 2002年 2003年 2004年 2005年 2006年 2007年 2008年 2009年 2010年 2011年 2012年 2013年

※気象庁ホームページのデータを基に作成(海上竜巻を除く)

怖い！　ここ数年、どんどん増えているじゃないですか！
単純に増えているともいえません。というのも、気象庁は2007年から突風の観測体制を強化したからです。増えたかどうかは、もうしばらく推移を見守る必要があります。

観測技術の進歩により事前の注意喚起が可能に

竜巻注意情報は比較的新しい気象情報です。２００６年に宮崎県延岡市と北海道佐呂間町で深刻な竜巻災害が発生したことがきっかけとなったり、観測技術が進んで発生予測が実用レベルに達したりしたため、**２００８年３月から発表が始まりました。竜巻のほか、ダウンバーストやガストフロント（→Ｐ１０３）も対象**です。

スマートフォンの普及で動画が簡単に撮影・共有できるようになったことで、竜巻の実際のようすを目にする機会も増えました。身近な現象になったといえるかもしれません。

では、発生数は増えているかというと、そう断言するのはまだ早そうです。ただ、**竜巻を発生させる積乱雲が発達する要因は、気温や湿度の上昇なので、地球温暖化とは無関係だといい切ることもできません。**

4-10

虫たちは北を目指す
〜南方系昆虫の生息域拡大〜

2014年8月、69年ぶりに国内での感染が確認されて大騒ぎになったデング熱。ウイルスを媒介するヒトスジシマカも注目を集めました。この蚊、実は生息限界がどんどん北へ移動しています。温暖化の影響でしょうか。

北上するヒトスジシマカの生息域

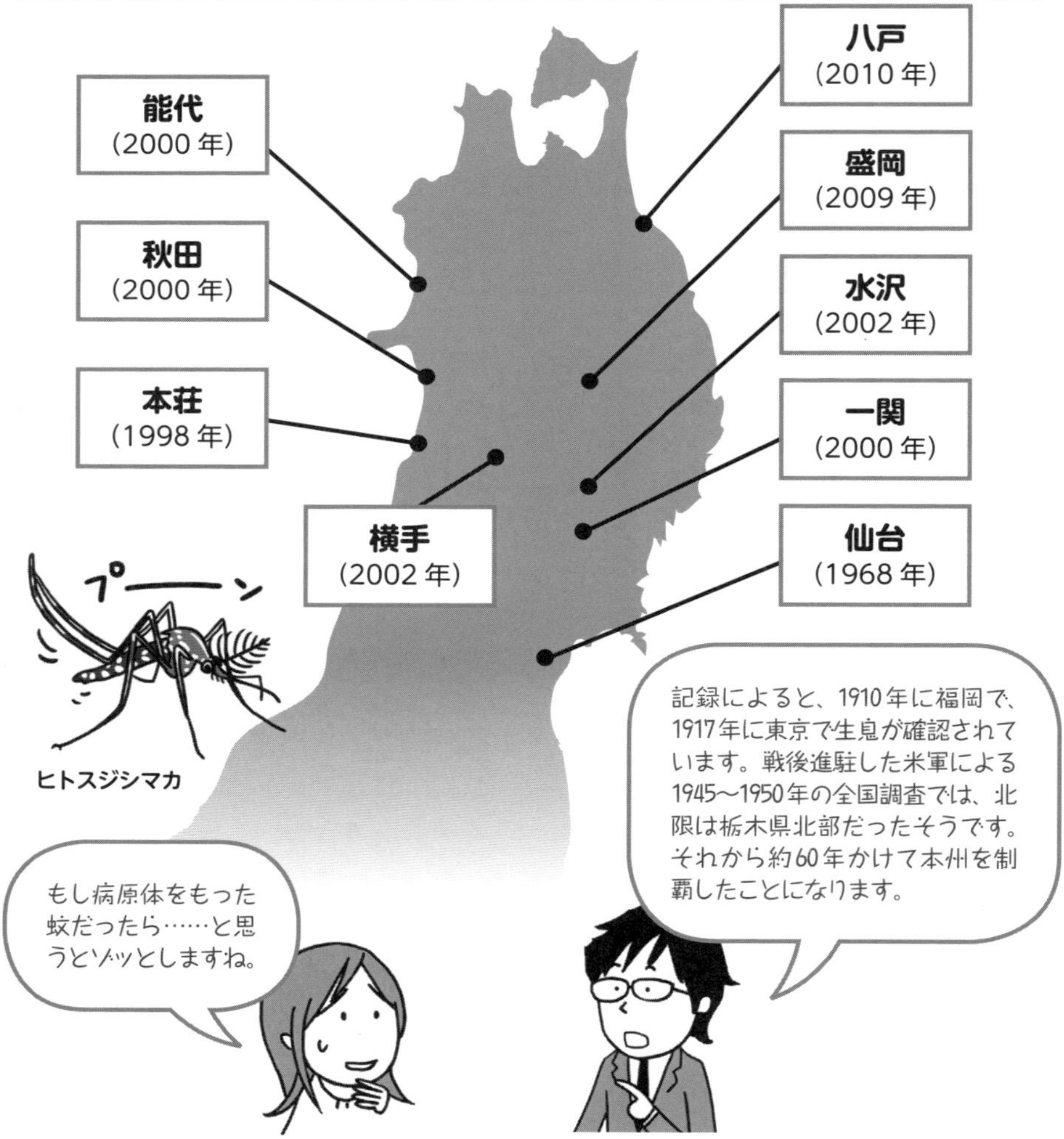
八戸
(2010年)
能代
(2000年)
盛岡
(2009年)
秋田
(2000年)
水沢
(2002年)
本荘
(1998年)
一関
(2000年)
横手
(2002年)
仙台
(1968年)
プーーン
ヒトスジシマカ
記録によると、1910年に福岡で、1917年に東京で生息が確認されています。戦後進駐した米軍による1945〜1950年の全国調査では、北限は栃木県北部だったそうです。それから約60年かけて本州を制覇したことになります。
もし病原体をもった蚊だったら……と思うとゾッとしますね。

※国立感染症研究所「病原微生物検出情報月報（IASR）」vol.25・NO.2、vol.32・NO.6に基づいて作図

ナガサキアゲハの分布域北限の移動

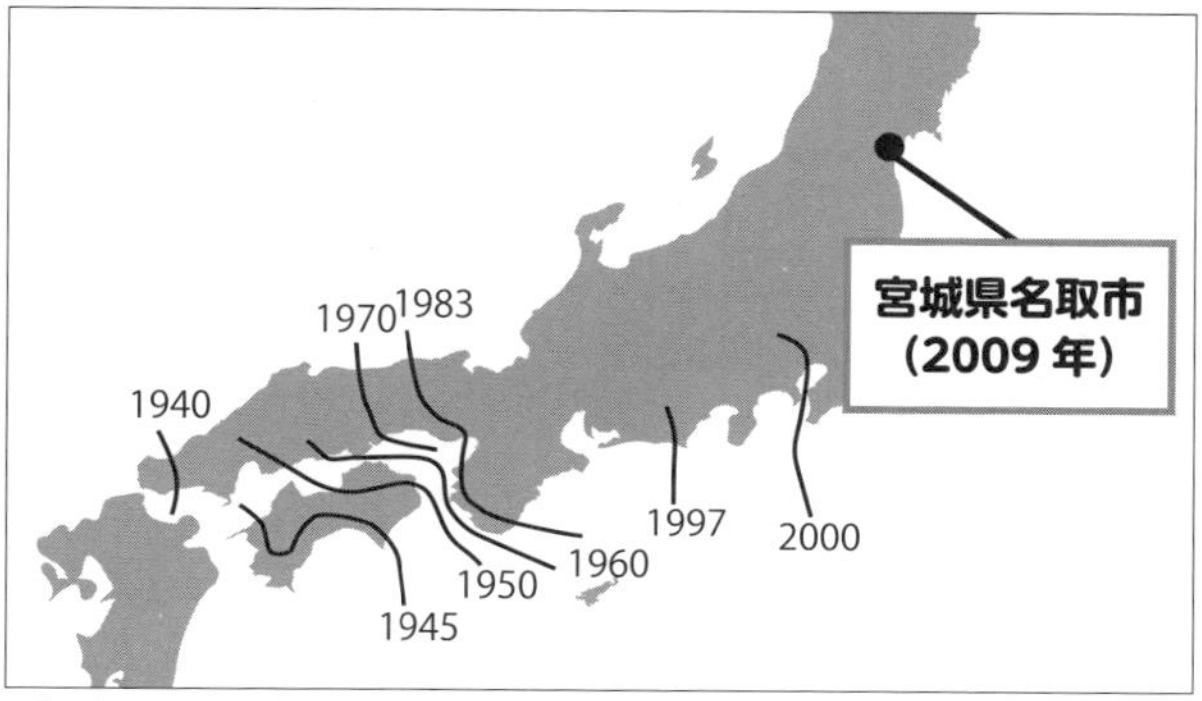
宮城県名取市
（2009 年）
1940
1970
1983
1945
1950
1960
1997
2000

※「日本におけるナガサキアゲハ（Papillie memnon Linnaeus）の分布の拡大と気候温暖化の関係」（北原正彦・入来正躬・清水剛／2001年）を基に作成

ナガサキアゲハ
年平均気温の上昇と生息域の相関性について研究が進んでいる。年平均気温が 15℃を超えると目撃例が報告されるという。

セアカゴケグモ
物陰に潜むため、暖かな都市部に定着しやすい。2014 年 10 月、東京・江東区で生息を確認(23区内で初)。

シャワ
シャワ
シャワ
シャワ

クマゼミ
東海・近畿以西で一般的なセミ。近年、南関東で増加がみられ、温暖化との関連が指摘されている。

昔からの生態系が破壊される恐れがあるので、一概にそうともいえません。チョウ類は幼虫が葉っぱを食べるから、食害が広がる恐れもあります。
チョウチョやセミくらいなら、広がったって構わないんですけどね。

北へと生息地を広げる生き物たち

ヒトスジシマカは「ヤブ蚊」とも呼ばれ、もともとは**外来種**です。いつ頃日本に侵入したのかはわかりませんが、終戦直後は少なくとも東北にはいませんでした。しかし、２０１０年には青森県でも確認されるなど、**生態系に変化**がみられます。

北上が顕著なのはナガサキアゲハ。上の図には２０００年時点での北限を記載していますが、その後さらに北上し、２００９年には宮城県名取市で成虫が採集されています。

ほかにも、西日本に多いクマゼミが東日本へ生息域を広げていたり、１９９５年に大阪府高石市で発見されたオーストラリア原産のセアカゴケグモが、岩手県盛岡市で確認されたりしています（２０１３年）。

いずれも地球温暖化やヒートアイランドの関与が否定できません。

斉田気象予報士の
異常気象コラム4

災害に備えるということ

近年、死者・行方不明者数が最も多かった自然災害は、東日本大震災（平成23＜2011＞年）の18,506人、次いで阪神・淡路大震災（平成7＜1995＞年）の6,437人で、この2件の記録が突出しています。

昭和20〜30年代は台風や豪雨で1,000人を超える犠牲者が出たこともありましたが、現在はそれほど大きな被害にはなりません。これはなぜでしょう？

理由の1つとして、インフラの整備が進められたことがあげられます。例えば東京都内の中小河川では、1時間に50mmの降雨に対処できるように、川道の整備や調節池の整備が行われています。

これらの設備は、「何もしなくても」、「知らないうち」に私たちを守ってくれています。しかしその一方で、自分自身で危険性を感じ、身を守るという行動から遠ざけてしまった側面もあると思います。

どれだけハード面の対策が進んだとしても、東日本大震災のときのように想定を上回る自然災害は発生します。また、1時間に50㎜を超える局地的な大雨の頻度も増しているのが現状です。

設備に頼りきってしまうことなく、気象情報やハザードマップ（→P106）などのソフト面を有効に活用し、自分の身は自分で守る意識をもつことが大切です。そして、情報を正しく理解し、利用するための努力も必要なのです。

自然災害における死者・行方不明者数

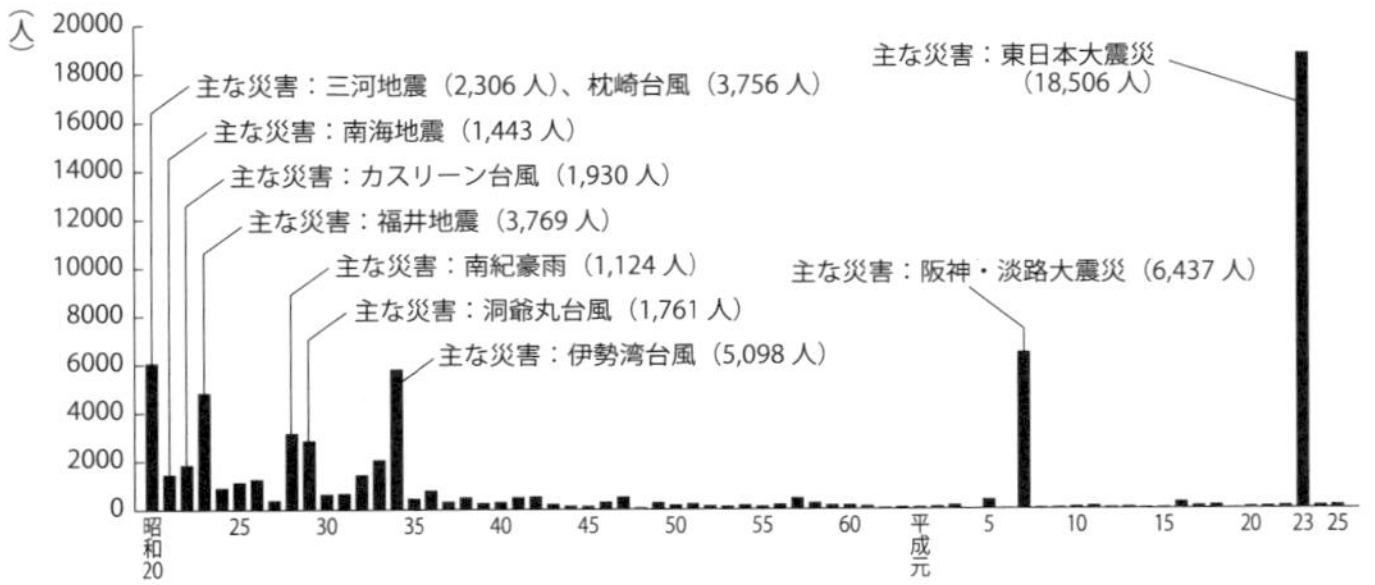

※平成7年の死者のうち、阪神・淡路大震災の死者について、いわゆる関連死919人を含む（兵庫県資料）
平成23年の死者・行方不明者は内閣府取りまとめによる速報値
平成23年の死者・行方不明者のうち、東日本大震災については、警察庁資料「平成23年（2011年）東北地方太平洋沖地震の被害状況と警察措置」（平成26年5月9日）による
※昭和20年は主な災害による死者・行方不明者（理科年表による）。昭和21〜27年は日本気象災害年報、昭和28〜37年は警察庁資料、昭和38年以降は消防庁資料を基に内閣府作成

5章

おかしな天気から身を守れ！

日本の３大自然災害——大地震、火山噴火、気象災害。
なかでも気象災害は、毎年必ず発生しているという点で、
最も身近な災害といえるかもしれません。
自身を、家族を、大事な人を守るために、
気象災害の危険について知っておきましょう。

5-1

土砂災害の恐怖
～甘くみると危険な土砂災害～

近年、豪雨に伴う大規模な土砂災害が相次ぎ、多くの人命が失われています。梅雨や台風シーズンを迎えるたびに発生して大きく報道されますが、いい換えればそれだけ身近な危険といえます。ふだんからの心構えが必須です。

近年の大規模な土砂災害

広島土砂災害

2014年8月20日早朝、広島市安佐北区、安佐南区などの斜面に造成された新興住宅地で、表層崩壊に起因する大規模な土砂災害が発生（土石流107件、がけ崩れ59件）し、74人が命を落とす大惨事となった。この災害をもたらした集中豪雨を、気象庁は「平成26年8月豪雨」と命名した。

※数値は国土交通省砂防部作成「平成26年8月豪雨による広島県で発生した土砂災害への対応状況」の記載に基づく

泥で埋まった民家（広島市安佐南区／2014年8月20日）©毎日新聞社

伊豆大島土砂災害

2013年10月15～16日、台風26号の豪雨に伴い、伊豆大島・三原山の外輪山の斜面崩壊に起因する大規模土石流が発生。元町地区の集落を襲い、死者36人、行方不明者3人。

紀伊半島土砂災害

2011年9月3～4日の台風12号により、紀伊半島各所で土石流、地滑り、がけ崩れが発生。死者72人、行方不明者16人。深層崩壊した大量の土砂が十数カ所で川をせき止めた。

犠牲者の出ない小規模ながけ崩れなどは数え切れないほど起きています。
家ごと街ごと飲み込まれてしまうなんて怖いですね。

土砂災害の種類

急傾斜地の崩壊は、大雨や雪解け水の影響で山地の斜面が急に崩れる「山崩れ」と、自然の崖や人工の急斜面が崩れる「がけ崩れ」に分けられます。

地滑り

傾斜地の表層が地下水などの影響でゆっくりと滑り落ちる現象

急傾斜地の崩壊

傾斜が急な地面（おおむね 30°以上）が急に崩れ落ちる現象

土石流

山腹、川底の石や土砂が大量の水と共に一気に流れ下る現象

いまそこにある危機！ 都市部でも無縁ではない

２０１４年８月20日早朝、広島市で起きた大規模な土砂災害は、74人が亡くなる大惨事となりました。この土砂災害の衝撃の１つは、都市部の住宅地で発生したことです。斜面に造成されたとはいえ、これほど悲惨な土砂災害を大半の人は想像していなかったのではないでしょうか。

全体的に山がちなわが国では、斜面を宅地造成することは、ごく普通に行われています。それは「○○台」「○○が丘」という名の団地や住宅街が、日本にいくつもあることからも明らかです。**土砂災害を起こす危険をはらんだ場所は身近にあるのです**。東京の都心でさえ、がけ崩れの危険がある場所がいくつもあることをご存じでしょうか。

その意味で、土砂災害はまさしく「いまそこにある危機」といえます。

災害種別は3タイプ 崩壊分類は2タイプ

土砂災害は前ページに示したように「**地滑り**」「**急傾斜地の崩壊**（山崩れ・がけ崩れ）」「**土石流**」に分類されます。また「**表層崩壊**」「**深層崩壊**」といって崩れ方からも分類できます。

表層崩壊は**表層土（厚さ0・5～2m）が滑落するもの**で、広島市の土砂災害はこれとみられます。深層崩壊は**表層土の下の地盤も崩れ落ちるもの**で、深さが数十mに達することもある大規模なものです。

崩壊が起こる原因は雨量だけではなく、傾斜角度や土質が関係してきます。特に土質は重要で、保水力が低い土壌は崩壊の危険性が高まります。2013年10月16日に伊豆大島で発生し36人が亡くなった土石流が発生した原因は、**斜面が火山堆積物から成って**おり、安定性が弱かったためです。

表層崩壊
表層土
表層土だけ崩れるので規模は比較的小さいともいえますが、居住地のそばで発生すれば、大きな被害が出ることに変わりはありません。
ドドドッ
地盤

深層崩壊
地盤も一緒に崩れるので、流出土砂は数億㎥に上る場合もあります。2011年に紀伊半島で起きた深層崩壊は大量の土砂が川をせき止めました。
表層土
ゴ
ゴゴ
ゴ
地盤

前兆現象

地滑りの前兆
・地面がひび割れる
・井戸水が濁る
・がけ、斜面からの湧水
・地面の一部の陥没または隆起

ひび割れ

急傾斜地の崩壊の前兆
・小石が落ちてくる
・斜面に亀裂が入る
・斜面から濁った水が出る
・地鳴りや木の根が切れるような音がする

小石が落ちてくる…
パラ
パラ
パラ

土砂災害警戒情報(→ P105)もしっかりキャッチしてください。
前兆現象はいろいろあるんですね。

土石流の前兆
・山鳴りや地鳴りがする
・雨が降っているのに川の水位がさがる
・川が濁る。流木が流れる
・腐った土の匂いがする

ゴゴ ゴゴゴ
山鳴りがしてる
(木が倒れたり
岩が崩れたりする音)

ふだんからリスクの把握を 前兆現象にも要注意

広島市の土砂災害も、斜面崩壊した土壌は花崗《かこう》岩が風化したマサ土といって保水力の低いものでした。この土は西日本の山地に一般的なもので、**多くの住宅地が潜在的な危険性をはらんでいる**ことになります。事実、広島市では、1999年6月29日にも、**豪雨に伴う土石流が発生しています。**

こうした記録を踏まえ、**自身が生活する場所がどういう土地か、ふだんから認識しておくこと**が重要でしょう。「いざ」というときにはどうするか、家族と話し合っておきましょう。外へ避難するより2階に「垂直避難」したほうが安全な場合がありますが、家ごと流される恐れもあるので万全ではありません。

いずれにしろ重要なのは**情報収集と早めの行動**です。前兆現象に気づいたら直ちに避難してください。

5-2

川の水は「時間差」で襲う

～油断すると死の危険を伴う河川増水～

毎年、夏になると水難事故が報道されます。近年は海だけでなく、河川で起きる事故も少なくありません。実は川には、海以上に多くの危険が潜んでいます。もっとも恐ろしいのに油断しやすいのは、「時間差」で増水するからです。

下流が晴れていても、上流では大雨が降っていることもあるのですね。下流が増水するまでには時間差があるので油断できませんね。
上流で大雨が降ると「鉄砲水」となって下流に達することがあります。もし川原にいたなら、早めに避難を。特に中州は危険です！　逃げ遅れて孤立する事例があとを絶ちません。
イエーイ

ダムで放水する前には警告のサイレンが鳴る。管理事務所の係員も下流を回って注意を促すので、絶対に従うこと。ちなみに1999年、神奈川県玄倉川で13人が中州から流されて死亡した事故は、再三の退避勧告を無視した末の惨事だった。

川やダムの情報は国土交通省が開設している防災情報サイトで知ることができる。目的地に入る前には、電波が届く場所で、こうしたサイトの情報をスマホなどでチェックすること。

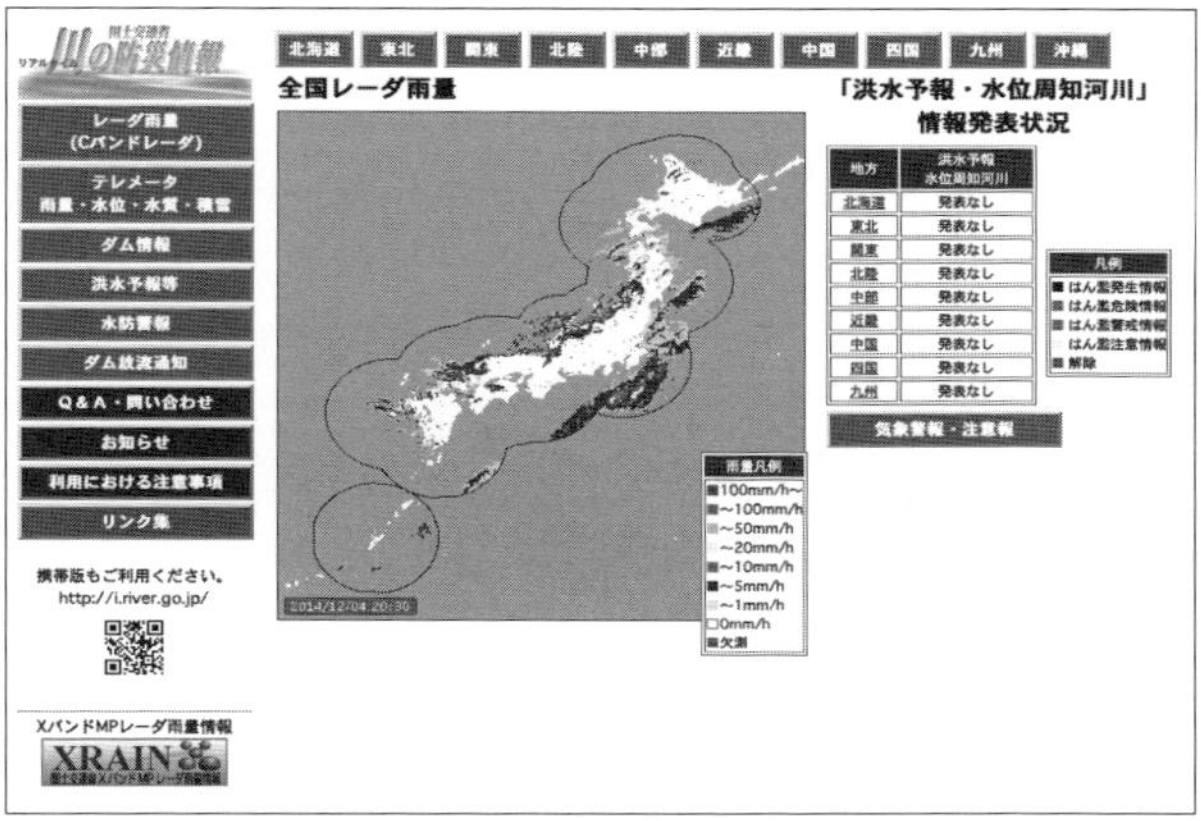

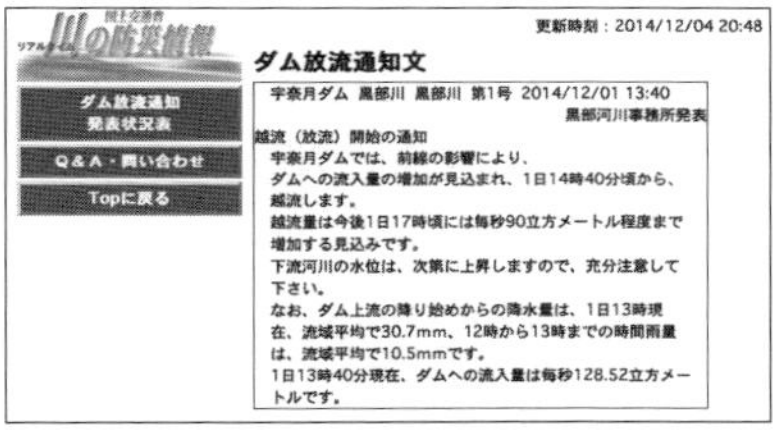

●国土交通省《川の防災情報サイト》
http://www.river.go.jp/

最大の危険は雨が止んだあとに来る

2014年8月1日、神奈川県の河内川にあるキャンプ場で、中州《なかす》から車で対岸に避難しようとした一家4人が車ごと流され、うち3人が亡くなるという痛ましい事故が発生しました。中州のキャンプでの事故というと、同じ神奈川県の玄倉川《くろくらがわ》で1999年8月に起きた事故（上記）が思い出されます。

山間部の河川は、しばしば急に増水するので十分な注意が必要です。**谷の傾斜が急なため、降った雨が一気に流れ込む**からです。また上流で上昇した水位が下流に達するのは、少し時間を置いてからです。雨が止んだあとも決して油断はできません。

ダムが貯水の許容量を超えて放水した場合も急に水位があがります。**放水前には警告サイレンが鳴ります。**聞こえたら急いで避難してください。

5-3 都市の浸水は一気に増える
～都市型水害の特徴～

ゲリラ豪雨が頻繁に起こるようになってから、都市の水害がクローズアップされ始めました。コンクリートとアスファルトで固められた都市は保水力に劣るため、大雨が降ると河川が一気に増水、はん濫を起こします。

神戸市都賀川水難事故における増水

鶴甲観測所の観測雨量と甲橋における水位
(2008年7月28日)

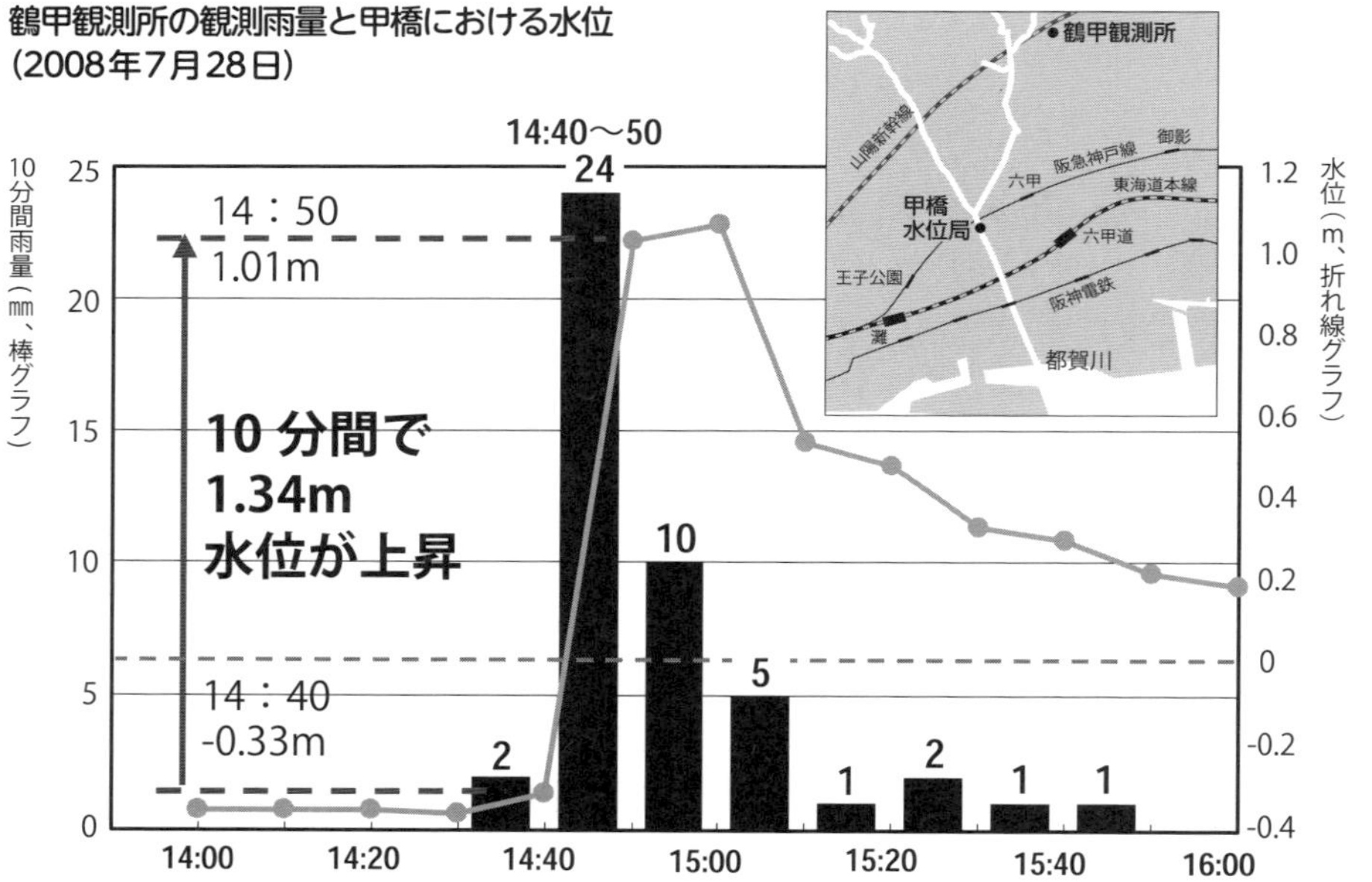

※国土交通省ホームページ「中小河川における水難事故防止策検討ＷＧ」参考資料より

神戸市街地の川は短いのが特徴です。都賀川は全長3.5㎞ほどしかありません。上流に降った大雨が一気に流れ下ったことがわかります。5人が犠牲になったこの事故を機に、警告ランプなど、増水の危険を知らせる設備が河畔に設置されました。

都市に潜む浸水危険個所

アンダーパス

SOS
Help me

いずれも命を落としたケースが複数発生している個所です。「これぐらい大丈夫だろう」という根拠のない見込みが最も危険。甘くみず、無理をしないで、早めに避難してください。

水のたまったアンダーパスに侵入した車が立ち往生。そこへ大量の水が流れ込んで逃げられなくなる。

側溝・マンホール

浸水した道路と側溝の境がわからなくなる。あるいはマンホールなどの蓋《ふた》が水圧で外れる。そこへ転落する。

地下空間

開かない！

地下街などに大量に浸水。その水圧で部屋のドアが開かなくなり、逃げられなくなる。

都市河川でも命を落とす アンダーパスにも要注意

都市河川が一気に増水することは、だいぶ知られるようになりました。浸水被害だけでなく、ときには命を落とすような惨事も起こるので油断禁物です。

２００８年7月28日、神戸市灘区の都賀川で起きた事故では、河畔の親水公園にいた5人が亡くなりました。**わずか10分間で水位が１・３４ｍも上昇する著しいもの**でした。

地下空間の危険性も１９９９年６月の博多の事故をはじめ、犠牲者が出たことで知られるようになりましたが、鉄道などの下をくぐるアンダーパスは、まだ油断する人が多いようです。これくらいの深さなら……と車を侵入させるのは大変危険。排気口が水に浸かればエンジンは止まります。立ち往生しているあいだに増水し、命を落とすケースが出ています。

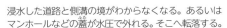

5-4

台風の知識は全国民必須
～発生したら天気図に注目～

日本に生まれ育った人なら、台風は子どもの頃から“怖いけれどなじみ深い気象現象”と認識しているでしょう。ただし、天気予報で提供される台風情報を、正しく理解できている人はどのぐらいいるでしょう？　確認してみましょう。

台風の進路予想図

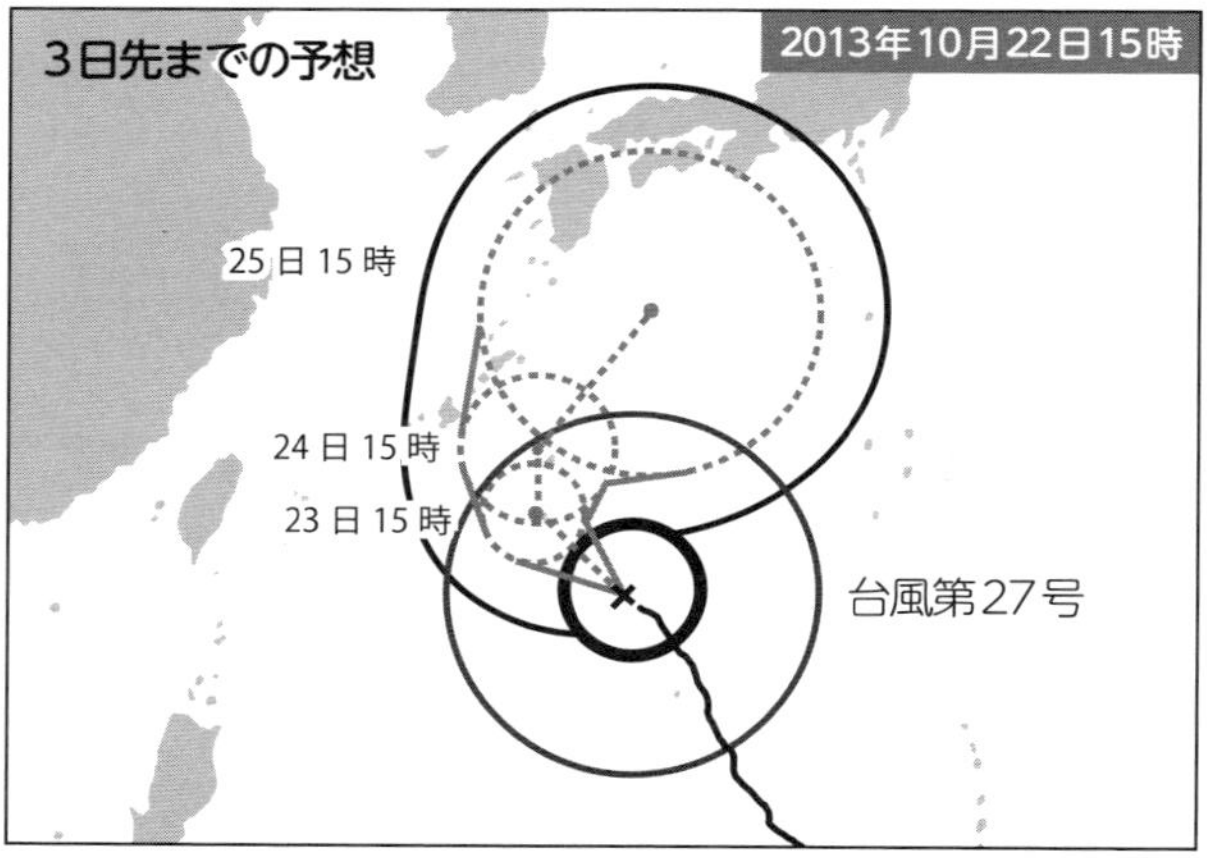

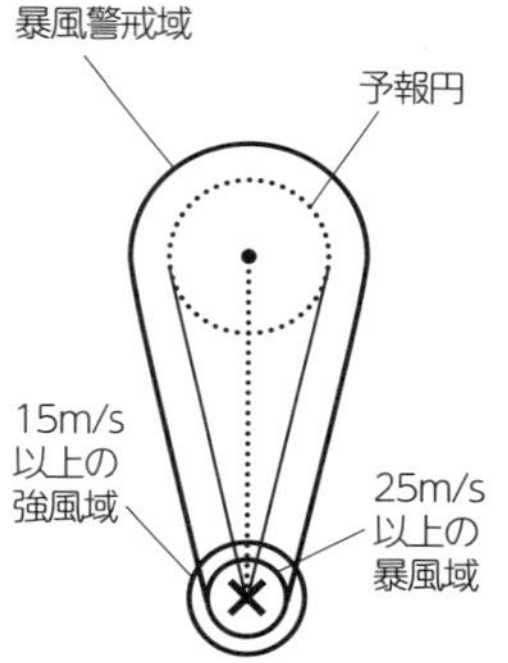

予報円内に台風の中心が進む確率は70%。中心線は表示しないこともある。

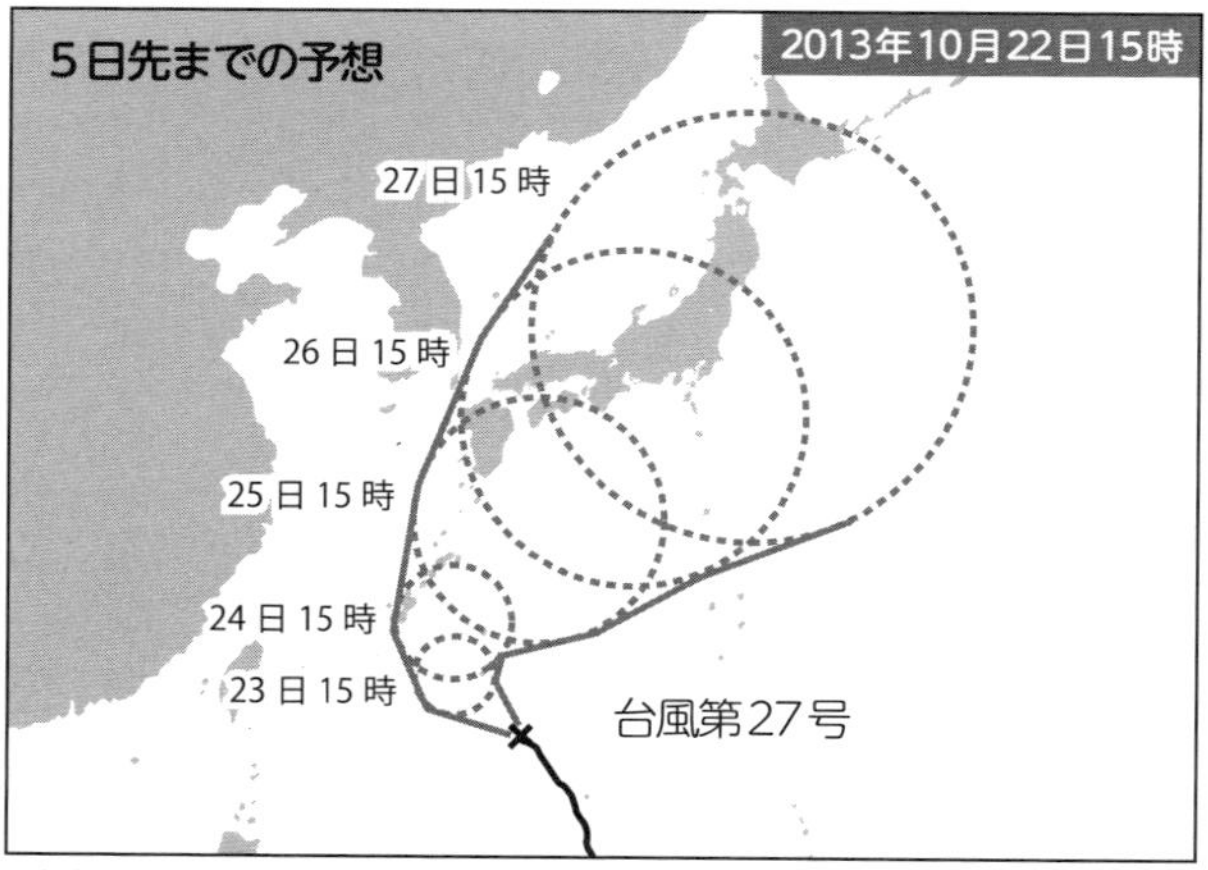

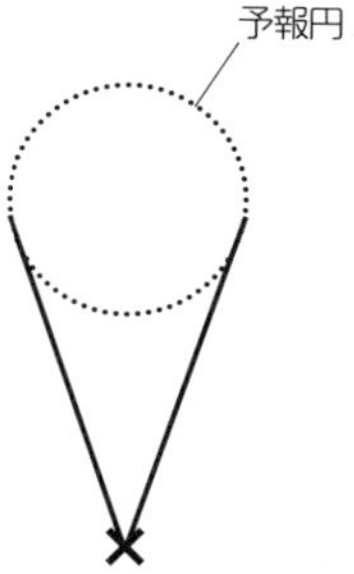

5日先までの予想には暴風警戒域は示されない。中心線を表示することもある。

※気象庁ホームページを参考にして編集部内で作図

台風の大きさ

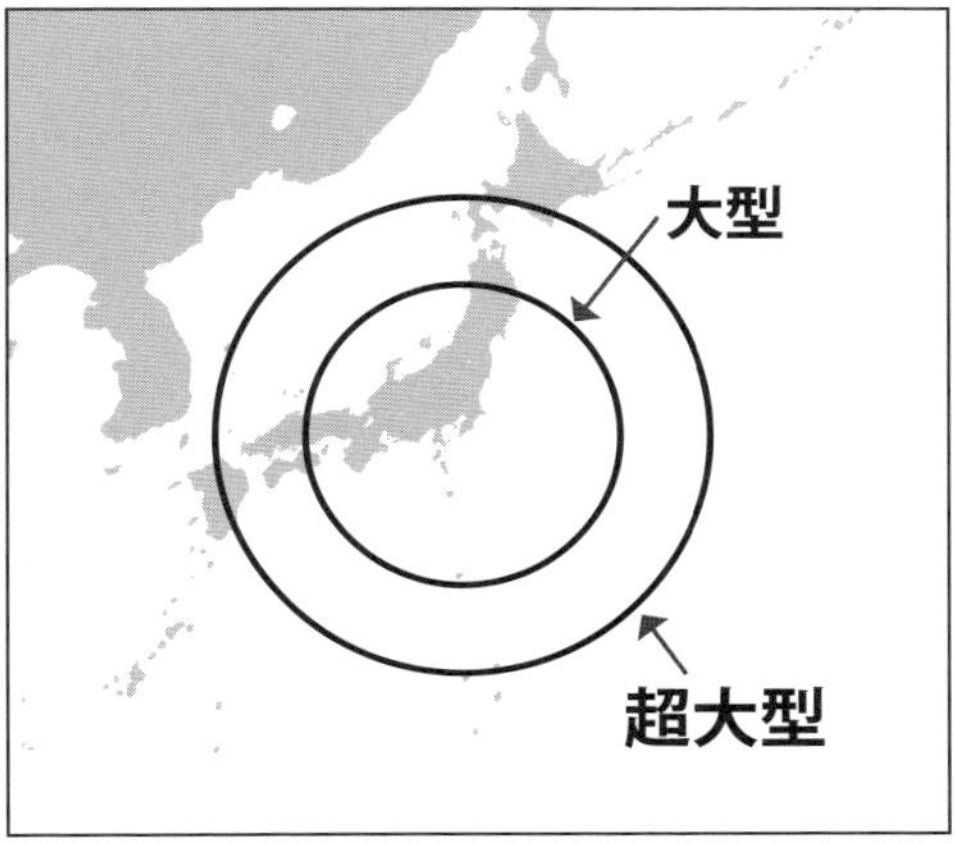
大型
超大型

大きさ	強風域（風速 15m/s 以上）の半径
（表現しない）	500km未満
大型（大きい）	500km以上 800km未満
超大型（非常に大きい）	800km以上

台風の強さ

種別	強さ	最大風速
熱帯低気圧	（表現しない）	17.2m/s 未満
台風	（表現しない）	17.2m/s 以上　33m/s 未満
	強い	33m/s 以上　44m/s 未満
	非常に強い	44m/s 以上　54m/s 未満
	猛烈な	54m/s 以上

日本では最大風速が17.2m/s以上の熱帯低気圧は全部「台風」と呼んでいますが、WMO（世界気象機関）の分類では、最大風速32.7m/s以上のものだけを「typhoon」としています。北大西洋の「ハリケーン」やインド洋の「サイクロン」も同じく32.7m/s以上です。

最大風速17・2m／s以上の熱帯低気圧が「台風」

まず「台風の定義」から説明します。**最大風速が17・2m／s以上の熱帯低気圧を「台風」と呼びます。**強い熱帯低気圧は**発生する海域によって「ハリケーン」「サイクロン」と呼び名が変わりますが、構造に変わりはありません。**大量の水蒸気を含む暖かな空気からできた低気圧です（→P54）。

気象庁では台風を**大きさ（規模）と強さ（勢力）**で上の表のように分けています。このうち大きさは「強風域」（風速15m／s以上の風が吹く可能性がある範囲）を基準にしています。「超大型」は本州全体が強風域に入るほど巨大になります。

強風域の内側に示された「暴風域」は風速25m／s以上の風が吹く可能性がある範囲を表します。**「強さ」の基準になる「最大風速」は「10分間の平均風速の最大値」をいいます。**

予報円は確率の範囲 中心を通るとは限らない

台風の進路予想はP88に示したように「予報円」で表されます。この円は**表示された時刻に「台風の中心が70％の確率で到達する範囲」**を示しています。円の中心を必ず通るとは限らないので該当しない地域も注意が必要です。

予報円の外側には「**暴風警戒域**」が描かれています。台風の中心が予報円に入った場合、暴風域に入ると予想される範囲を示していますが、この外側なら安全というわけではありません。**強風域があることもお忘れなく**。なお、5日先までの進路予想には、暴風警戒域が描かれません。

台風の予報では「**最大瞬間風速**」という語もよく聞きます。瞬間的に吹く風速の最大値です。瞬間風速は「風速計の測定値（0・25秒間隔）の3秒間を平均した値」です。

台風の風の特徴

可航半円
台
危険半円

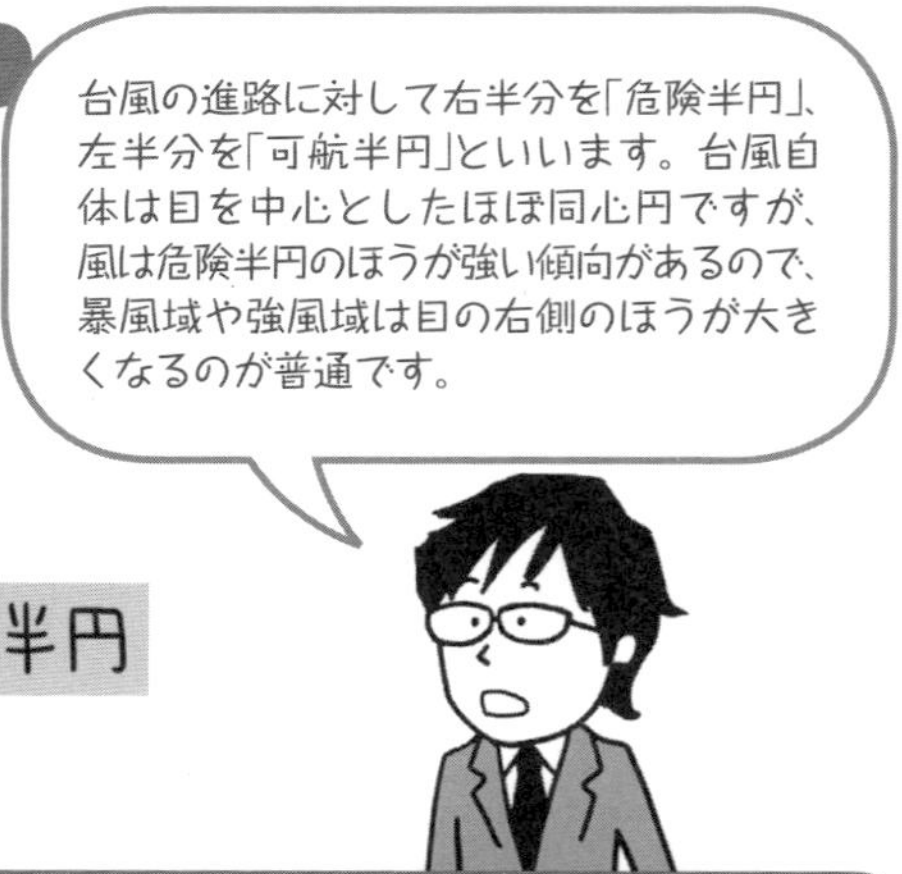
台風の進路に対して右半分を「危険半円」、左半分を「可航半円」といいます。台風自体は目を中心としたほぼ同心円ですが、風は危険半円のほうが強い傾向があるので、暴風域や強風域は目の右側のほうが大きくなるのが普通です。

台風の強さと吹き方

風の強さ（予報用語）	平均風速（m/s）	人への影響	屋外・樹木のようす	走行中の車	建造物	おおよその瞬間風速（m/s）
やや強い風	10以上 15未満	風に向かって歩きにくくなる。傘がさせない。	樹木全体が揺れ始める。電線が揺れ始める。	道路の吹き流しの角度が水平になる。高速運転中、横風に流される感覚を受ける。	樋（とい）が揺れ始める。	20
強い風	15以上 20未満	風に向かって歩けず、転倒する人も出る。高所作業は非常に危険。	電線が鳴り始める。看板やトタン板が外れ始める。	高速運転中、横風に流される感覚が大きくなる。	屋根瓦や屋根葺材がはがれるものがある。雨戸やシャッターが揺れる。	30
非常に強い風	20以上 25未満	何かにつかまっていないと立っていられない。飛来物によって負傷するおそれ。	細い木の幹が折れ始める。根の張っていない木が倒れ始める。看板が落下・飛散する。道路標識が傾く。	通常の速度での運転が困難になる。	屋根瓦・屋根葺材が飛散するものがある。固定されていないプレハブ小屋が移動、転倒する。ビニールハウスのフィルム（被覆材）が広範囲に破れる。	
	25以上 30未満					40
猛烈な風	30以上 35未満	屋外での行動は極めて危険。		走行中のトラックが横転する。	固定の不十分な金属屋根の葺材がめくれる。養生の不十分な仮設足場が崩落する。	
	35以上 40未満		多くの樹木が倒れる。電柱や街灯で倒れるものがある。ブロック壁で倒壊するものがある。		外装材が広範囲にわたって飛散し、下地材が露出するものがある。	50
	40以上				住家で倒壊するものがある。鉄骨構造物で変形するものがある。	60

※気象庁ホームページより

台風から離れていても雨に注意

台風周辺の雨雲

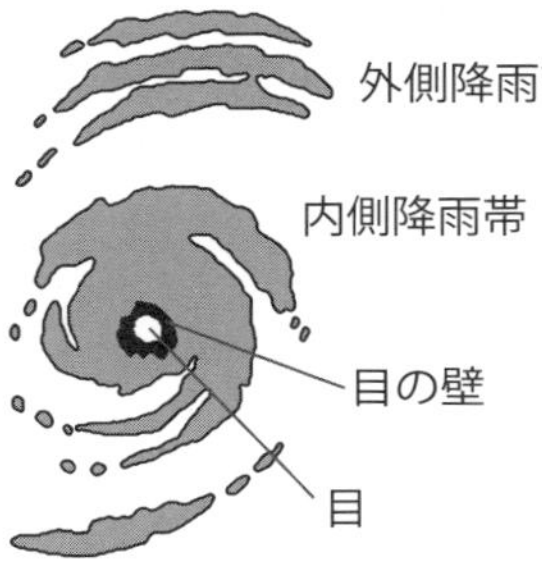
外側降雨帯
内側降雨帯
目の壁
目

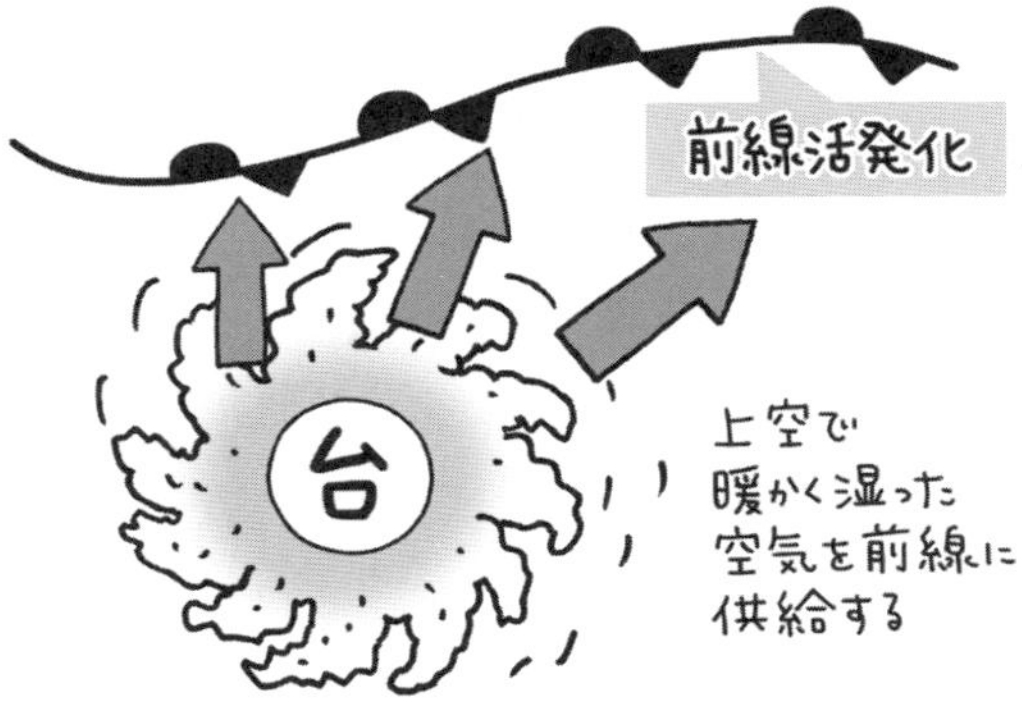
前線活発化
台
上空で
暖かく湿った
空気を前線に
供給する

高潮

1hPaで1cm上昇するということは、平均して1000hPaの海面に950hPaの台風が来ると、海面は50cmも持ちあがる計算になります。

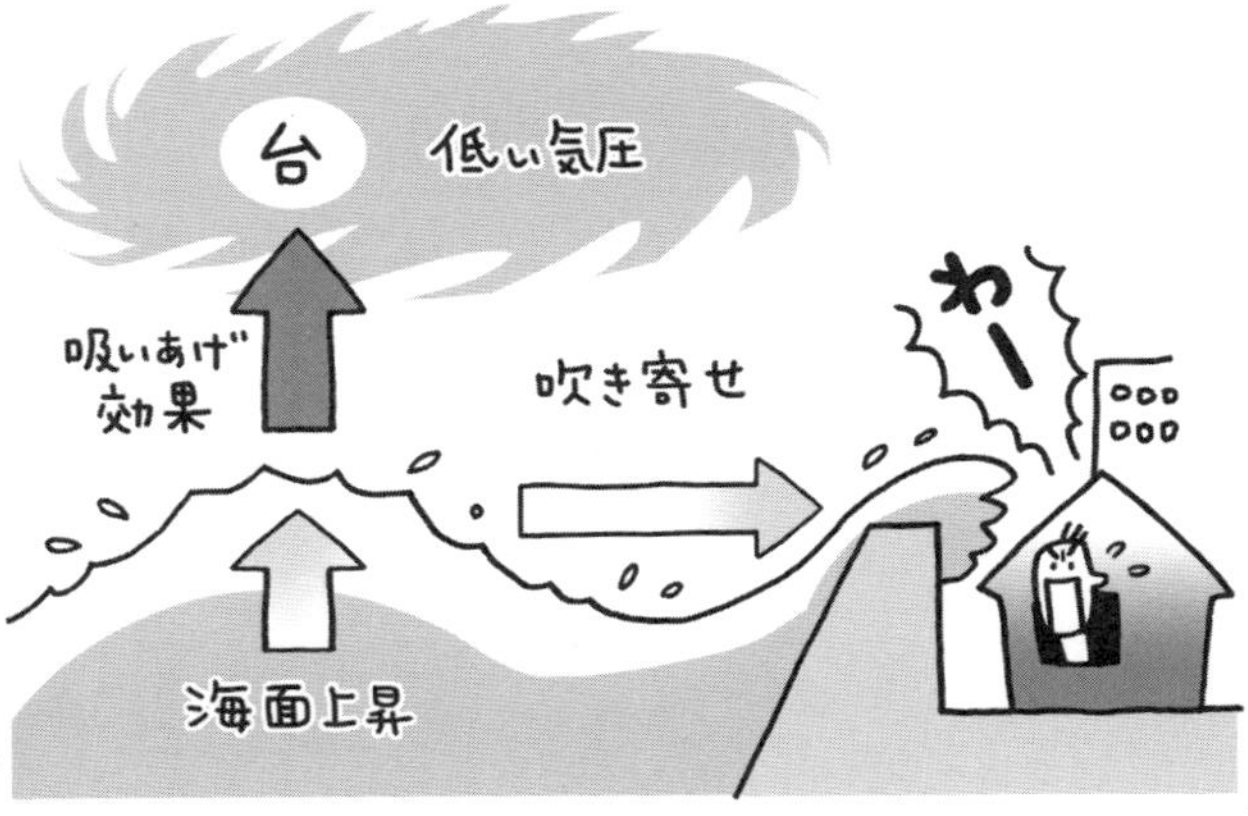
台
低い気圧
吸いあげ
効果
吹き寄せ
わー
海面上昇

風雨だけでなく高潮にも警戒せよ

台風で注意すべき第1は**風**です。**台風は進路からみて右半分が、風が強くなる傾向があります**。台風に吹き込む風と台風本体を運ぶ風が同じ向きになるためです。

注意すべき第2は**雨**です。台風本体だけでなく、**外縁に発達する「外《がい》側《そく》降雨帯」という帯状雲の雨にも注意**しなければなりません。さらに、台風の近くに前線があると、水蒸気を含んだ風を送って刺激するので、大雨になる場合が多々あります。

第3の注意は**高潮**です。中心の低い気圧は海面を上昇させ（**吸い上げ効果**）、強い風は波を沿岸部に吹き寄せます。**気圧が1hPaさがると海面は1cmあがる**といわれます。戦後最悪の台風災害である1959年9月の伊勢湾台風は、被害のかなりの部分が高潮によるものでした。

5-5

落雷から身を守る
～雷に「常識」は通用しない～

夏の外出時には、雷雨が気になるもの。すぐ建物に入れればいいのですが、見あたらない場合どうしますか？　木の下に逃げる？　実はこれ、大変危険な行動です！　雷について一般にいわれている「常識」が、間違いだらけなのです。

通用しない常識の例

高い木の下に逃げれば安全？

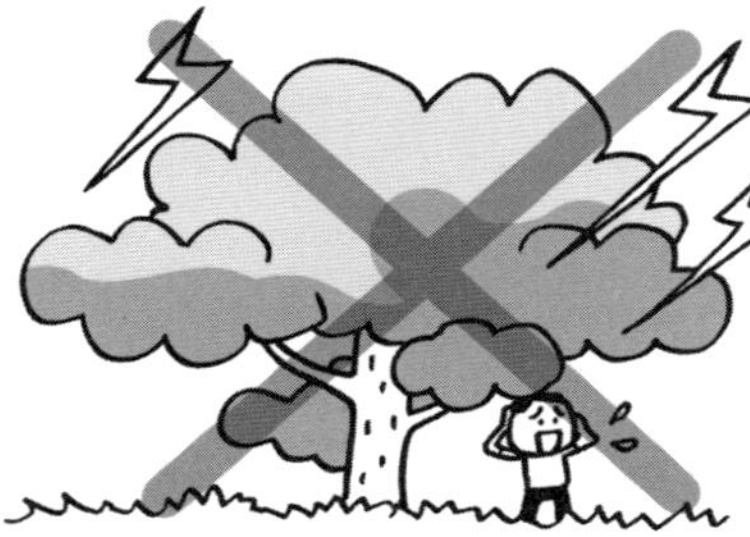

木に落ちた雷の電流が、近くにいる人に飛び移る側撃雷の恐れがある。

金属を身体から外せば安全？

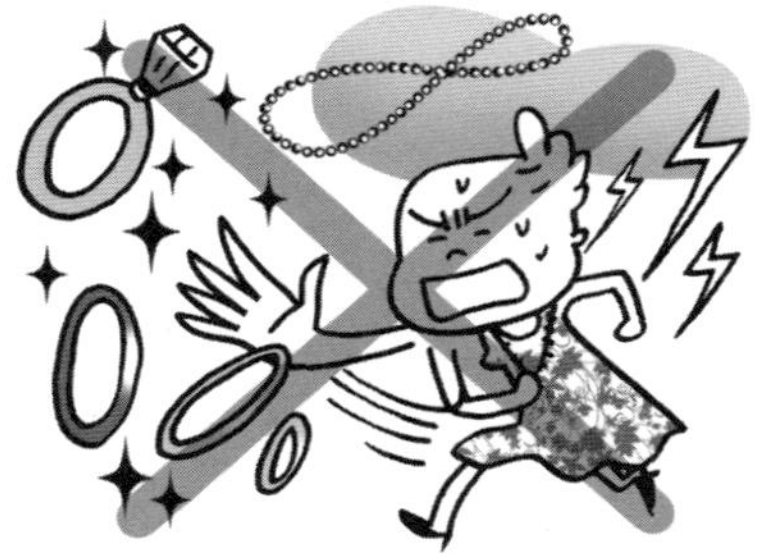

雷は金属、非金属に関係なく落ちる。「むしろ、つけていたほうが金属に電流が集中するため、体に流れる電流が減る場合がある」という意見もある。

ビニールのレインコートやゴム長靴で身を包んでいれば安全？

雷の約１億ボルトの電圧から起きる電流は、絶縁体でも関係なく通る。

光ってから雷鳴まで時間が空いていれば安全？

帯電しているのは積乱雲全体。さっき離れた場所に落ちたからといって、近くに落ちないとは限らない。

保護範囲

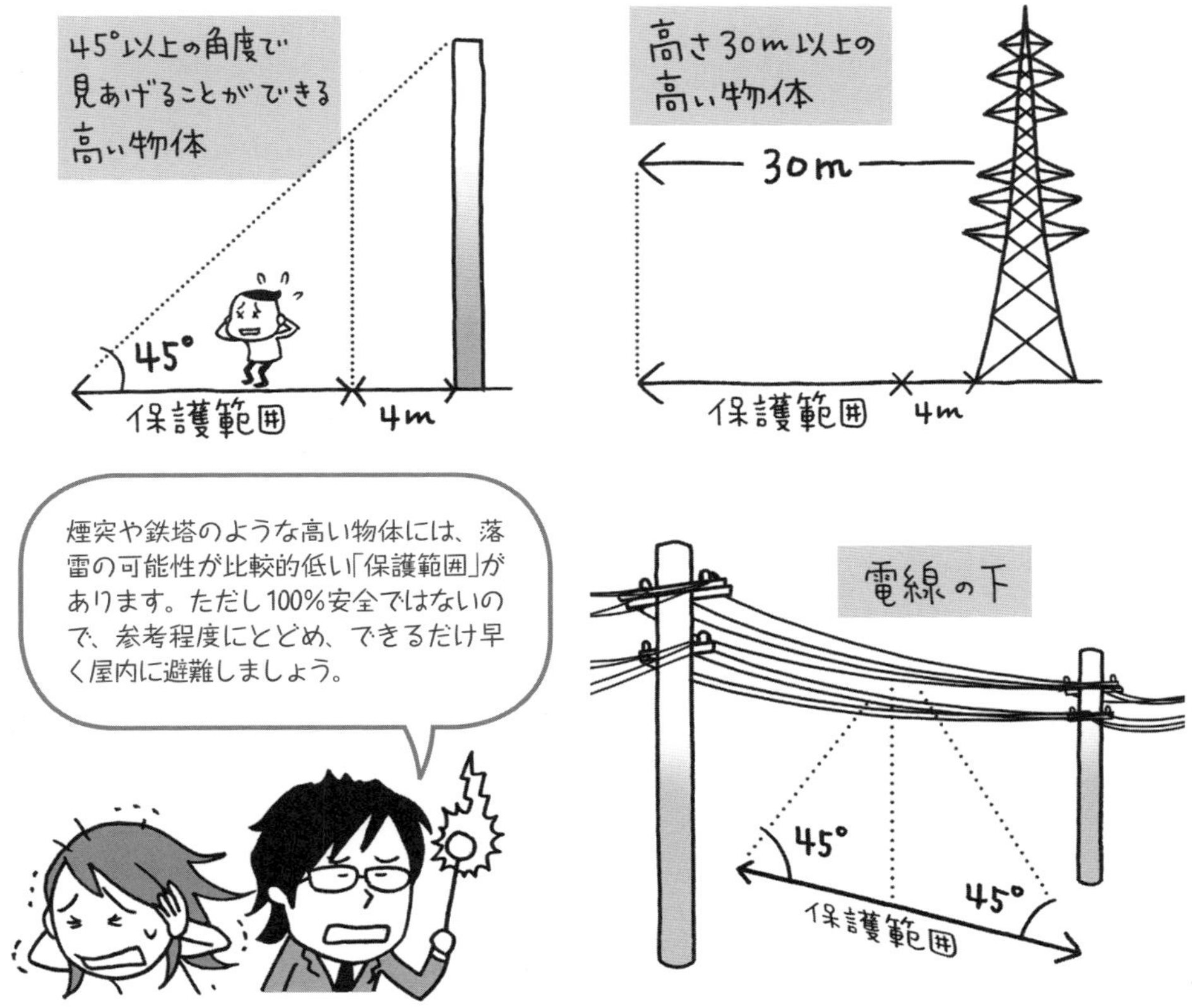
45°以上の角度で見あげることができる高い物体
45°
保護範囲
4m
高さ30m以上の高い物体
30m
保護範囲
4m
煙突や鉄塔のような高い物体には、落雷の可能性が比較的低い「保護範囲」があります。ただし100%安全ではないので、参考程度にとどめ、できるだけ早く屋内に避難しましょう。
電線の下
45°
45°
保護範囲

高い場所は避ける 雨が上がっても油断禁物

雷《かみなり》は高い場所ほど落ちやすくなりますが、広い場所では自分がいちばん高くなっているものです。姿勢を低くしてください。傘はさしてはいけません。

木に落雷すると横にいる人に高圧電流が飛び移る「側撃雷」の可能性もあるので、木の下は避けましょう。

また、降雨と落雷は、関係ありません。雨が上がっても、積乱雲が完全に通り過ぎるまでは安心できません。

２０１４年８月６日、愛知県の高校で野球の練習試合中、マウンドのピッチャーが雷の直撃を受けて死亡しました。同様の事故は２００５年８月に、東京・江戸川区で起こっています。どちらのケースでも「雨は止《や》んで青空が見えていた」ことから、すぐに警戒を解くのは得策ではないことがわかります。

雪は降ったあとが怖い
〜重い、滑る、閉じ込められる〜

雪の事故でまず思い浮かぶのは、吹雪のなかで遭難することでしょう。自動車が立ち往生し、乗っていた人が亡くなる事故も起きています。ただ、雪の事故が増えるのは、降っているあいだよりも「止んだあと」です。決して油断はできません。

雪は降っている途中も、降ったあとも要注意

屋根からの転落

雪下ろし中に屋根から落ちて死亡

屋根からの落雪・圧死

屋根から落ちた雪に押し潰される

水路への転落

積雪で見えなくなった水路に落ちる

歩行中の転倒

凍結した雪道で滑って頭を打撲

交通事故の多発

凍結した雪道で車がスリップする

積雪による建物倒壊

屋根の積雪の重みで家屋が潰れる

集落の孤立

積雪で道路が寸断され、集落ごと孤立

雪中で道に迷う

雪で方向感覚を失い、迷い歩いて凍死

雪崩の怖さ

表層雪崩

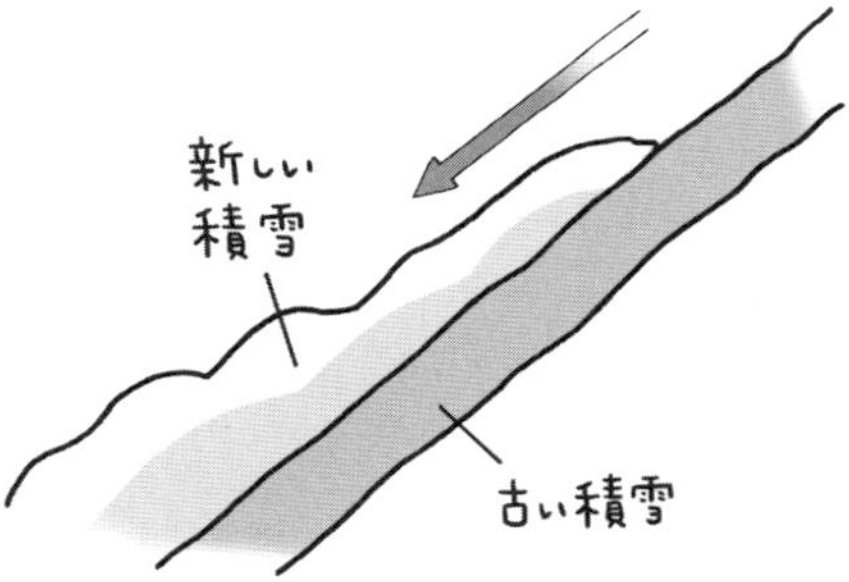

古い積雪の上に積もった新たな雪の層が高速（時速100～200㎞）で滑落する。1～2月に多く発生する。

全層雪崩

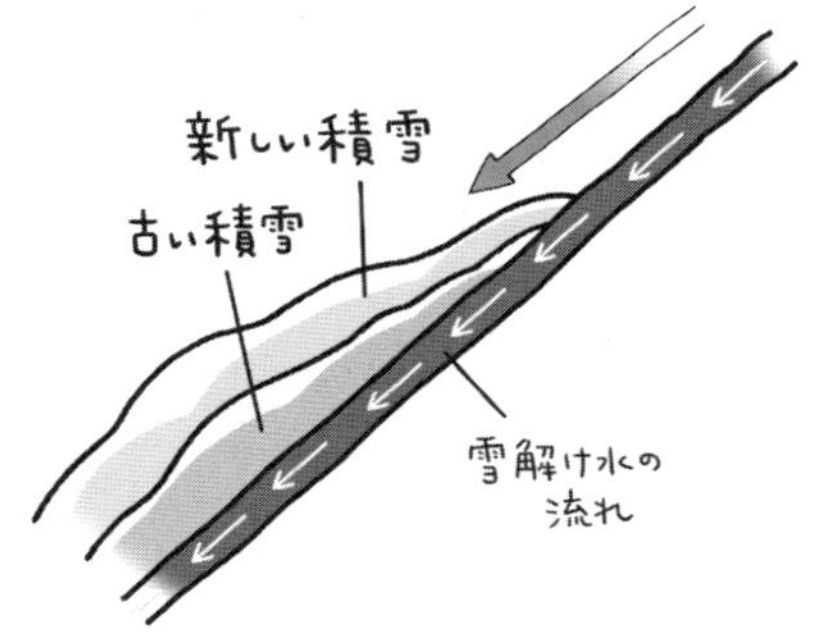

積雪と地面のあいだにできた水流により積雪全体が滑落する（時速40～80㎞）。気温が上昇する春先に多い。

雪崩による死者の9割は表層雪崩によるもので、多くの犠牲者を出す大規模な雪崩もたびたび起こっています。日本で最悪の雪崩災害は、1918年1月に現在の新潟県湯沢町三俣地区で発生した表層雪崩で、集落の半分が飲み込まれ158人もの人が亡くなりました。「三俣の大雪崩」と呼ばれています。

雪が降った翌朝が危ない 除雪作業も慎重に

2014年2月は首都圏でも2週連続で大雪に見舞われました。慣れない雪で転倒したり、ケガしたりといったさまざまな事故が報じられました。雪が止み、日中の昇温で解けた雪が夜間に再度凍結し、翌朝滑りやすくなることは、天気予報などでもよく注意喚起されます。

雪国では、屋根に積もった雪で建物が押し潰されたり、屋根の雪下ろし中に転落したり、屋根からの落雪に遭って圧死したり、積雪で隠れた水路に落ちて溺死したり、といった事故が多発します。除雪作業はヘルメットや命綱などの安全対策を万全にし、必ず2人以上で行いましょう。

積雪による事故で最も恐ろしいのが雪崩《なだれ》です。「**表層雪崩**」と「**全層雪崩**」があり、山麓《さんろく》の人家が飲み込まれる事例も過去に発生しています。

5-7

熱中症を甘くみるな！
～暑くなくても発症する？～

夏になると熱中症になる人が続出します。猛暑日の増加と並行して熱中症も増えるようですが、気温が比較的低くても発症する場合があるので油断は禁物。命を落とすこともある恐ろしい病気です。特に高齢者は要注意です。

熱中症とは？

正常
熱
熱
熱
熱
適度な水分
体温調節
体内バランス維持
熱中症
気温上昇
熱
熱
熱
熱
水分不足
体温上昇
代謝機能などの不全
熱中症

実をいうと私もひどい熱中症になった経験があります。つい油断してしまったのですが……本当に辛《つら》くて大変ですよ！
こわい…
気温が上がって体温上昇を抑えるのに必要な水分が足りなくなると、熱が体内にこもって、いろいろな機能不全を起こすのですね。

気温と熱中症の関係

2011年7〜9月の全国平均気温と熱中症搬送者数

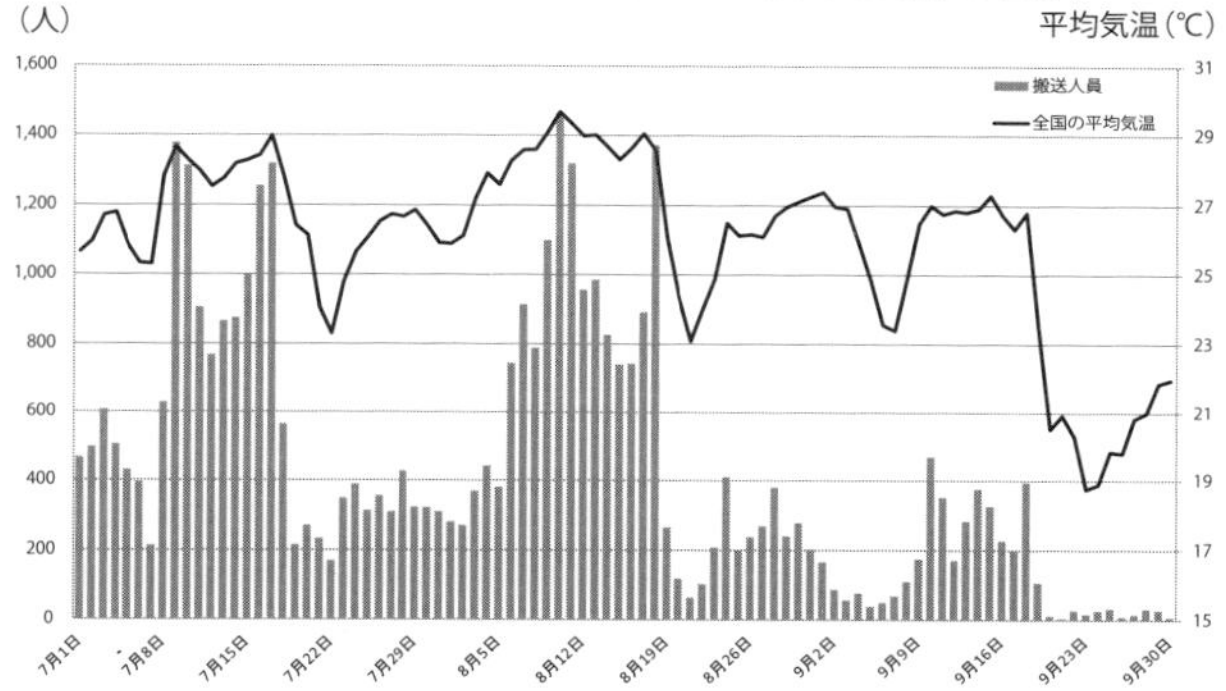
（人）
平均気温（℃）
1,600
1,400
1,200
1,000
800
600
400
200
0
31
29
27
25
23
21
19
17
15
搬送人員
全国の平均気温
7月1日
7月8日
7月15日
7月22日
7月29日
8月5日
8月12日
8月19日
8月26日
9月2日
9月9日
9月16日
9月23日
9月30日

※全国の平均気温は、47都道府県の県庁所在地の平均値より算出
※総務省消防庁の資料より

平均気温と熱中症で救急搬送された人数のグラフです。相関関係が明らかですね。平均気温が27〜28℃を超える辺りから急増しています。

熱中症の重症度は3つのレベルに分けられます。症状から重症度を判断し、適切な対応をとることが重要です。

重症度	症状	対応
Ⅰ	・手足のしびれ ・めまいや立ちくらみ ・筋肉のこむら返り（痛い） ・気分が悪い ・ボーッとする ・汗が止まらない	・涼しい場所で安静を保つ ・塩分と水分を補給する ・改善しなければ病院へ
Ⅱ	・激しい頭痛 ・吐き気、嘔吐 ・だるい（倦怠感） ・意識がおかしい	・Ⅰの対応を実践 ・衣服をゆるめる ・体を積極的に冷却 ・自分で水分が摂れないときは病院へ
Ⅲ	・意識がない ・呼びかけの返答がおかしい ・体のけいれん（ひきつけ） ・真っ直ぐ歩けない ・体が熱い	・速やかに救急車で搬送する

※環境省「熱中症環境保健マニュアル2014」より作成

体内のバランス調整に支障をきたす病気

そもそも「熱中症《ねっちゅうしょう》」とはどんな病気でしょう。以前よく耳にした、日射病や熱射病とは違うのでしょうか。

熱中症は、**暑さなどによって体内の水分が失われることで体温の上昇をセーブできなくなり、ナトリウムを含む塩分などの濃度調整や体内環境を調整する機能が不全状態に陥る病気**です。なお、**日射病は炎天下で発症した熱中症の通称、熱射病は「重症度Ⅲ」といって熱中症の最も重篤《じゅうとく》な症例**の別名です。

ここで注意したいのは、気温は熱中症を起こす引き金の1つにすぎないことです。体温の上昇を制御できないことが問題なので、**湿度が高く、汗が蒸発しにくいと発症のリスクは高まります。**実際、気温23℃で発症して救急搬送された事例があります。湿度は86％だったそうです。

熱中症予防の2大鉄則　水分補給と温度調節

熱中症予防のポイントは「**こまめな水分補給**」「**暑さを避ける**」、この2つしかありません。携帯ボトルで水を持ち歩くことをお勧めします。発汗に伴う塩分の喪失を考慮すれば、**真水より、薄い塩水（0・1〜0・2％程度）がいいでしょう**。スポーツドリンクでも構いません。脱水予防用の**経口補水液**も市販されています。

暑さを避けるには、屋外ならときどき日陰に入って日光を避け、室内ならエアコンで室温を調節することです。省エネ志向の高まりからか、エアコンを使いたがらない人もいますが、命には代えられません。特に高齢者は暑さを感じにくくなっているので、早めに使用を始めてください。室内でも熱中症になるため温度計を目につく場所に置いてチェックしましょう。

WBGTに基づく日常生活に関する指針

WBGT	注意すべき生活活動の目安	注意事項
危険 31℃以上	すべての生活活動で起こる危険性	高齢者では安静状態でも発生の危険性が大きい。 外出はなるべく避け、涼しい室内に移動する。
厳重警戒 28℃以上 31℃未満		外出時は炎天下を避ける。 室内では室温の上昇に注意する。
警戒 25℃以上 28℃未満	中等度以上の生活活動で起こる危険性	運動や激しい作業をする際は、定期的に十分な休息を取り入れる。
注意 25℃未満	強い生活活動で起こる危険性	一般に危険性は少ないが、激しい運動や重労働時には発生する危険性がある。

※日本生気象学会「日常生活における熱中症予防指針　Ver.3」（2013）に基づいて作成

WBGTについて知るサイト

環境省熱中症予防情報サイト
http://www.wbgt.env.go.jp/
５～10月に全国主要都市のＷＢＧＴの実況値を公開している。

公益財団法人　日本体育協会
http://www.japan-sports.or.jp/
ＷＢＧＴに基づく「熱中症予防運動指針」を公開している。

近年、熱中症予防の指標として用いられるＷＢＧＴ（湿球黒球温度　通称：暑さ指数）は、気温に湿度と輻射熱を考慮した数値で、温度同様「℃」で表します。左記のサイトでＷＢＧＴに関する情報がわかります。

熱中症予防の補水液

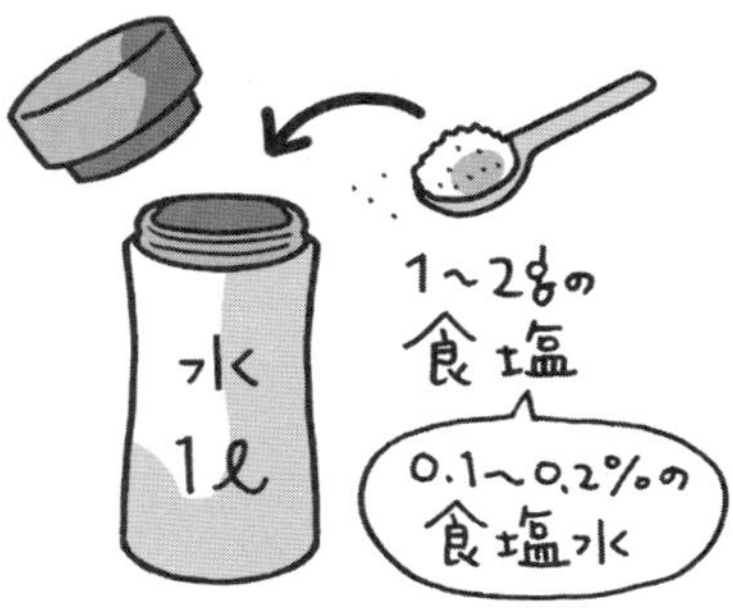

熱中症になったらココを冷やす

熱中症を予防するために

- こまめな水分補給。特に高齢者は、のどが渇いていなくても補給する。
- 室内ではエアコンや扇風機を用い、適度な温度調節をする。
- 屋外では日陰を利用する。
- 無理な行動をしない。作業は30分に1回を目安に休憩を入れる。

発症したら、まず冷やせ 首、ワキ、脚がターゲット

熱中症になったら**「冷却」が第一**です。日が差さない場所、エアコンが利いた部屋へ避難して水分補給し、体に氷などをあてて冷やします。ターゲットは3つで、**太い動脈が通る左右の首筋、両ワキの下、両脚のつけ根**となります。

これらは軽症なら自分でもできますが、重症だと思ったら、躊躇《ちゅうちょ》せず周囲に助けを求めましょう。我慢をしては絶対にいけません。

熱中症の重症度はP97に示したように3つのレベルに分けられています（日本救急医学会による）。これに基づいてほかの人の異常に早く気づいてあげることも必要です。レベルⅢなら「すぐ救急車」です。

近年は熱中症予防の情報も豊富になりました。ネットで簡単に入手できるので積極的に活用してください。

5-8

竜巻は不意打ちをする
～発生を予測できない突風～

４章で触れたとおり、日本でも竜巻はそれほど珍しい気象現象ではなくなりました。とはいえ、いままでなじみが薄かっただけに、怖さが先行してしまいがち。まずは正しく“敵”を知ることから始めましょう。

竜巻の分布図（1961～2011年）

竜巻による被害（茨城県つくば市／2012年5月6日）
©毎日新聞社

竜巻って、思ったよりたくさん発生しているのですね！

陸上で発生した竜巻だけを示した図です。沿岸部で多いようにみえますが、内陸部の発生も少なくありません。関東平野で特に発生が多いのが目を引きます。

※気象庁ホームページより

竜巻の規模を表す「Fスケール」

Fスケール	突風の風速	被害の状況
F0	17～32m/s（約15秒間の平均）	テレビのアンテナなどの弱い構造物が倒れる。小枝が折れ、根の浅い木が傾くことがある。非住家が壊れるかもしれない。
F1	33～49m/s（約10秒間の平均）	屋根瓦が飛び、ガラス窓が割れる。ビニールハウスの被害甚大。根の弱い木は倒れ、強い木は幹が折れたりする。走っている自動車が横風を受けると、道から吹き落とされる。
F2	50～69m/s（約7秒間の平均）	住家の屋根がはぎとられ、弱い非住家は倒壊する。大木が倒れたり、ねじ切られる。自動車が道から吹き飛ばされ、汽車が脱線することがある。
F3	70～92m/s（約5秒間の平均）	壁が押し倒され住家が倒壊する。非住家はバラバラになって飛散し、鉄骨づくりでもつぶれる。汽車は転覆し、自動車はもち上げられて飛ばされる。森林の大木でも、大半折れるか倒れるかし、引き抜かれることもある。
F4	93～116m/s（約4秒間の平均）	住家がバラバラになって辺りに飛散する。弱い非住家は跡形もなく吹き飛ばされてしまう。鉄骨づくりでもぺシャンコ。列車が吹き飛ばされ、自動車は何10メートルも空中飛行する。1トン以上ある物体が降ってきて、危険この上もない。
F5	117～142m/s（約3秒間の平均）	住家は跡形もなく吹き飛ばされる。立木の皮がはぎとられてしまったりする。自動車、列車などがもち上げられて飛行し、とんでもないところまで飛ばされる。数トンもある物体がどこからともなく降ってくる。

※気象庁ホームページを基に作成

竜巻の風は実測が極めて難しいので、被害の状況から風速を推定するしかありません。これに基づいて竜巻の規模をランク分けした指標が「F（藤田）スケール（→P74）」です。これは福岡県出身の藤田哲也博士（シカゴ大学教授）が1971年に考案した指標で、Fの数字が大きいほど被害が大きくなります。日本でこれまで発生した最高レベルはF3です。

積乱雲の底から延びる猛烈な空気の渦

竜巻は積乱雲の底から地上に向かって延びる猛烈な空気の渦巻きです。日本で発生する竜巻は直径数十mほどですが、アメリカでは数百mにもなる大竜巻も発生しています。

周囲の空気が渦に巻き込まれると、急激な気圧低下によって断熱膨張《だんねつぼうちょう》（→P117）し、冷えて水蒸気が凝結するため、天空へ延びる渦の姿がみえるようになります。これを「**漏斗《ろうと》雲《うん》**」といい、昔の人が竜の昇天に見立てたことから「竜巻」の名がついたといいます。

竜巻が恐ろしい最大の理由はその破壊的な風ですが、いつどこで発生するか予測できない、いわば〝不意打ち〟をする気象現象であることも理由にあげられます。「竜巻が発生しそうな気象条件」を察知し、注意を促すことしかできません。

元凶はスーパーセル注意情報をチェックせよ

竜巻の発生メカニズムは未解明の部分も少なくありませんが、陸上では**「スーパーセル」と呼ばれる巨大積乱雲のなかで発生している激しい上昇気流が何らかの原因で回転を始め、その渦が次第に高速化して竜巻になる**と考えられています。また、**暖気と寒気が衝突して局地的な前線ができて積乱雲が発生、これに伴う空気の渦が竜巻に発達する**ケースもあるようです。

いずれにしろ〝鍵〟を握るのは積乱雲です。竜巻が発生する条件がそろった積乱雲をみつければ、竜巻発生の可能性を注意喚起できます。そこで**ドップラーレーダー**という特殊なレーダーで**内部に回転（メソサイクロン）を伴った積乱雲**をみつけ、その解析結果を基に注意を促しています。それが「竜巻注意情報」です。

スーパーセル

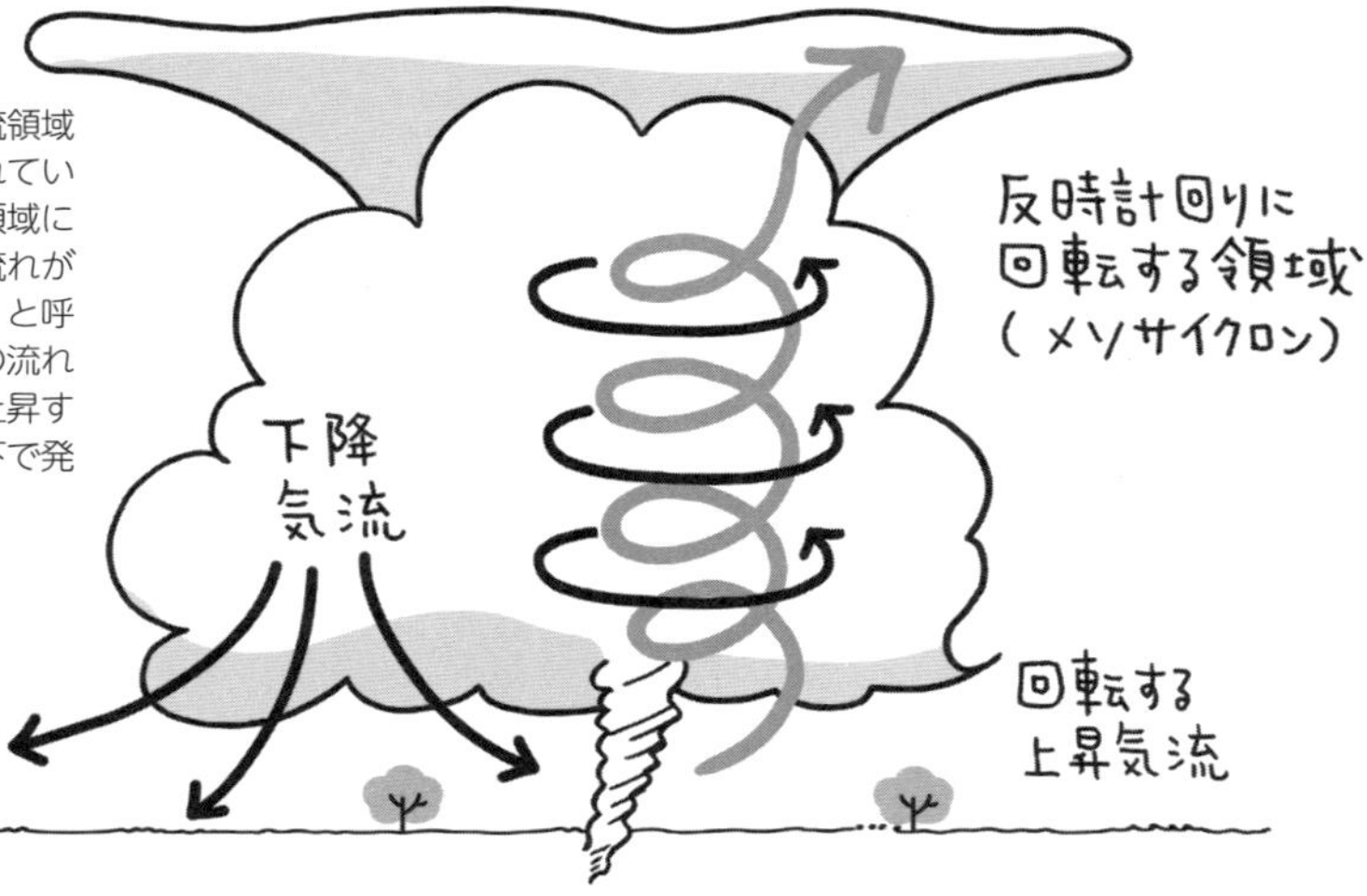

スーパーセルは上昇気流領域と下降気流領域が分かれているのが特徴。上昇気流領域には反時計回りの空気の流れがあり「メソサイクロン」と呼ばれる。上昇気流はこの流れに従い、回転しながら上昇する。竜巻はこの領域の下で発生することが多い。

発達した積乱雲接近の兆し	竜巻の兆し	身を守るための行動	
・黒雲が接近して周囲が暗くなる ・雷鳴や稲光がする ・冷たい風が吹き出す ・大粒の雨や雹が降り出す ↓ **速やかに頑丈な建物に避難する！**	・黒雲の底から漏斗雲が垂れ下がる ・「ゴー」という音が聞こえる ・渦が物を巻き上げるのがみえる ・耳に異常を感じる（→気圧の変化） ↓ **すぐに身を守るための行動をとる！**	〈屋内〉 ・窓やカーテンを閉める ・窓には近づかない ・１階の窓のない部屋に移動する ・テーブルの下などで身を小さくし、頭を守る	〈屋外〉 ・頑丈な建物のなかや物陰、あるいは水路などくぼんだ場所に入って身を小さくする ・飛来物から頭を守る ・シャッターを閉める ・電柱や太い樹木には近づかない

※気象庁　「竜巻から身を守る」を基に作成

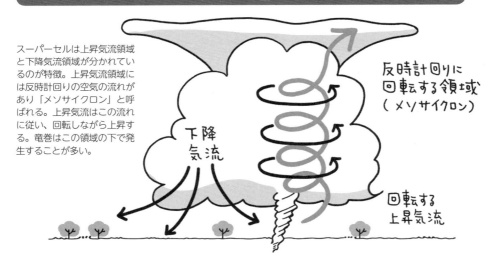

ダウンバーストとガストフロント

ダウンバースト

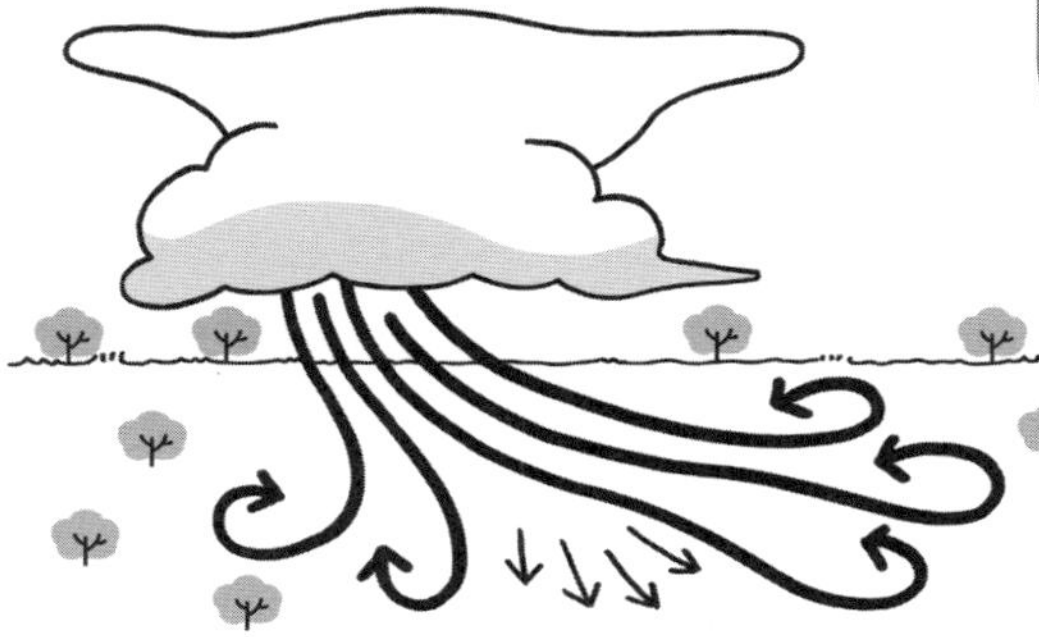

成熟期の積乱雲のなかの空気は冷えて重くなっていることに加え、激しい降雨に引きずられ、下降気流が発生します。それが地上に吹き出す現象がダウンバーストです。被害範囲は直径数百m～十kmほどの円形に広がるのが特徴です。

ガストフロント（突風前線）

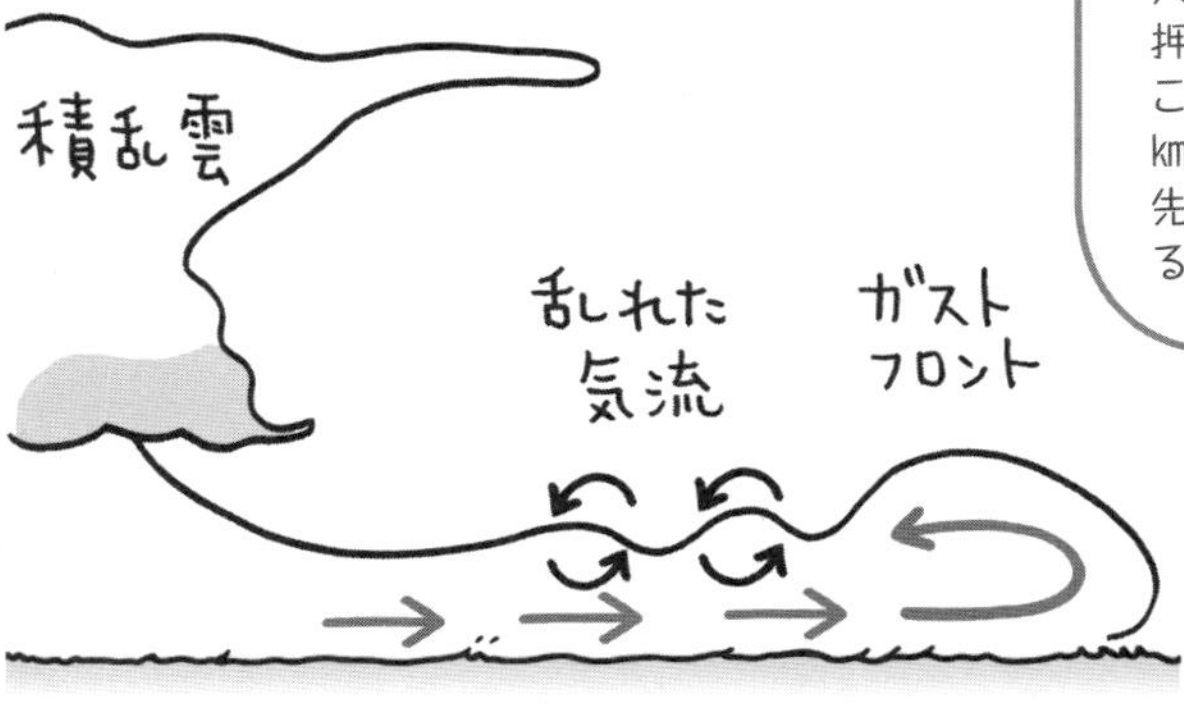
積乱雲
乱れた気流
ガストフロント

吹きおろした冷気の塊の規模が大きいと、周囲の暖かな空気を押しのけて高速で広がります。これがガストフロントで、数十km以上に達する場合もあります。先端にアーチ状の雲が形成される場合もあります。

ダウンバーストとガストフロントにも注意

竜巻注意情報はスタートから年数が浅いこともあって、まだまだ的中率は満足できるものではありません。注意情報が出ていないのに竜巻が発生した事例もあります。２０１４年９月からは目撃情報も加えられるようになり、今後の精度向上が期待されますが、私たちも、**黒雲の接近や冷風など、発生の兆候**を見逃さないようにしましょう。

なおＰ75で「竜巻注意情報はダウンバーストやガストフロントも対象」と記しました。**ダウンバーストは積乱雲の強い下降気流が地表に叩きつけるように吹く現象**で、日本でもときどき発生します。**ガストフロントは吹きおろした冷たい気流が周囲の空気を押しのけながら急速に広がる現象**で、国内でも発生し、被害を出した記録があります。

5-9

情報収集が身を守る
〜警報・注意報を逃さない〜

だれもが気象災害に遭遇する可能性があります。とはいえ「巻き込まれたら運命」などと思うべきではありません。気象災害は知識と情報で回避や対処が十分可能だからです。どんな情報があるかふだんから知っておきましょう。

特別警報

大雨	台風や集中豪雨により数十年に一度の降雨量となる大雨が予想され、 もしくは、数十年に一度の強度の台風や同程度の温帯低気圧により大雨になると予想される場合	
暴風	数十年に一度の強度の台風や同程度の温帯低気圧により	暴風が吹くと予想される場合
高潮		高潮になると予想される場合
波浪		高波になると予想される場合
暴風雪	数十年に一度の強度の台風と同程度の温帯低気圧により雪を伴う暴風が吹くと予想される場合	
大雪	数十年に一度の降雪量となる大雪が予想される場合	

警報・注意報

警報	重大な災害が起こる恐れのあるときに警戒を呼びかけて行う予報	大雨警報	洪水警報	大雪警報	暴風警報
		暴風雪警報	波浪警報	高潮警報	——
注意報	災害が起こる恐れのあるときに注意を呼びかけて行う予報	大雨注意報	洪水注意報	大雪注意報	強風注意報
		風雪注意報	波浪注意報	高潮注意報	濃霧注意報
		雷注意報	乾燥注意報	なだれ注意報	着氷注意報
		着雪注意報	融雪注意報	霜注意報	低温注意報

2013年から始まった「特別警報」に注目！

まず、天気予報で見聞きする、気象庁発表の「注意報」「警報」について知っておきましょう（上の表参照）。

ここで注目すべきなのは、**2013年8月30日から新たに加わった「特別警報」**です。対象地域が「**数十年に一度しかないような非常に危険な状況**」にある場合に発表され、出されたら「直ちに命を守る行動をとってほしい」と気象庁は呼びかけています。特別警報が創設された背景には、東日本大震災や2011年の台風12号による紀伊半島の大規模など け崩れなど、大きな災害が近年相次いだことがあります。

大雨は「**記録的短時間大雨情報**」にも注意してください。1時間の降雨が「災害の発生につながるような、まれにしか観測しない雨量」に達したときに発表されます。

大雨に関するそのほかの気象情報

記録的短時間大雨情報	大雨警報が発表されている状況で、数年に一度しか発生しないような短時間の大雨を観測あるいは解析したときに出される。発表基準は地域によって異なる。
土砂災害警戒情報	大雨警報が発表されている状況で、土砂災害発生の危険度が非常に高まったとき、対象の市町村を特定して都道府県と気象庁が共同で発表する。
指定河川洪水予報	指定された河川の水位・流量について、国土交通省あるいは都道府県と共同で、洪水の危険度を発表する。

指定河川洪水予報

洪水予報の標題（種類）	発表基準
○○川はん濫発生情報（洪水警報）	はん濫の発生（レベル5） はん濫水の予報（浸水区域と水深）
○○川はん濫危険情報（洪水警報）	はん濫危険水位（レベル4）に到達
○○川はん濫警戒情報（洪水警報）	一定時間後にはん濫危険水位（レベル4）に到達が見込まれる場合、あるいは避難判断水位（レベル3）に到達し、さらに水位の上昇が見込まれる場合
○○川はん濫注意情報（洪水注意報）	はん濫注意水位（レベル2）に到達し、さらに水位の上昇が見込まれる場合

昔はリアルタイムで警報・注意報や防災情報を知る手段はテレビ、ラジオくらいしかありませんでしたが、現在はスマホやタブレットを使えば、外出先でも詳しい情報が入手できます。
でも、自分で進んで防災情報を把握しようと努めなければムダになってしまいますよね。やはり防災への前向きな姿勢が大切なのですね。

都道府県や国交省と共同で発表される情報

「土砂災害警戒情報」は、土砂災害発生の危険度が非常に高まったときに気象庁と都道府県が共同発表する防災情報で、市町村単位で出されます。市町村長が住民に避難勧告などを出す際の判断基準にもなります。

はん濫すると甚大な影響が広がる恐れがある河川については、気象庁と国土交通省・都道府県が共同で「**指定河川洪水予報**」を発表します。5段階の水位レベルに応じ、指定されている河川を対象に発表されます。

こうした気象情報や防災情報は、テレビやラジオはもちろん、インターネットサイトや携帯アプリなどを通して簡単に入手できます。総務省が進める災害情報の伝達体制「**公共情報コモンズ**」のしくみに則り、必要かつ詳細な情報を共有する環境も整いつつあります。

5-10

万一に備えろ！ とにかく逃げろ！
〜ふだんからの心構え〜

日本は自然災害が多い国です。台風は毎年必ず襲来しますし、地震や火山の噴火もあります。国土の7割以上が山地という特性も災害が多い原因です。私たちは自然災害と隣り合わせで暮らしているともいえます。

知る

自宅周辺の危険個所は、あらかじめ把握しておきましょう。自治体が防災マップやハザードマップを作成していたら必ず入手しておきましょう。

備える

非常時持出袋の準備、避難場所の把握、緊急時の家族との連絡方法などを決めておきましょう。気象情報、防災情報はこまめにチェックしましょう。

そして「そのとき」が来たら
自分の命を守る行動を！

何よりも大切なのは自分自身の命です！　無理や油断は決してしないこと。「見回り」という理由であっても、危険個所に近づくのは絶対に止めましょう！

気象現象を甘くみるのは危険です。「大したことないだろう」と高をくくると命取りになります。とにかく一刻も早く危険から逃げてください！

非常時持出袋の一例

防災頭巾
ヘルメット
軍手
食料
レトルト
水
水
水
飲料水
パン
救急箱
救急セット
缶詰め
タオル
毛布
ラジオ
非常時持出袋
お金
缶切り
ナイフ
懐中電灯
ローソク
BANK
身分証明書
預金通帳
ハンコ
ときどき中身を点検することも必要ですね。

大切なのは、知ること、備えること、行動すること

欧米人は昔、日本人が「木と紙でできた家」で暮らしていることに、驚き呆《あき》れたそうです。なぜそんな燃えやすく壊れやすい材料で建てるのか……おそらく自然災害が多い国に暮らす民族ならではの知恵なのでしょう。何度燃えても壊れてもやり直せるよう、あえて耐久性の低い材料をかつては使っていたのかもしれません。

ただ、どうしてもやり直せないものがあります。命です。命だけは失ってしまうと、やり直しができません。災害の危険が迫っていたら、何よりも「命を守る行動」をとることです。

そのためにもふだんからの備えが重要です。**非常時持出袋の用意**だけでなく、**「今、暮らしている場所はどのような場所か」**をよく知っておくことが何よりも大切です。**「知る」「備える」「行動する」**の3つを心に刻んでください。

斉田気象予報士の
異常気象コラム5

いまいる場所はどんな場所？

天気の変化はもちろん土地の特性にも注意！

災害の危険が迫っているときには「猛烈な台風が近づいてくる」「大気の状態が不安定で、非常に激しい雨が降る」といった気象現象に注目が集まります。私がふだんの天気予報でお伝えしているのも、こういった日々の天気の変化です。しかし、災害の発生には「その土地がもつ性質」が大きく関係しています。降った雨水は低い場所に集まり、土砂は崩れやすい場所から崩壊が始まるからです。

自分の生活している場所で、どのような災害が起こり得るのか。「ハザードマップ」などをみて、事前に知っておくことが非常に重要です。

ハザードマップには「洪水」「内水（浸水）」「土砂災害」「高潮」「津波」「火山」などさまざまな自然災害を対象にしたものがあり、ハザードマップポータルサイト（国土交通省）から全国の情報を入手することができます。それぞれの災害が発生した場合に想定される被害の範囲や程度が色分けされ、避難場所や避難経路などの情報が地図上にまとめられています。

ハザードマップをみるときには、気をつけてほしいことがあります。それは「色が塗られていないところは安全」という意味ではない、ということです。「１時間に100㎜の雨が降った場合」などの条件を設定してつくられたもので、それ以上の被害をもたらすような災害が起こらないというわけではありません。

避難所が安全とは限らない。自分を守るための機転が必要

また、指定された避難場所に向かうことが必ずしも最善とは限りません。すでに大雨が降っていて、周辺の道路などが浸水しているような状況では、外に出ることそのものが危険を伴います。建物の2階以上やがけから離れた部屋で助けを待つなど、状況に応じて機転をきかせてください。どのような災害が起こり、どのような気象状況になるのか、情報を基に自分なりにイメージして、身を守りましょう。

6章

知っておきたい天気の知識

異常気象について正しく理解するためにも、
気象学の基本はおさえておきたいところです。
といっても、深く細かいところまで知る必要はありません。
中学校や高校で学習する範囲で十分。理解しておけば、
日々の天気を判断するうえでも役立ちます。

6-1

「空気の重さ」が天気をつくる
～気圧、風、大気圏の構造～

ここまで異常気象にまつわる話題や気象現象をいろいろ紹介してきましたが、それらを理解するためにも、天気の基礎知識を再確認しましょう。まずは、基本中の基本である「気圧」から。そもそも気圧とは何なのでしょう？

気圧の大きさ

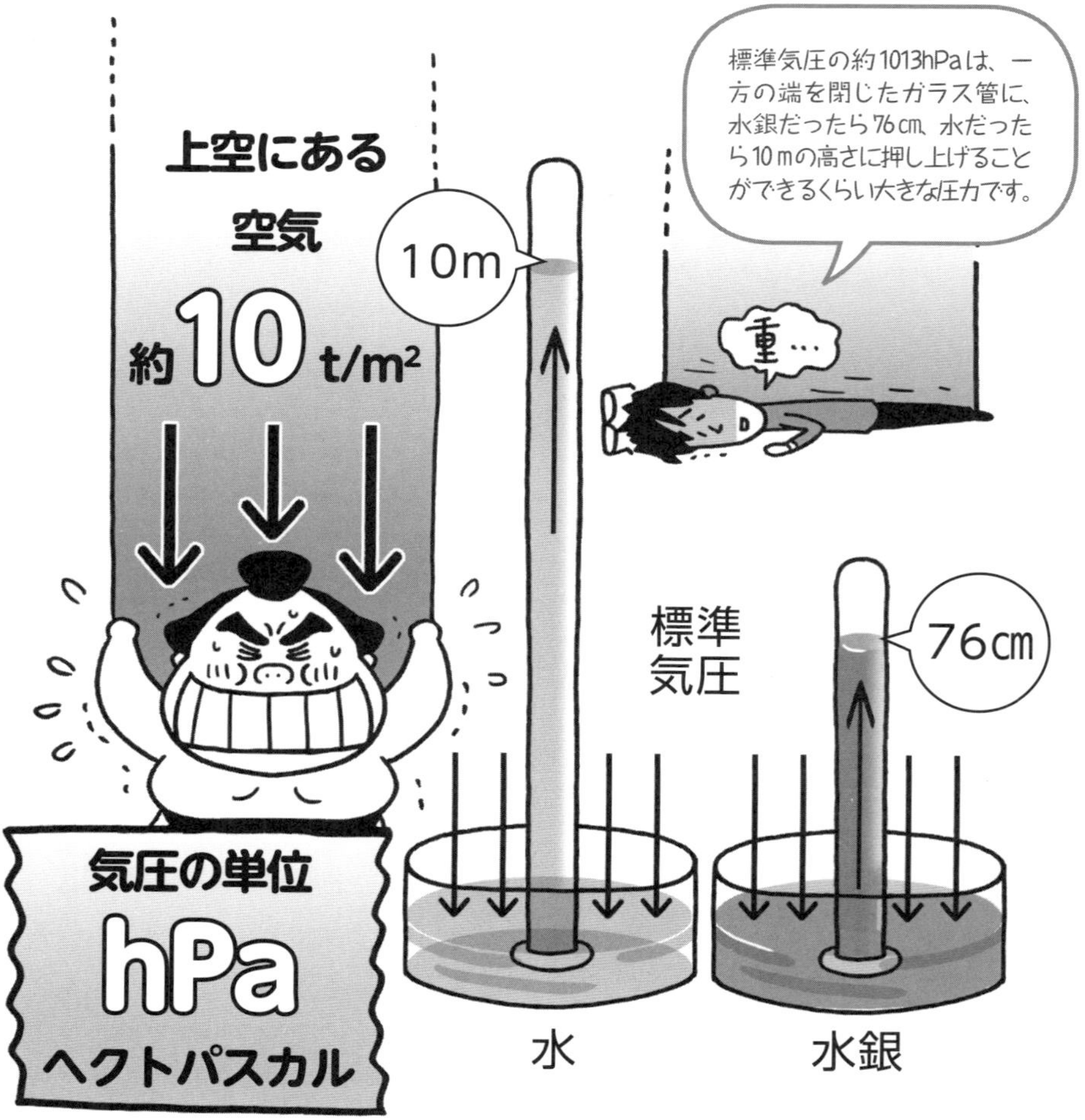

上空にある
空気
約10 t/m²
気圧の単位
hPa
ヘクトパスカル
10m
水
重…
標準気圧の約1013hPaは、一方の端を閉じたガラス管に、水銀だったら76㎝、水だったら10ｍの高さに押し上げることができるくらい大きな圧力です。
標準気圧
76㎝
水銀

標準気圧は海面における気圧の平均値です。「平均」ということは、条件によって、これより大きかったり小さかったりするわけです。気圧が変化する条件は温度や密度です。

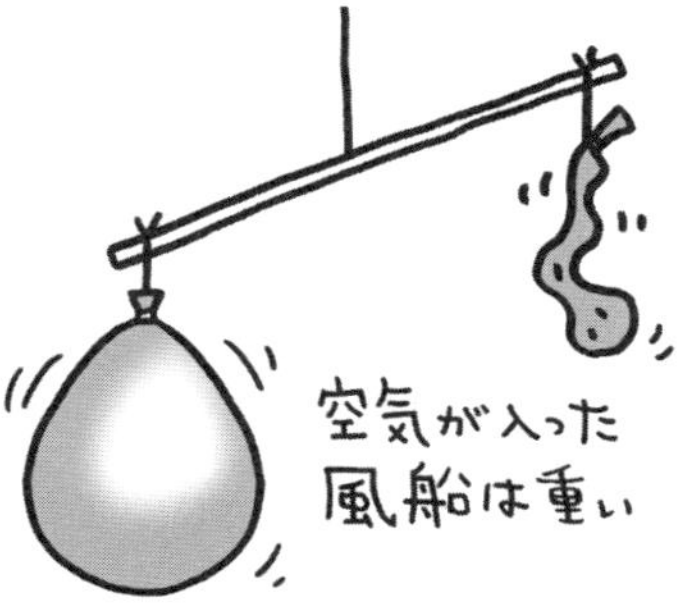
空気が入った風船は重い

気圧と気温と密度のあいだに成り立つ関係式

気圧＝空気の密度×気温×気体定数

※気体定数：気体の種類によって決まっている数

密度は単位体積あたりの質量なので、次のようにも表せる。

気圧＝（空気の質量÷体積）×気温×気体定数

気圧
気温が高いほど
密度が大きいほど
体積が小さいほど
大きい

なるほど。空気の塊の気温や密度が大きいと気圧は大きく、体積が大きいと小さくなるんですね。

私たちは頭上に空気を載せている

気圧は「空気の圧力」ですが、その〝もと〟は「空気の重さ」です。あまりピンと来ないかもしれませんが、膨らんだ風船と縮んだ風船の重さを量って比べてみれば、空気にも重さがあることが実感できるでしょう。

私たちの頭上には宇宙にまで続く空気の層がありますが、実はその重さはすべて、私たちにのしかかっています。それは**海面上で1㎡あたり約10t**にもなります。私たち自身は、あらゆる方向から、つまり体の内側からも同じ大きさの圧力を受けているので、実感しないだけなのです。

気圧の大きさはhPa（ヘクトパスカル）という単位で表します。「ヘクト」は「100」を意味し、（1hPa＝100Pa）**海面上の気圧は約1013hPa**になります。この大きさを**標準気圧**といい「**1気圧**」とも表します。

風が吹くしくみ

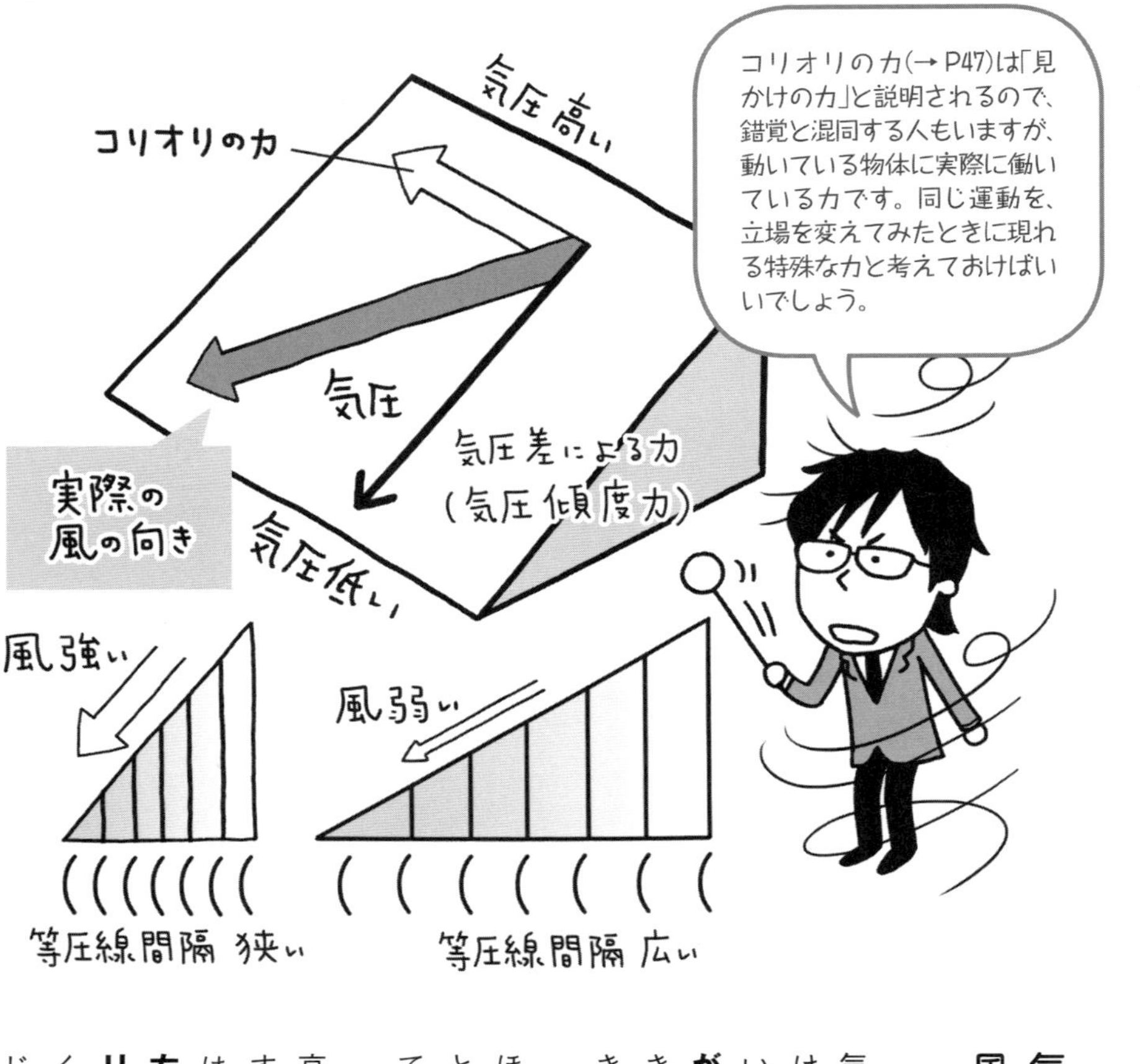
コリオリの力(→P47)は「見かけの力」と説明されるので、錯覚と混同する人もいますが、動いている物体に実際に働いている力です。同じ運動を、立場を変えてみたときに現れる特殊な力と考えておけばいいでしょう。
気圧高い
コリオリの力
気圧
気圧差による力
(気圧傾度力)
実際の風の向き
気圧低い
風強い
風弱い
等圧線間隔 狭い
等圧線間隔 広い

気圧の違いが風の原動力

離れた場所で気圧が異なる場合、気圧差による力（**気圧傾度力**）を受けて、空気は気圧の高いほうから低いほうへ移動を始めます。これが**風が起こるしくみ**です。気圧の差が大きいほど、また、変化の度合いが大きいほど、風は強くなります。

天気図では、等圧線《とうあつせん》の間隔が狭いほど気圧の変化の度合いが大きいことを示しているので、強い風が吹いていることがわかります。

ところで、本来なら風は、気圧が高いほうから低いほうへ真っ直ぐ、すなわち等圧線に対して直角に吹くはずですが、実際は**等圧線に対して右斜めにそれて吹きます**。これは**コリオリの力**（**転向力**→P47）が働くためです。地球の自転によって生じる力で、**北半球では右方向**ですが、**南半球では左方向**に働きます。

大気圏の構造

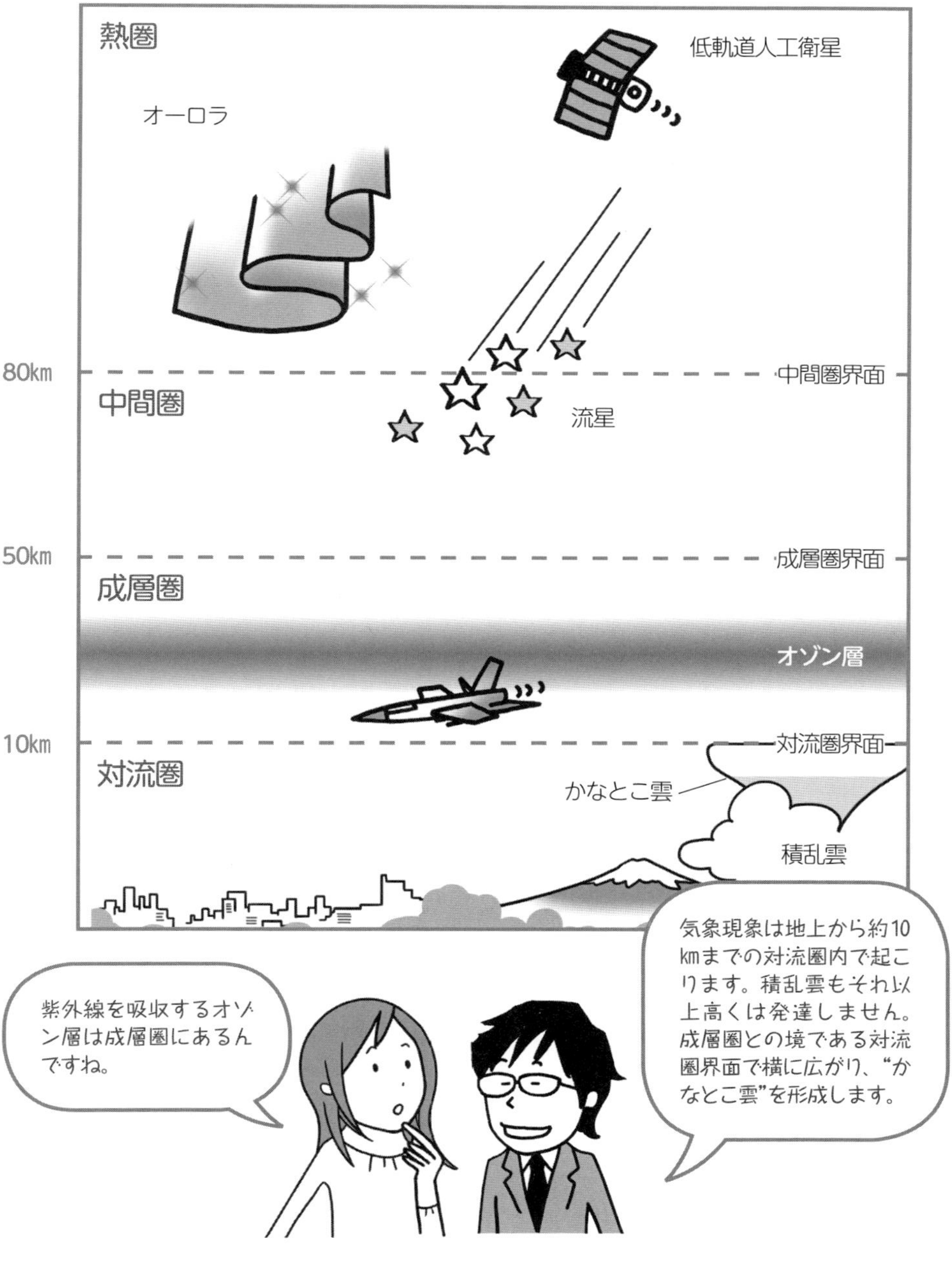
熱圏
低軌道人工衛星
オーロラ
80km
中間圏界面
中間圏
流星
50km
成層圏界面
成層圏
オゾン層
10km
対流圏界面
対流圏
かなとこ雲
積乱雲
紫外線を吸収するオゾン層は成層圏にあるんですね。
気象現象は地上から約10kmまでの対流圏内で起こります。積乱雲もそれ以上高くは発達しません。成層圏との境である対流圏界面で横に広がり、"かなとこ雲"を形成します。

6-2

低気圧と台風は何が違う？
～温帯低気圧と熱帯低気圧～

高気圧と低気圧という言葉も日常的に使われています。「高気圧が来ると晴れ、低気圧が来ると雨」と知ってはいても、それ以上細かく正確に知っている人は案外少ないのでは？　また、熱帯低気圧と普通の低気圧は、何が違うのでしょう？

高気圧と低気圧

上昇気流
低気圧の中心に向かって吹き込んだ風は、行き場を失って上方へ向かい、上昇気流が発生します。上昇した空気は断熱膨張により水蒸気が凝結し、雲が発生します(→P117)。

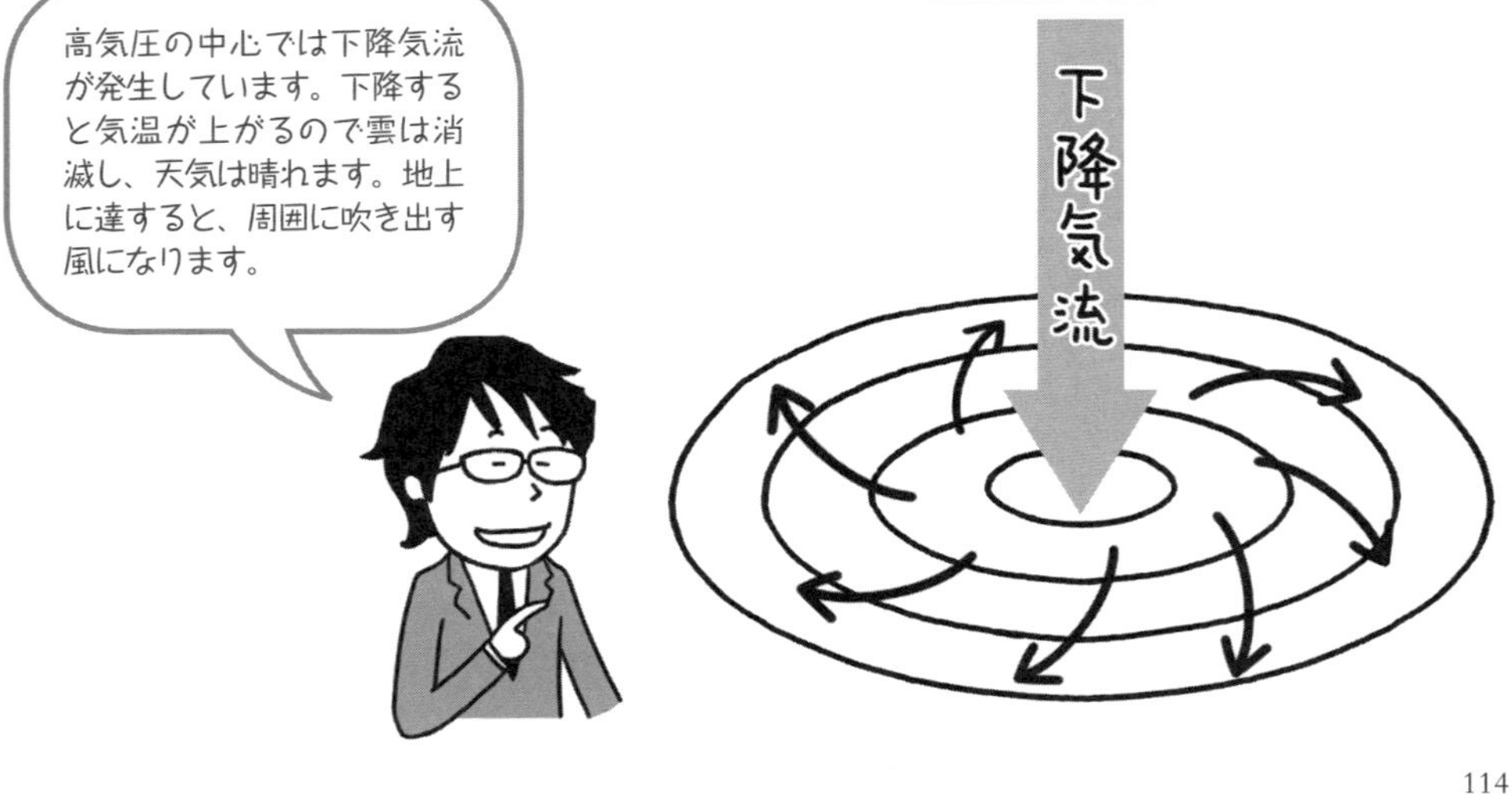
高気圧の中心では下降気流が発生しています。下降すると気温が上がるので雲は消滅し、天気は晴れます。地上に達すると、周囲に吹き出す風になります。
下降気流

温帯低気圧と熱帯低気圧

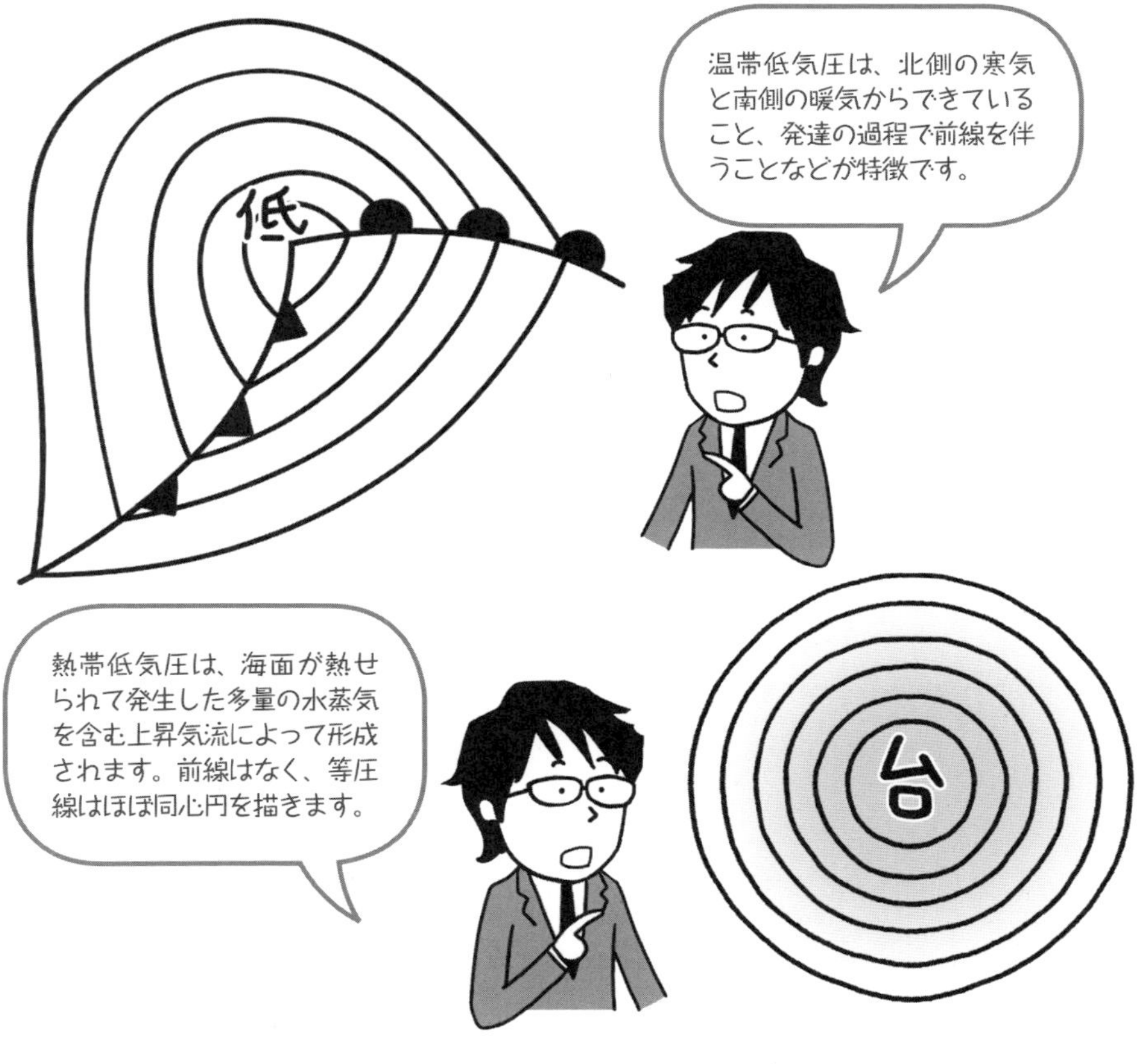
低
温帯低気圧は、北側の寒気と南側の暖気からできていること、発達の過程で前線を伴うことなどが特徴です。
熱帯低気圧は、海面が熱せられて発生した多量の水蒸気を含む上昇気流によって形成されます。前線はなく、等圧線はほぼ同心円を描きます。
台

温帯低気圧は 2種類の空気から成る

高気圧、低気圧は、周囲の気圧との比較によるもので、何hPa以上が高気圧という基準はありません。

高気圧はまわりより気圧が高いので、周囲に向かって風が吹き出します。低気圧はまわりより気圧が低いので風が吹き込みますが、コリオリの力が働くので、**北半球では反時計回り**を描きます。穴に水が吸い込まれるイメージです。中心気圧が低いほど、勢力は強いことになります。

低気圧にも種類がありますが、特に重要なのは**温帯低気圧**と**熱帯低気圧**です。温帯低気圧は**拮抗していた北の寒気と南の暖気の勢力バランスが崩れて発生**し、熱帯低気圧は**湿った暖気が上昇して発生する**という違いがあります。発達して最大風速が約17m／sを超えた熱帯低気圧が台風と呼ばれます（↓P89）。

6-3

雲はどうしてできるのか
～飽和水蒸気量と断熱膨張～

本書では、たびたび「上昇気流によって雲ができる」と解説してきました。雲の正体は小さな水滴であることは、すでにご存じだと思います。でも、どうして空気が上空に運ばれると、水滴ができて雲が発生するのでしょう？

飽和水蒸気量と凝結

飽和水蒸気量はコップと水をイメージすると理解しやすいでしょう。温度によって容量が変わるコップが空気、中の水が水蒸気です。
気温が低下
空気のコップ
キュ～
含まれる水蒸気
1．温度によってサイズが変わる空気のコップがあった場合。中に入れられる水蒸気量の最大値は決まっている（飽和水蒸気量）。
2．気温が下がるとコップのサイズが小さくなるが、含んでいる水蒸気の量は変わらないので限界に近づく。
3．コップが小さくなりすぎて、その温度の飽和水蒸気量では、入っていた水蒸気があふれてしまう。
温度が下がってコップが小さくなり、入り切らなくなってこぼれた水が、凝結した水滴にあたるわけですね。

雲ができるしくみ

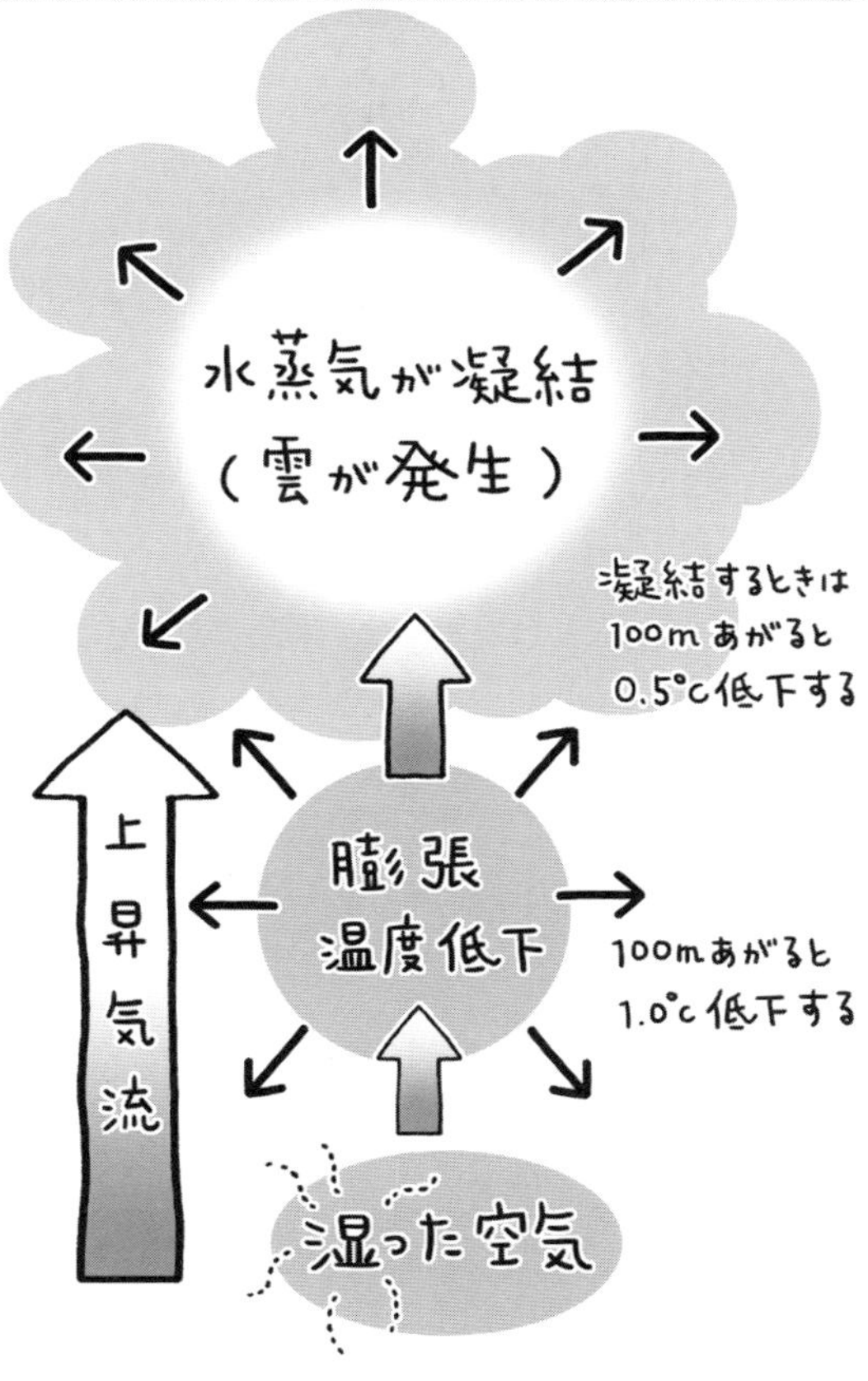
水蒸気が凝結
（雲が発生）
凝結するときは
100m あがると
0.5°C低下する
上昇気流
膨張
温度低下
100m あがると
1.0°C 低下する
湿った空気

空気の上昇とは逆に、雲のある空気の塊が下降気流で地上に向かうと、気圧が高くなるので体積が小さくなります。すると温度も上昇して飽和水蒸気量が大きくなるので、雲は蒸発して消えてしまいます。これを断熱圧縮といいます。高気圧では、このしくみで雲が消滅するので、晴天になります。

上空で膨張すると空気の温度が下がる

空気が含むことができる水蒸気の最大量は、温度によって決まっています。これを**飽和水蒸気量**といい、**温度が高いほど大きく**なります。

飽和水蒸気量を超えた水蒸気は気体の状態を保てないので、空気中の微粒子にまとわりついて水滴になります。これを**凝結**《ぎょうけつ》といいます。

水蒸気を含んだ空気の塊《かたまり》が上昇すると、上空は気圧が低いので、まわりと同じ気圧になろうとして膨張します。このとき、空気のもっている熱が膨張のためのエネルギーとして使われるため、上昇した空気の温度は下がります。すると飽和水蒸気量も小さくなるので、**許容量を超えた分の水蒸気は凝結して水滴になります**。これが雲です。

この膨張は、外部との熱交換を伴わないため、**断熱膨張**と呼ばれます。

6-4

雨を降らせるのはどんな雲？
～雲のいろいろ～

空に目を向けると、いろいろな形の雲が浮かんでいます。それぞれの雲には、どのような特徴があるのでしょう。特に気になるのは、雨を降らせる雲です。雨の降り方も、雲の種類と関係があるのでしょうか？

雨を降らせる雲は主に2つ

●積乱雲

2010年8月23日　©Kazuya Shimizu

夏の入道雲や寒冷前線の雲に代表される背の高い雨雲で、激しい雨を降らせます。雷や竜巻を伴うこともあるので、十分な警戒が必要です。

●乱層雲

温暖前線に伴う横方向に広い雨雲。雨を長時間降らせるのが特徴です。

2014年11月29日　©Kazuya Shimizu

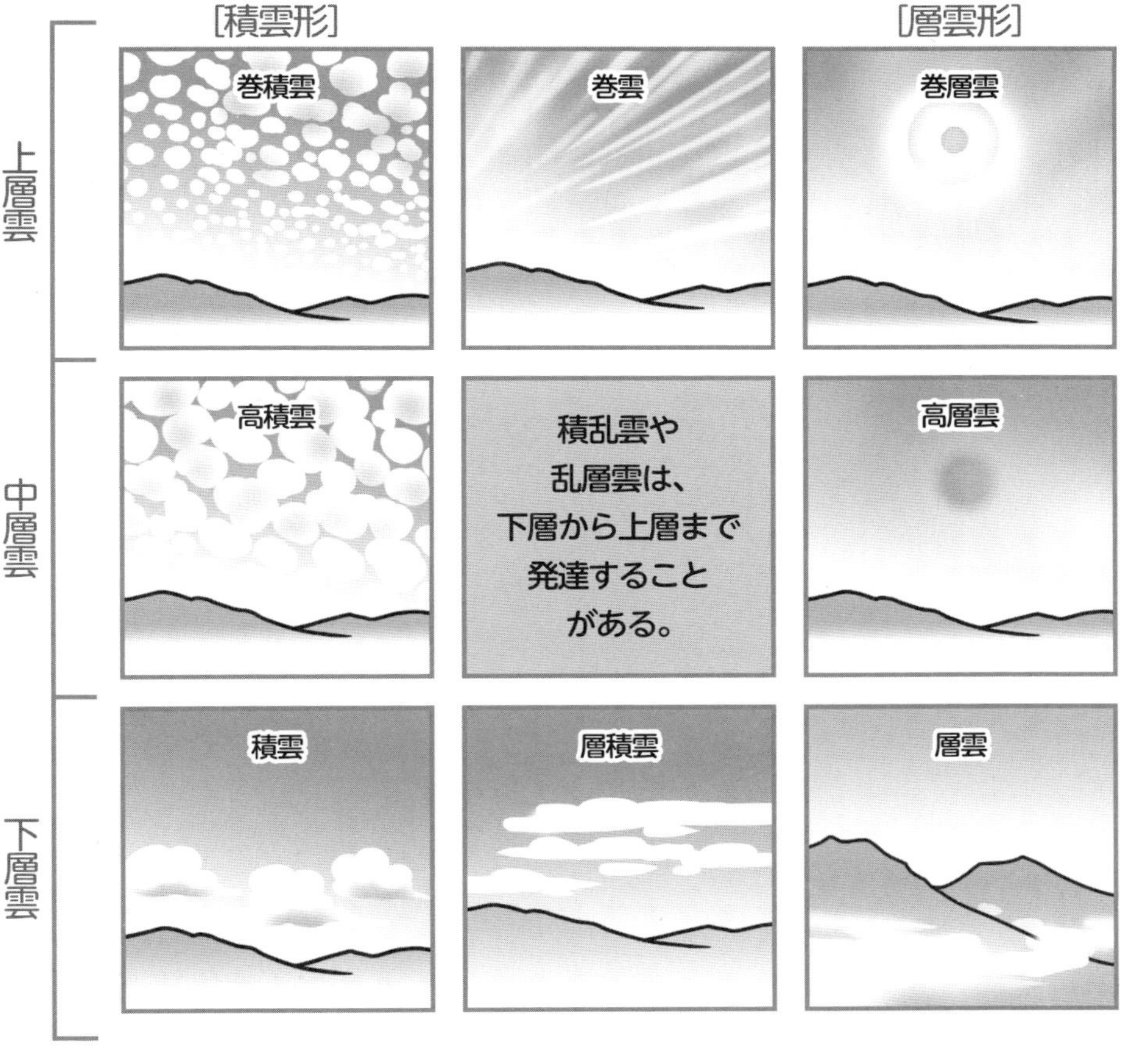

豪雨を降らせる積乱雲に注意せよ

雲は発生する高度により、**上層雲**、**中層雲**、**下層雲**に、また形から、縦方向に伸びる積雲形、横方向に広がる層雲形にも分けられます。雲をつくっている粒にも違いがあります。名前に「巻《けん》」がつく3つの上層雲は、氷晶からできています。

雲形は全部で10種あります。これはWMO（世界気象機関）によって規定された世界共通の分類です。

雨を降らせる雲は主に2種類で、乱層雲と積乱雲です。**乱層雲はしとしと長時間にわたり雨を降らせる**のが特徴で、温暖前線に伴って発生します。一方、**積乱雲は狭い範囲に強い雨を降らせ**、集中豪雨となることも珍しくありません。寒冷前線の雲はこれで、雷や竜巻などの突風を伴うこともあるので要注意です。層雲も弱い雨を降らせることがあります。

6-5 「不安定な大気」とはどういう状態？
～上昇気流の発生～

天気予報で「大気が不安定になっている」という表現をよく耳にします。積乱雲を発生させる激しい上昇気流が起きやすくなっている状態です。雨雲を発達させる上昇気流は、どのようなときに起きるのかをみてみましょう。

不安定な大気と安定した大気

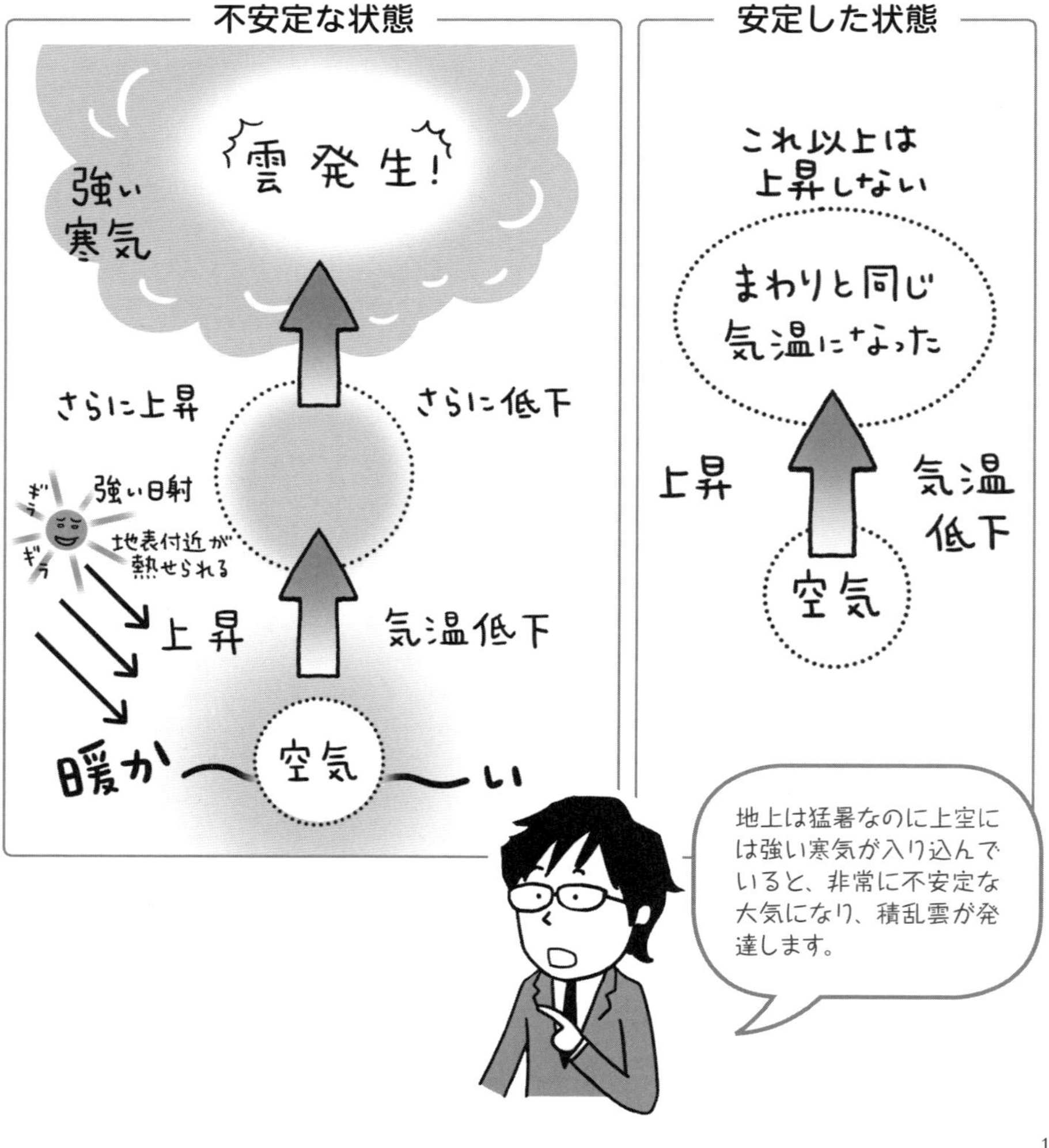

不安定な状態
強い寒気
雲発生！
さらに上昇
さらに低下
強い日射
ギラ
ギラ
地表付近が熱せられる
上昇
気温低下
暖か～空気～い
安定した状態
これ以上は上昇しない
まわりと同じ気温になった
上昇
気温低下
空気
地上は猛暑なのに上空には強い寒気が入り込んでいると、非常に不安定な大気になり、積乱雲が発達します。

そのほかの上昇気流発生の要因

前線に伴う上昇気流

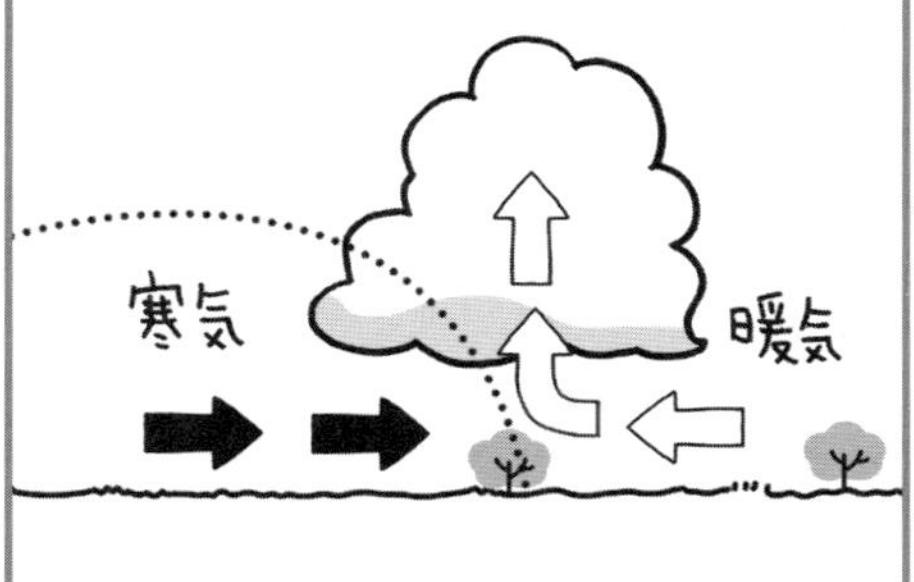

寒気と暖気の接点で暖気が押し上げられる

地形性上昇気流

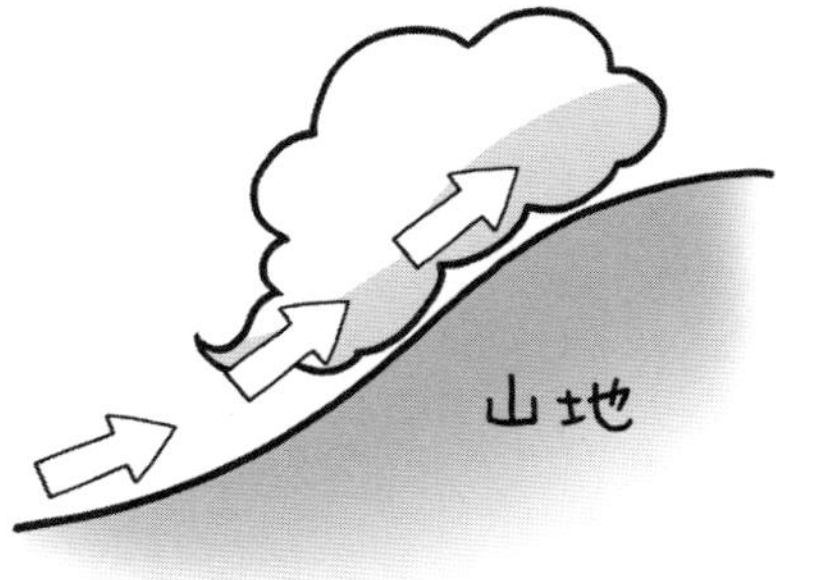

山にぶつかった風が斜面を上る

積乱雲の下降気流による上昇気流

成熟期の積乱雲から放出された
下降気流が周囲の暖気を押し上げる

低気圧に伴う上昇気流

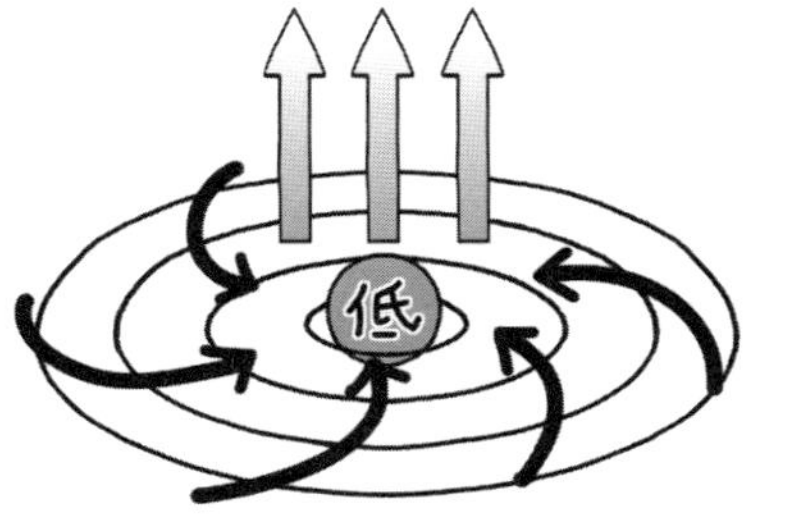

吹き込んだ地上付近の風が行き場を失って上昇する

不安定な大気は積乱雲が発生しやすい

地上付近の空気が暖められると、軽くなって上昇し始めます。これが上昇気流ですが、ある高さで周囲の温度と同じになると、上昇は止まり、大気は「安定」します。

しかし、まだ気温差が大きいと、空気はさらに上昇し、途中で水蒸気が凝結して雲ができます。上空の気温が低く、地上との気温差が大きいほど上昇気流は強くなり、雲は発達します。このときの大気は、冷たく重い空気が上に、暖かく軽い空気が下にあるので「不安定」と表現します。地表が太陽に強く熱せられる夏によくみられる状態で、これによって発生する上昇気流を**対流性上昇気流**といいます。上昇気流はこのほか、上図のような要因でも発生します。山がちな日本は、**地形性上昇気流**が多く発生します。

6-6

「前線」とは何だ？
～温暖前線、寒冷前線、閉塞前線、停滞前線～

「前線」も天気予報などで耳慣れた言葉でしょう。温暖前線、寒冷前線、停滞前線……名前は知っていても、それぞれどう違うか、わかりますか？　前線が近づくと雨になりますが、その降り方も、前線によって違いがあります。

温暖前線

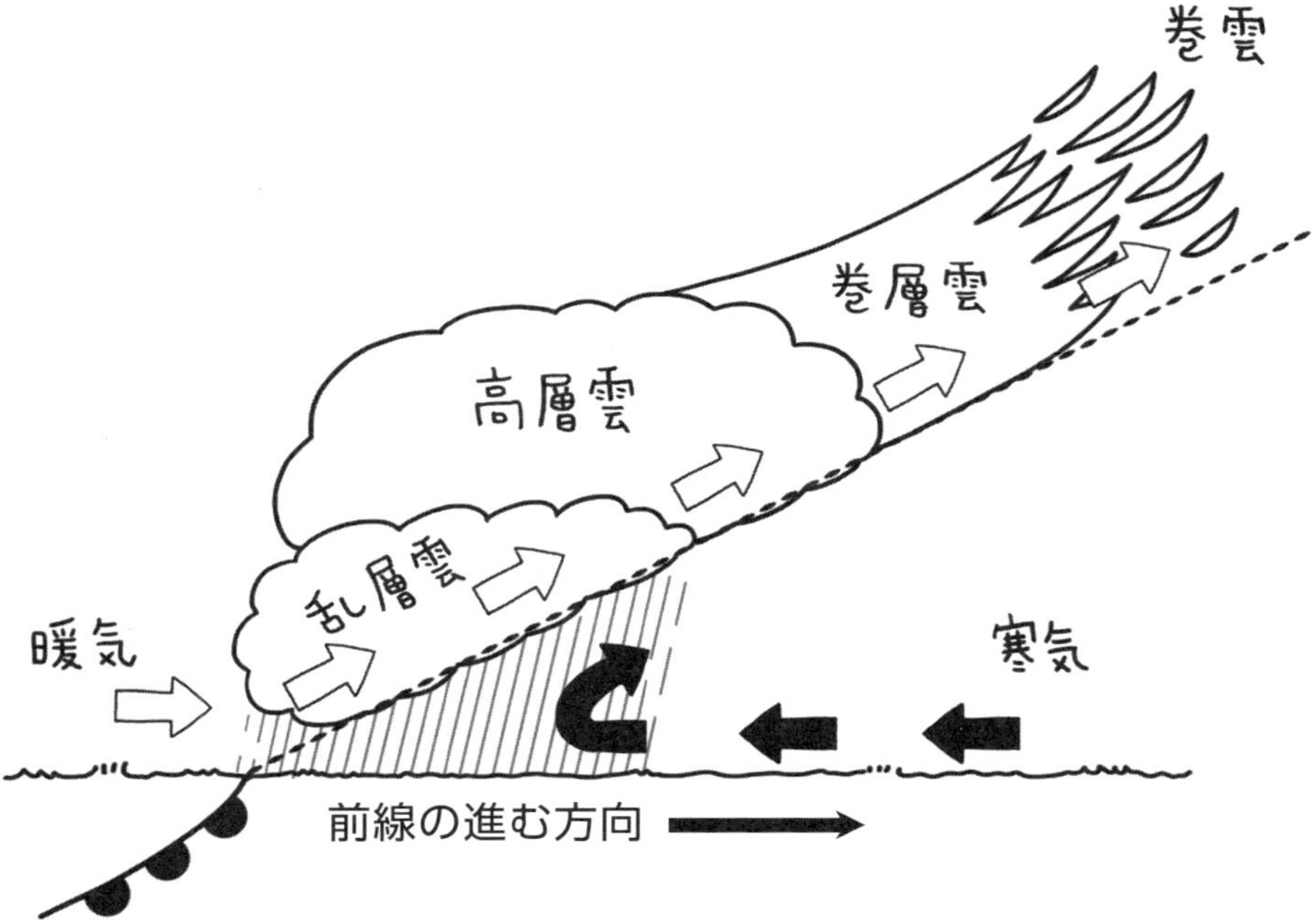

巻雲
巻層雲
高層雲
乱層雲
暖気
寒気
前線の進む方向

横方向に伸びる雲ができるのですね。
通過後は気温が上昇するので温暖前線といいます。雨が降るのは前線の主に北側、つまり寒気がある側です。

寒冷前線
高積雲
巻雲
積乱雲
寒気
積雲
暖気
前線の進む方向
こちらは縦に雲が発達するのですね。
通過後は気温が下がるので寒冷前線といいます。雨が降るのは前線の付近のせまい範囲です。

大雨や突風をもたらす寒冷前線に注意せよ

「前線」とは暖気と寒気の境界面が地上に接する位置です。これを境に両側の気温や風が異なるので、かつては「空気が連続していない」という意味で「不連続線」とも呼ばれました。あくまで地上に描かれる線なので、雨の降る範囲などは立体構造から判断する必要があります。

前線は4つの種類に分けられますが、基本は温帯低気圧に付随して2方向に伸びる**温暖前線**と**寒冷前線**です。**温暖前線は暖気が寒気の上に乗り上げて上昇気流となる前線**で、乱層雲が発生し、通常は弱い雨を長時間降らせます。

一方、**寒冷前線は寒気が暖気の下にもぐり込んで押し上げ、上昇気流を発生させる前線**で、積乱雲が狭い範囲に短い時間、強い雨を降らせます。通過の際に突風が吹くこともあります。

寒冷前線と温暖前線が合体してできる閉塞前線

温暖前線と寒冷前線は、低気圧を左回りに巻き込むように移動します。寒冷前線のほうが速いため、低気圧に近いほうから温暖前線に追いつき一体化します。これが**閉塞前線**です。この前線は低気圧の末期にでき、寒気が地上付近を覆って暖気は上空に押し上げられ、やがて前線は消えていきます。

一方、**停滞前線**は寒気と暖気の勢力が拮抗しているときにできる前線で、前線に直交する南北方向にはなかなか移動しません。そのため、雨は長く降り続きます。暖気が寒気に乗り上げるので温暖前線と似た立体構造で、乱層雲が発生します。しかし、前線は小さく波を打っており、寒気が暖気を押し上げる部分もあるため、積乱雲が発生して大雨になることも多々あります。

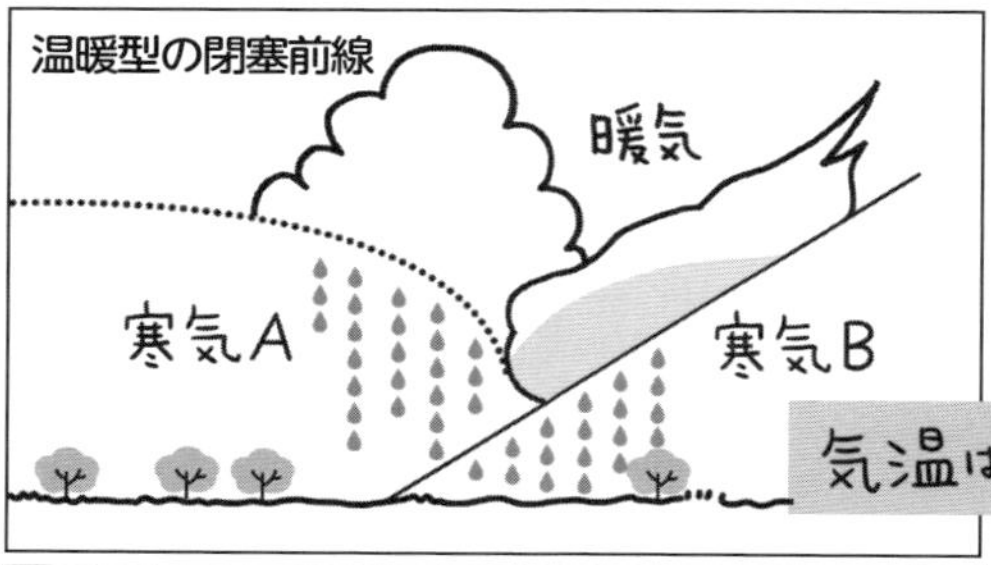
温暖型の閉塞前線
暖気
寒気A
寒気B
気温はA＞B

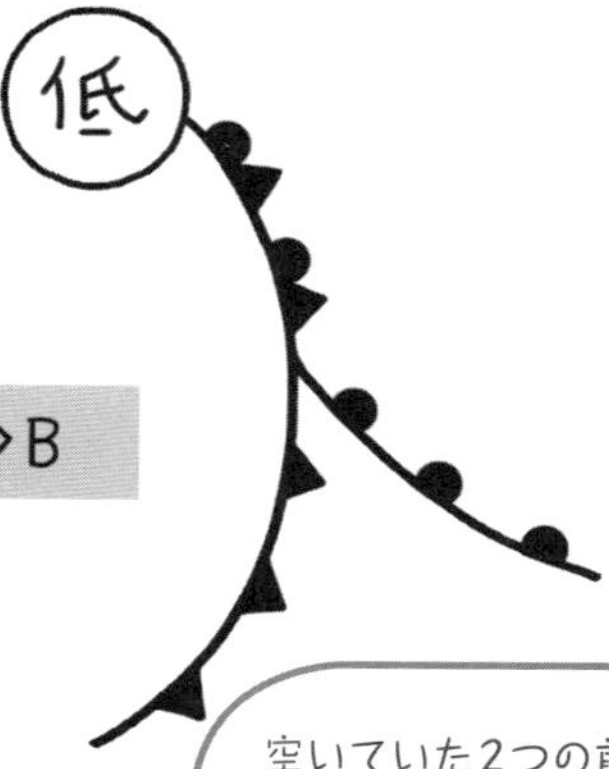
低

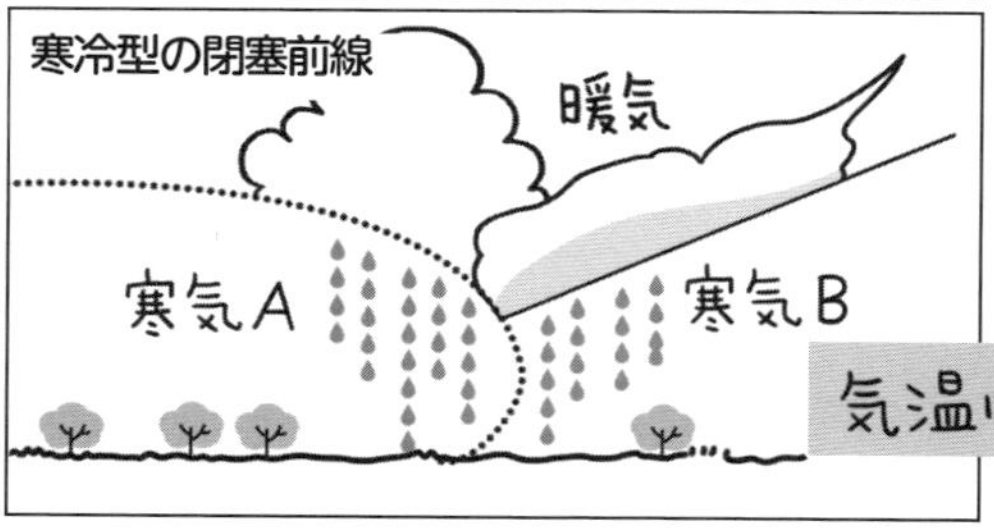
寒冷型の閉塞前線
暖気
寒気A
寒気B
気温はA＜B

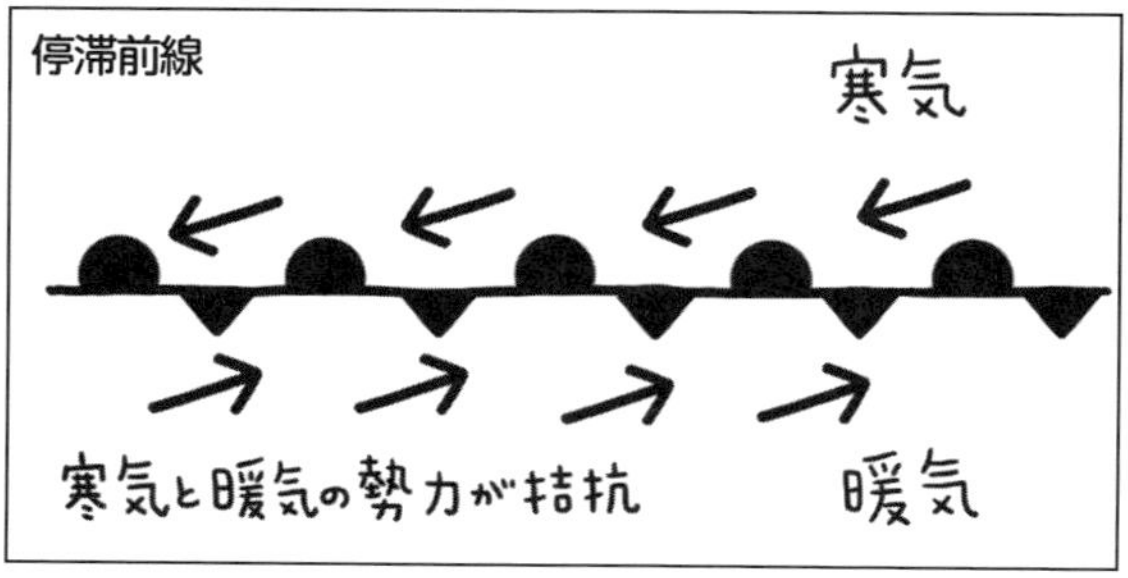
停滞前線
寒気
寒気と暖気の勢力が拮抗
暖気

空いていた2つの前線のあいだが閉じて描かれるので「閉塞前線」といいます。地上を覆う2つの寒気の温度差によって、寒冷型と温暖型に分類されます。

前線の一生

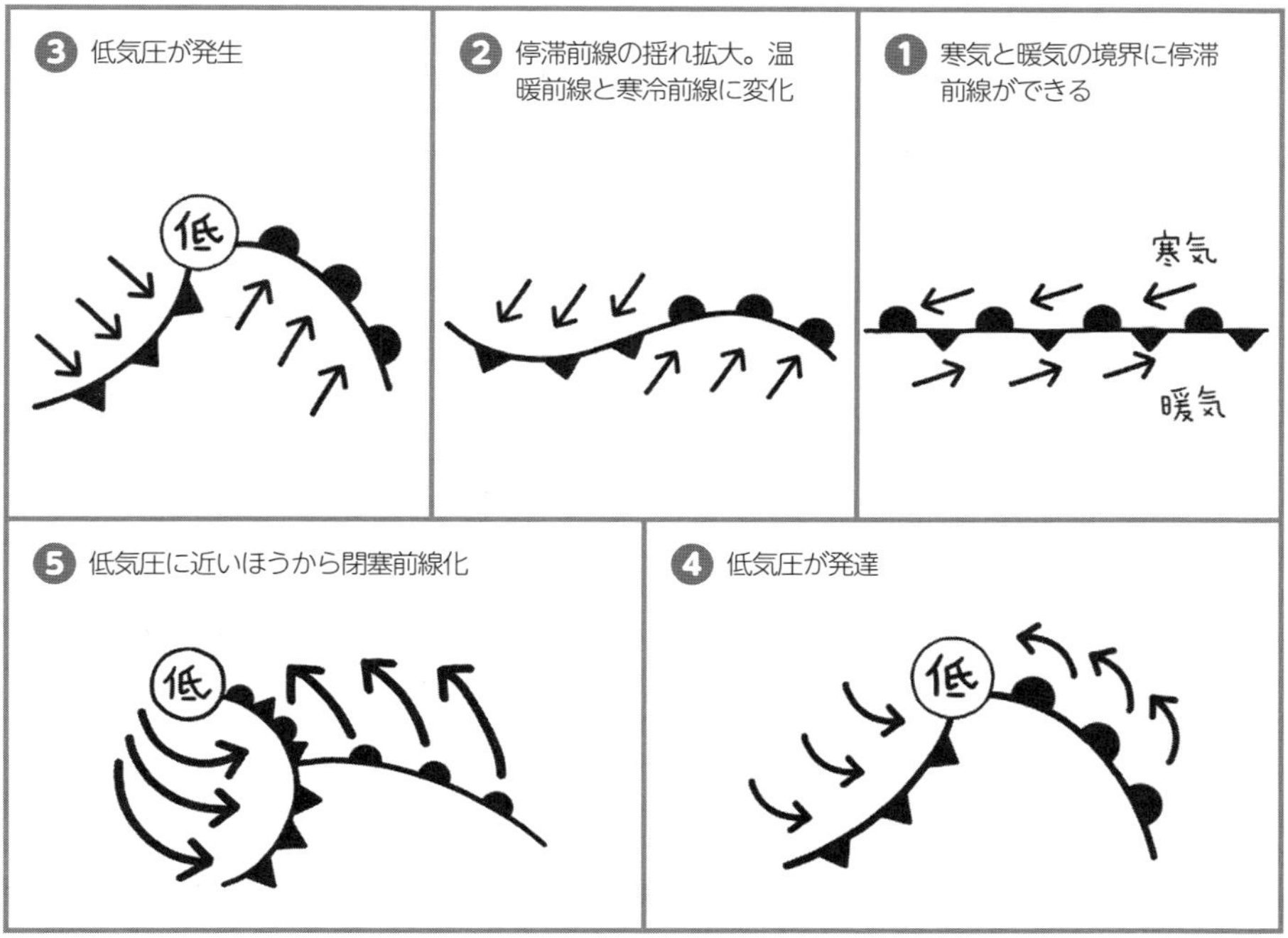

③ 低気圧が発生
低
② 停滞前線の揺れ拡大。温暖前線と寒冷前線に変化
① 寒気と暖気の境界に停滞前線ができる
寒気
暖気
⑤ 低気圧に近いほうから閉塞前線化
低
④ 低気圧が発達
低

停滞前線に始まり閉塞前線に終わる

長期間にわたり雨を降らせる前線は、ほとんどが停滞前線です。梅雨《ばいう》前線《ぜんせん》や秋雨前線《あきさめぜんせん》が典型的な例です。

ところで、前述した停滞前線の小さな揺れが次第に大きくなると、暖気と寒気の均衡が崩れて左向きに回り始め、中心の気圧が低下して温帯低気圧が発生します。こうなると停滞前線は温暖前線と寒冷前線に変化し、低気圧を巻き込む方向に動き始めます。その後、閉塞前線ができて低気圧は衰えて消滅します。

前線は寒気と暖気の境にできるので、暖気だけでできている台風などの熱帯低気圧には前線がありません。

一方、ごく狭い地域で暖気と寒気がぶつかり、小規模な前線ができることもあります。この前線の多くは天気図には描かれませんが、天候に大きく影響します。

6-7

天気が西から変わる理由
～偏西風と低気圧の移動～

日本付近の天気は基本的に西から東へと移り変わります。前ページで「前線の一生」を図示しましたが、西から東、北東へと移動しながら変化していきます。なぜ「西から東」なのか？……それは、偏西風が吹いているからです。

天気の移り変わり　2014年3月24〜29日

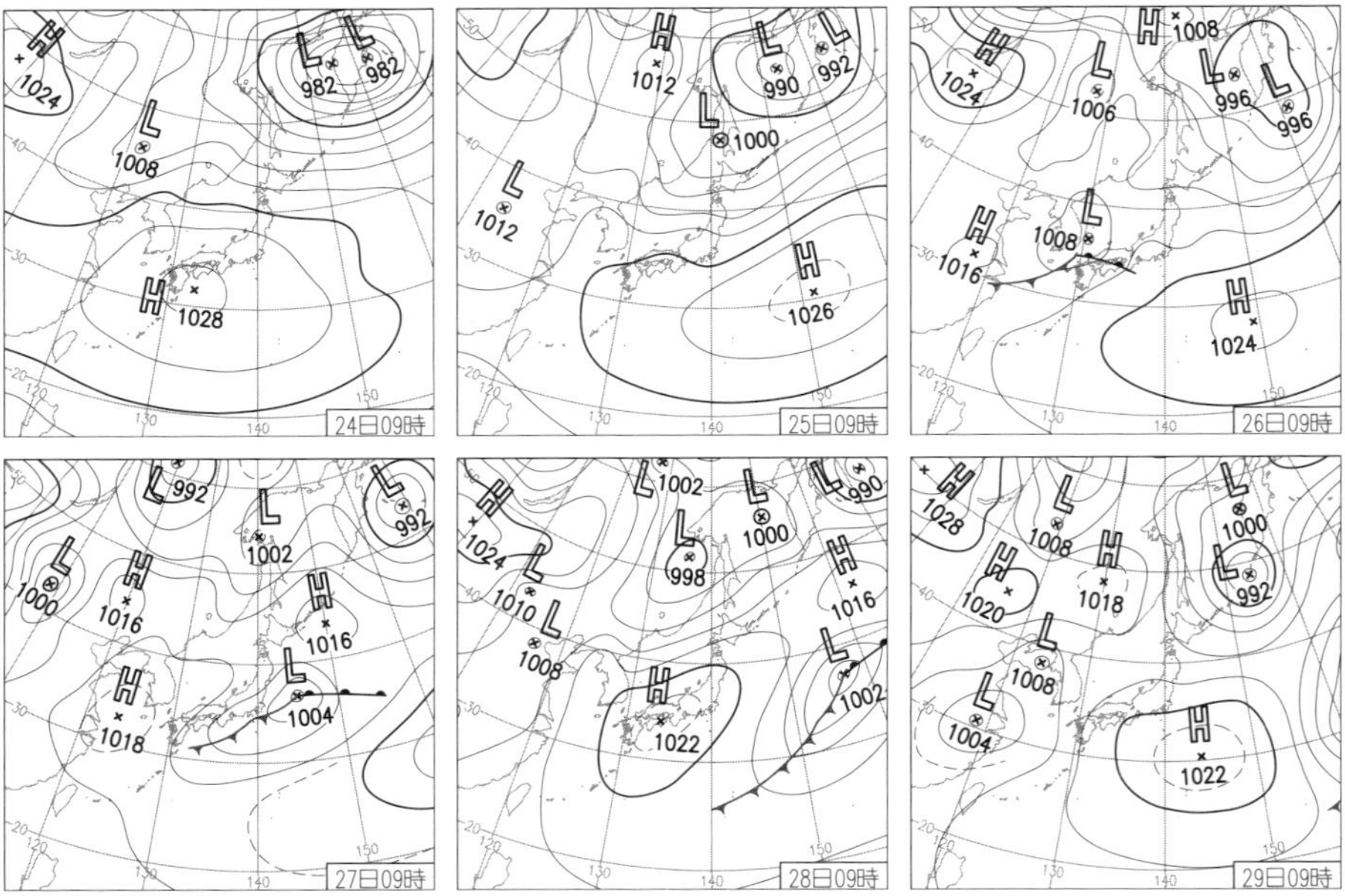
24日09時
25日09時
26日09時
27日09時
28日09時
29日09時

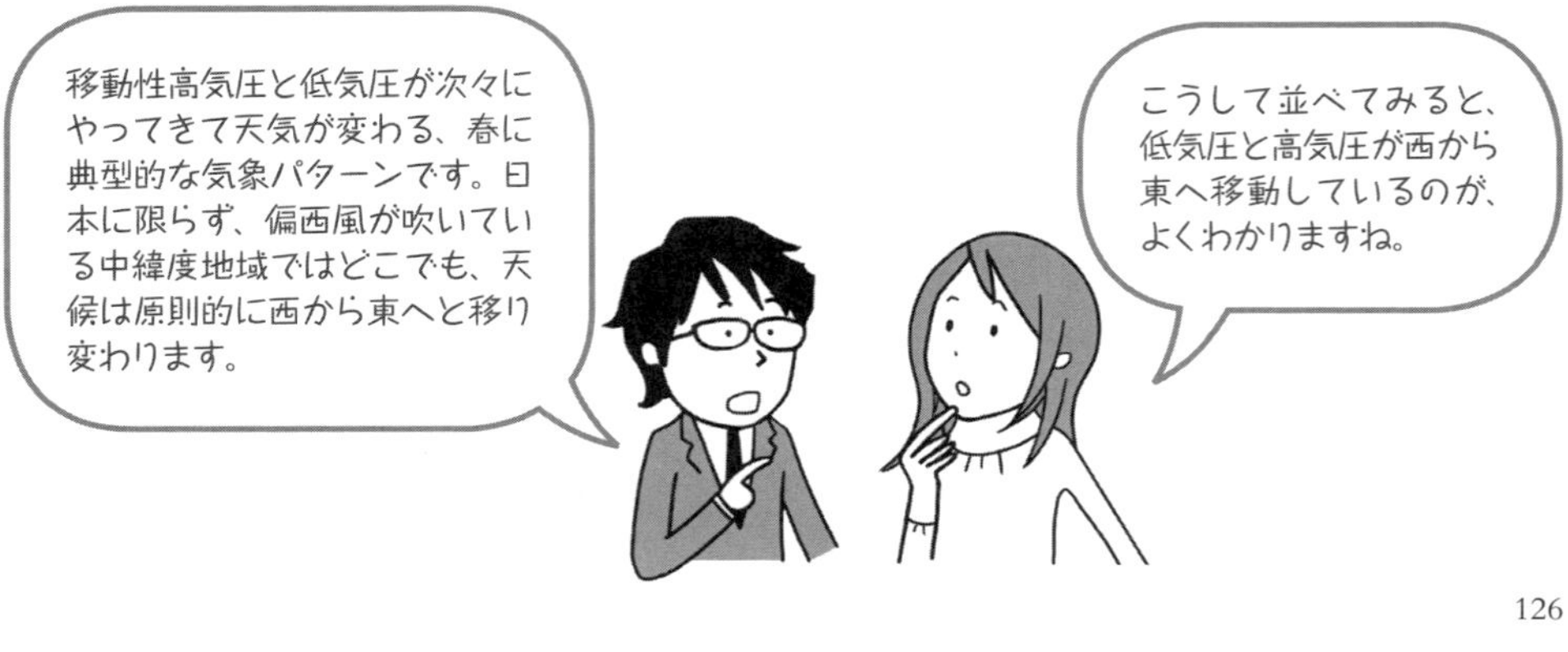
移動性高気圧と低気圧が次々にやってきて天気が変わる、春に典型的な気象パターンです。日本に限らず、偏西風が吹いている中緯度地域ではどこでも、天候は原則的に西から東へと移り変わります。
こうして並べてみると、低気圧と高気圧が西から東へ移動しているのが、よくわかりますね。

日本付近を通る主な低気圧のルート

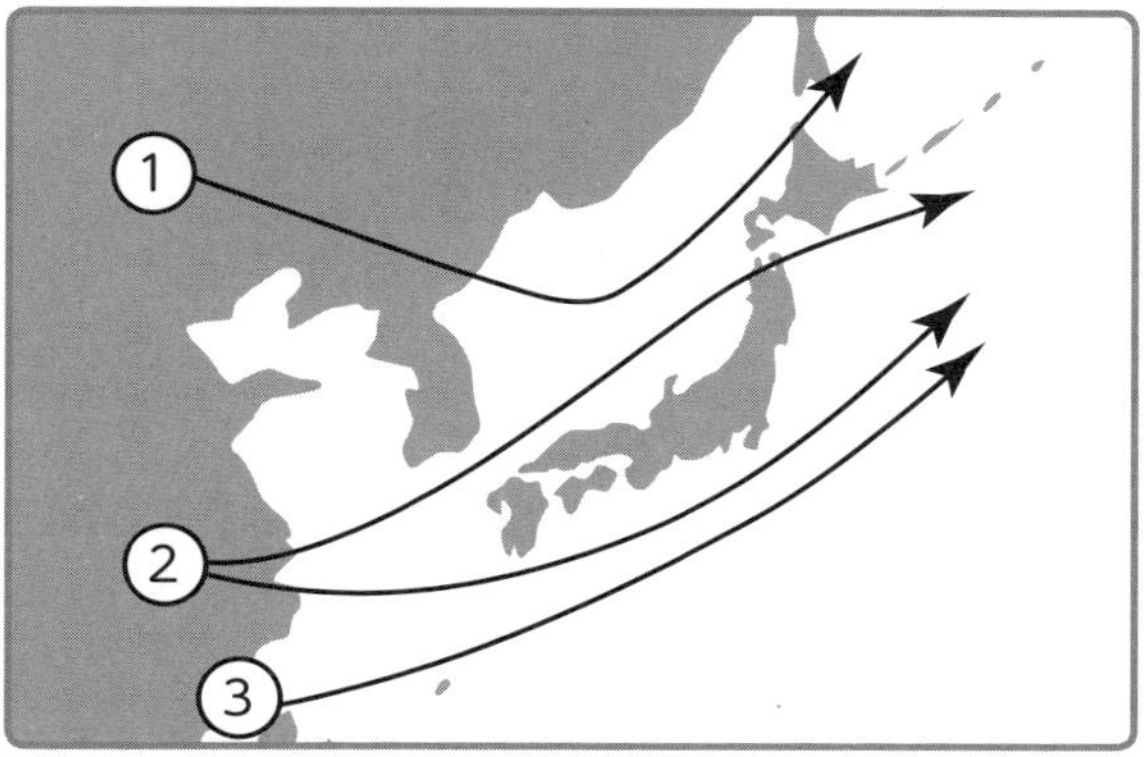
1
2
3

※石垣島地方気象台ホームページより

日本列島付近を通る低気圧は、主に中国大陸やその近海で発生します。また、シベリアで発生した低気圧が北海道方面にやってくることもよくあります。

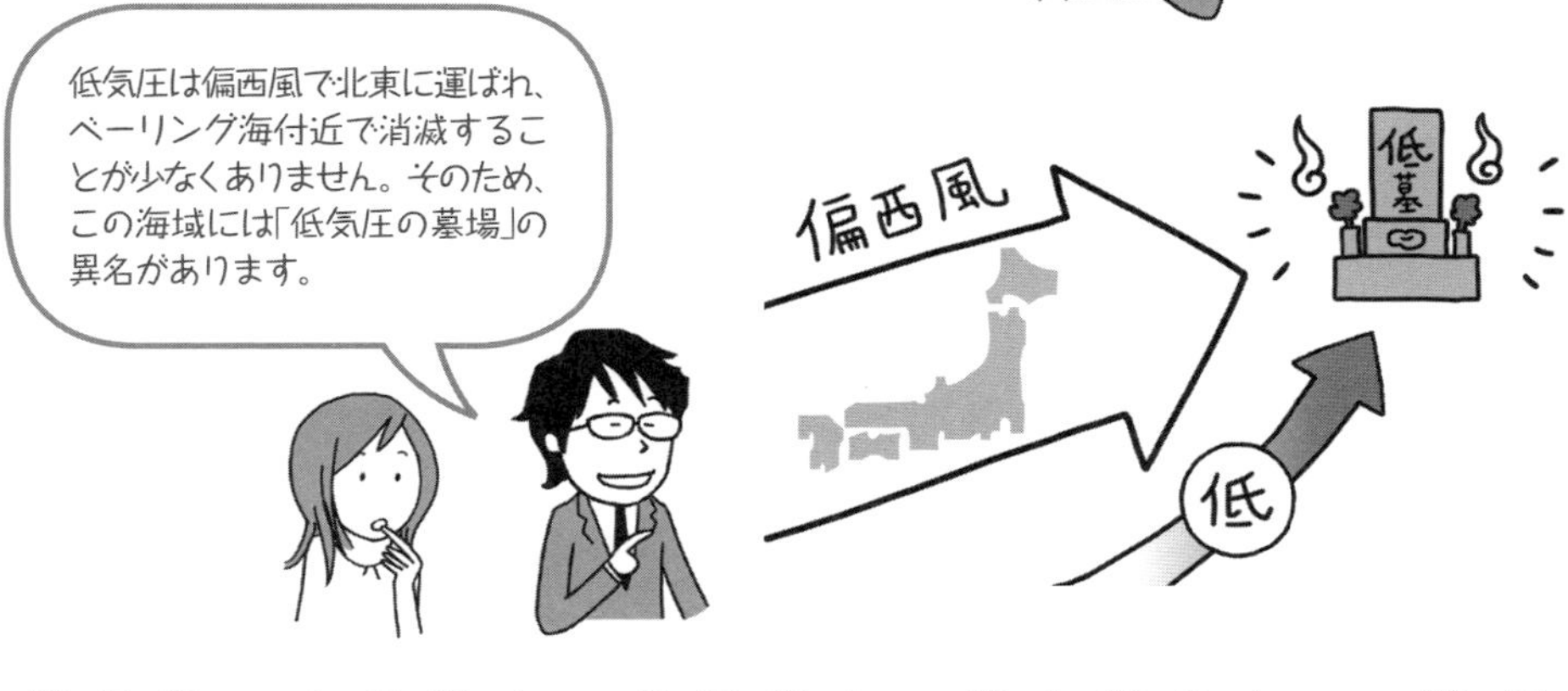
低気圧は偏西風で北東に運ばれ、ベーリング海付近で消滅することが少なくありません。そのため、この海域には「低気圧の墓場」の異名があります。
偏西風
低
墓
低

偏西風が天気を運ぶ 晴れも雨も風まかせ

偏西風は、大気の大循環に伴って中緯度地方に吹いている西寄りの風のことです（↓P43）。この風に温帯低気圧や移動性高気圧が流されるため、**日本付近の天気は西から東へ移っていく**わけです。

ただ、偏西風の吹き方は一様ではなく、特に上空のジェット気流は蛇行するなど変動が大きいので、低気圧が毎回同じ経路を通るわけではありません。まさに〝風まかせ〟です。

低気圧の進路にはパターンがあります。主に**4つ**あり、季節によって出現傾向も異なります。例えば図中の③は、いわゆる南岸低気圧のルートで、春先に多くなります。

なお、ブロッキング（↓P46）が起こると、偏西風による低気圧や高気圧の移動が妨げられ、**同じ天候が長く続く**ことがあります。

6-8

台風は日本ばかりを狙う？
～貿易風、偏西風と台風～

夏から秋にかけての日本は「台風シーズン」となりますが、台風はどうして日本へやってくるのでしょう？　毎年、狙ったかのようなコースをたどるのでまるで台風には意思があるようにも思えてきます。さて、実際は……？

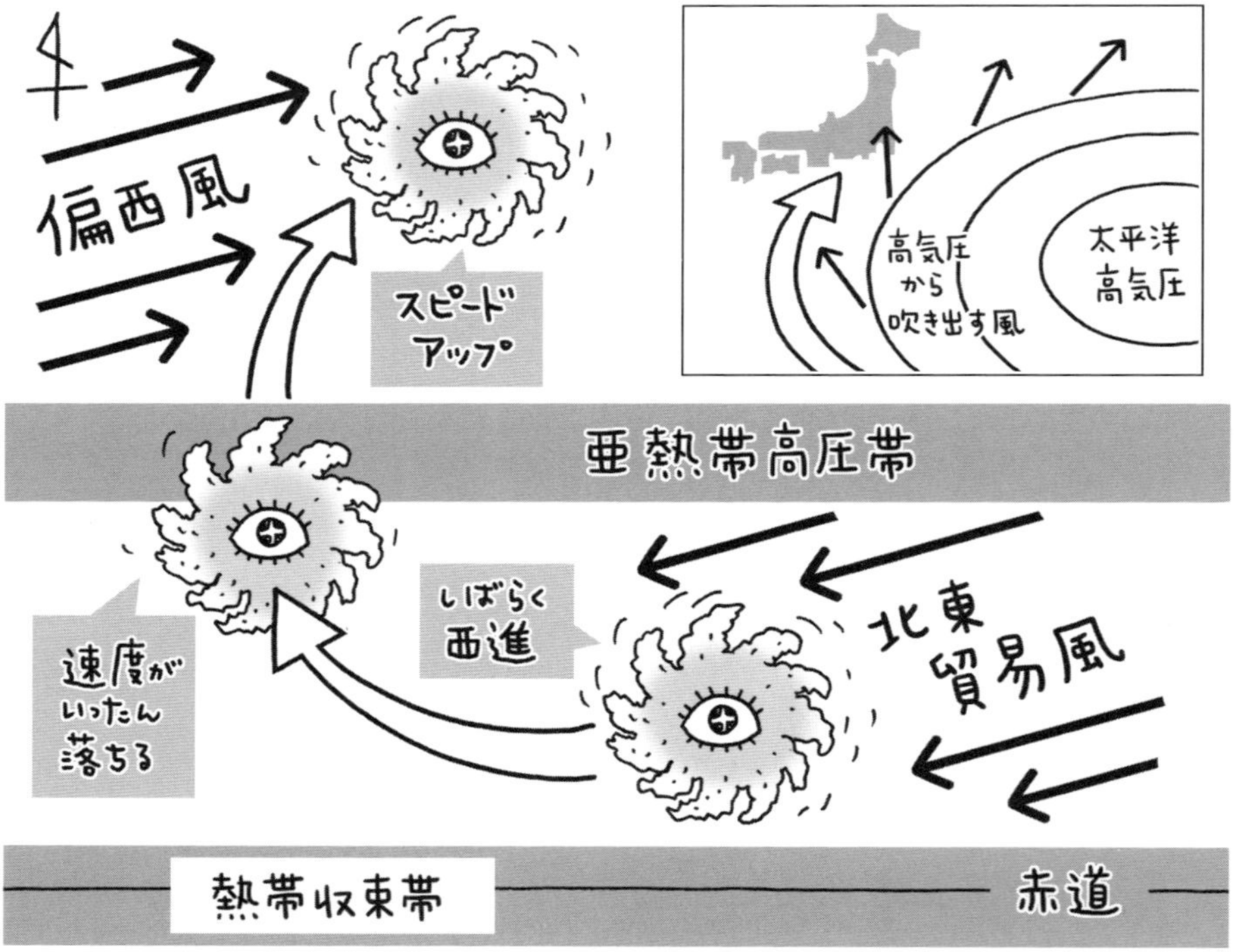

偏西風
スピードアップ
高気圧から吹き出す風
太平洋高気圧
亜熱帯高圧帯
しばらく西進
北東貿易風
速度がいったん落ちる
熱帯収束帯
赤道

熱帯収束帯は台風発生の条件がそろったエリアですが、北緯5度～南緯5度では発生しません。コリオリの力が小さいためと考えられます。
太平洋高気圧が夏のあいだは強い勢力を保っているので、台風は日本に近づけませんが、秋が近づくにつれて衰えてくるので、台風は次第に日本に接近するようになります。

2013年と2014年に日本に上陸した台風の経路

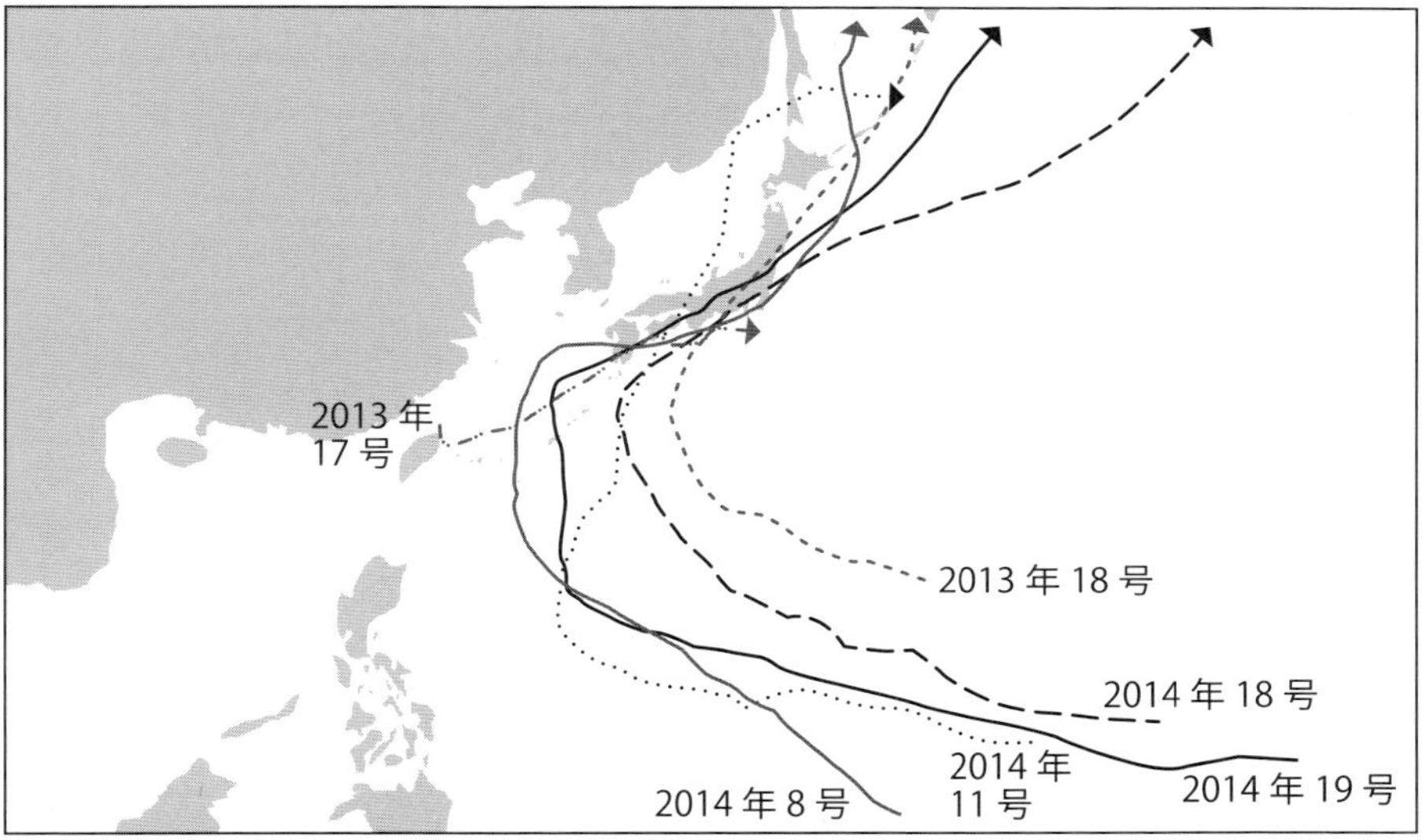
2013年17号
2013年18号
2014年18号
2014年11号
2014年8号
2014年19号

※熱帯低気圧および温帯低気圧の時期を含む。気象庁ホームページの資料に基づいて作成

台風の影響を繰り返し受ける地域は、昔はよく「台風銀座」と呼ばれました。
本当に狙ったように日本にやってきますね。

最初は貿易風で西へ偏西風に乗ると東へ

台風などの熱帯低気圧は、温暖な海水面から蒸発した、水蒸気を多く含む上昇気流で形成されます。**熱帯低気圧が多く発生するのは北東貿易風が吹いている海域**であり、発生後はしばらく西方へ進みます。台風に自力で進む力はなく〝風まかせ〟です。

ただし、貿易風は常時真西へ吹いているわけではなく、太平洋高気圧から吹き出す風も影響するので、北上する力も加わります。亜熱帯高圧帯でいったんスピードが落ちますが、それを過ぎて偏西風に乗ると、進行方向を東に変えて速度を上げます。その先に日本列島があります。

気圧配置をみると、台風の進路は太平洋高気圧の縁に沿っていることがわかります。日本に台風が多く到来するのは、あくまで偶然の結果にすぎません。

6-9

四季折々の気圧配置

〜なぜ日本には梅雨がある？〜

四季が明瞭な日本には、それぞれの季節ならではの風景があります。同様に気圧配置も、季節ごとの典型があります。四季は気象現象の反映ですから当然です。各季節の代表的な気圧配置を、実際の天気図で紹介します。

梅雨時の気圧配置

2012年6月11日

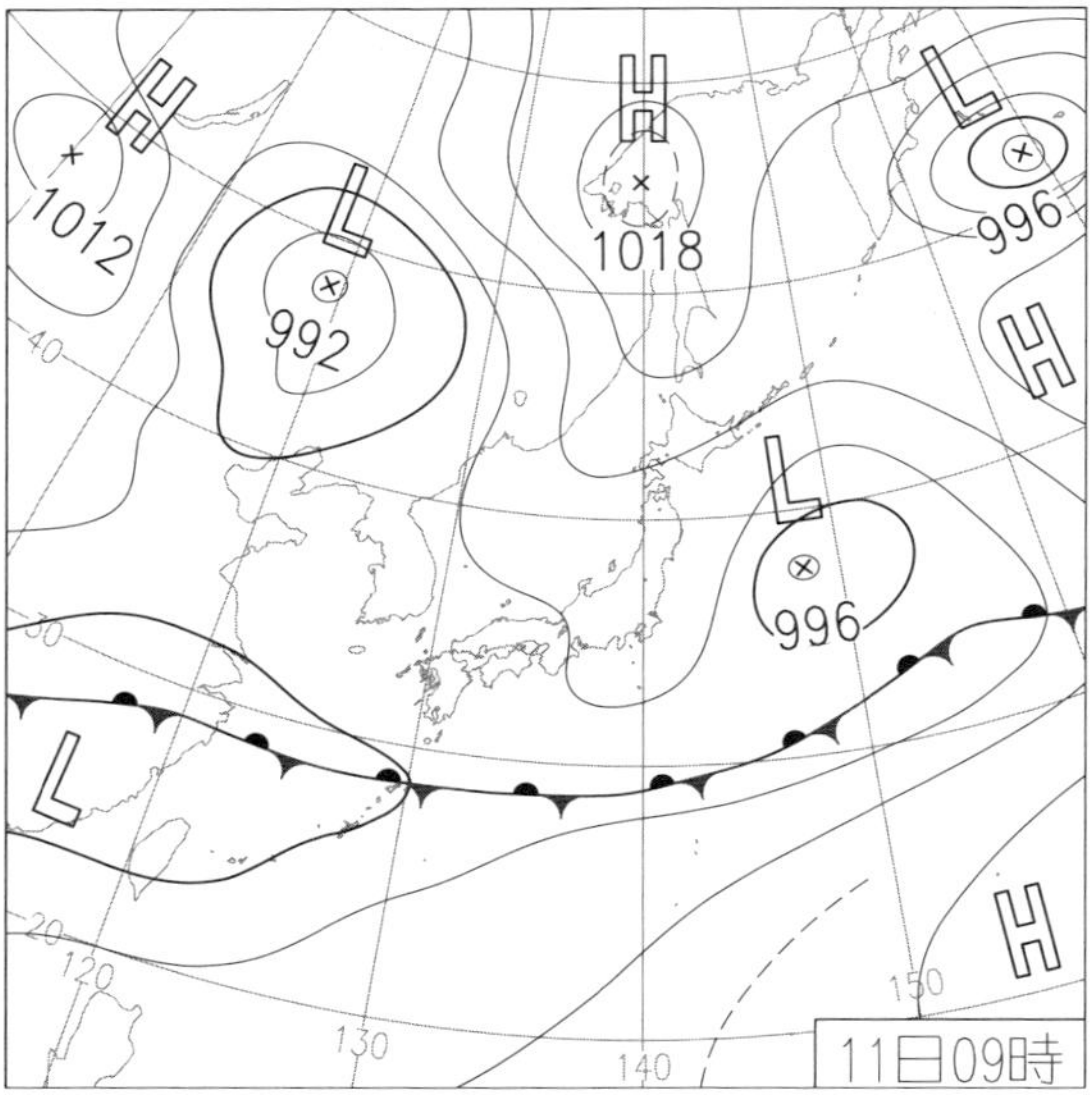

H
L
1012
992
1018
996
L
996
L
H
H
11日09時

2012年7月17日

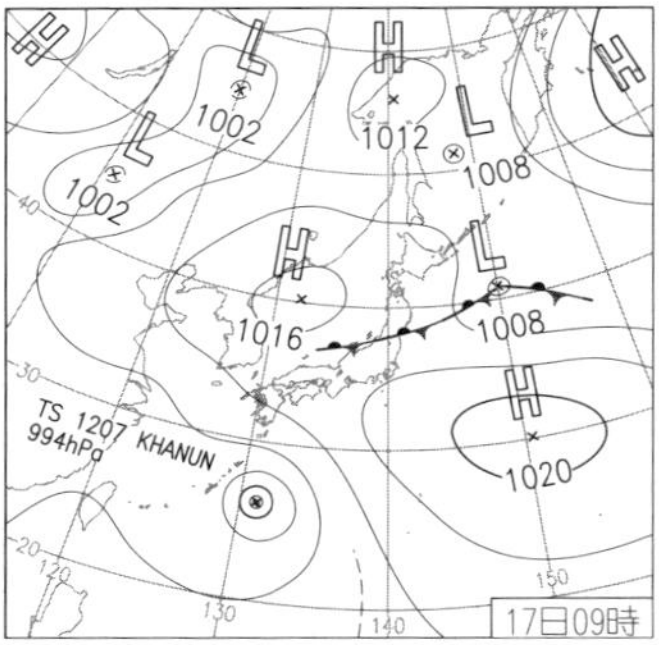

1002
1002
1012
1008
1016
1008
1020
TS 1207 KHANUN
994hPa
17日09時

長〜く延びる梅雨前線が印象的ですね。
梅雨の初期の天気図です。ある性質をもつ空気の塊を「気団」といいますが、小笠原気団が強くなって前線を北に押し上げるまでこの状態が続きます。右上は四国と中国地方で梅雨明けしたときの天気図です。

夏の気圧配置

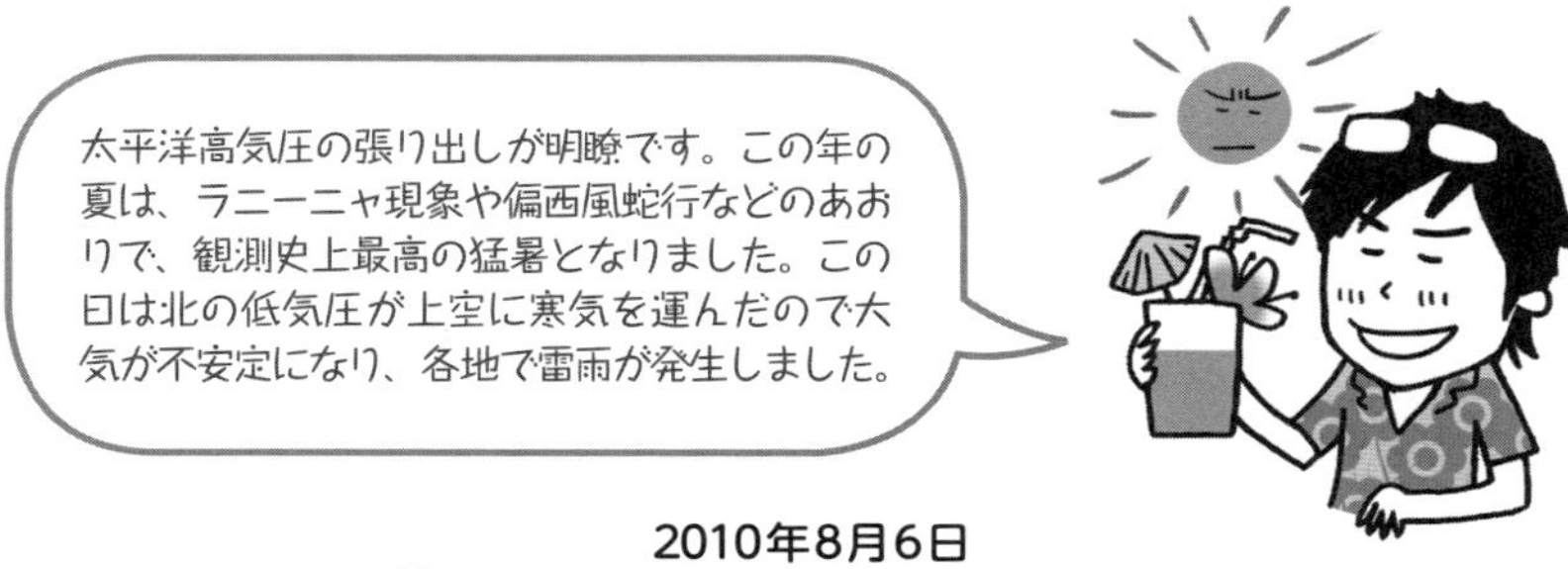
太平洋高気圧の張り出しが明瞭です。この年の夏は、ラニーニャ現象や偏西風蛇行などのあおりで、観測史上最高の猛暑となりました。この日は北の低気圧が上空に寒気を運んだので大気が不安定になり、各地で雷雨が発生しました。

ゴロゴロ
ピカッ

2010年8月6日

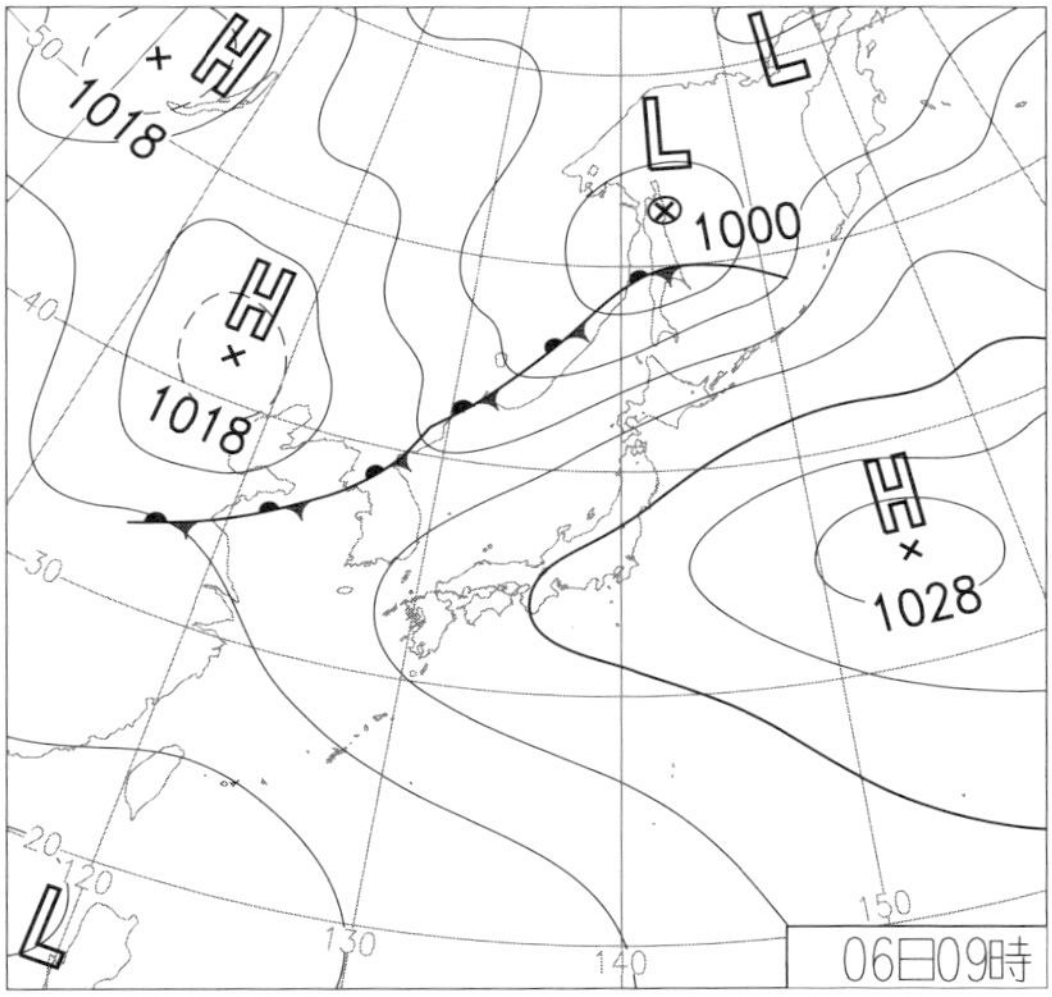
H
L
L
1018
1018
1000
1028
50
40
30
20
120
130
140
150
06日09時

梅雨は南北のせめぎ合い 南が勝利して夏が到来

日本の特徴的な気象現象といえば「梅雨《つゆ》」でしょう。**長雨を降らせる梅雨前線は、太平洋高気圧に由来する温暖な小笠原気団と、オホーツク海高気圧に由来する寒冷なオホーツク気団の境界で形成**されます。

両者の勢力が拮抗しているため長期間停滞しますが、やがて太平洋高気圧の勢力が勝って梅雨前線を北へ押し上げます。その結果「梅雨明け」となり、夏が到来します。

夏は太平洋高気圧が張り出し、気圧は南が高く北が低い「**南高北低型**」の配置になります。高気圧から吹き出す熱く湿った空気で蒸し暑くなりますが、フェーン現象が起こると、日本海側でさらに気温が上昇します。加えて、北の低気圧が冷たい空気を上空に運んで大気が不安定となると、激しい雷雨が発生します。

秋の初めは降水量が多い 中盤から〝秋晴れ〟に

夏が終わりに差しかかると、日本付近に「**秋雨前線**」が現れて長雨を降らせるようになります。秋雨前線は梅雨前線同様、**太平洋高気圧と北の高気圧（シベリア高気圧や移動性高気圧など）がせめぎ合っている場所**にできますが、梅雨ほどの長雨にはなりません。ただ、秋は台風シーズンなので、台風が接近して湿った暖気を前線に送ると、激しい雨を降らせる場合があります。そのため初秋は意外に降水量が多くなります。

太平洋高気圧の勢力が衰え、秋雨前線が南下して消滅すると、移動性高気圧と低気圧が交互に日本列島を通過するようになって、天候は定期的に変化します。複数の移動性高気圧が東西に連なった「**帯状高気圧**」が来ると、雲の少ない〝秋晴れ〟が長続きします。

秋の気圧配置

2013年9月3日

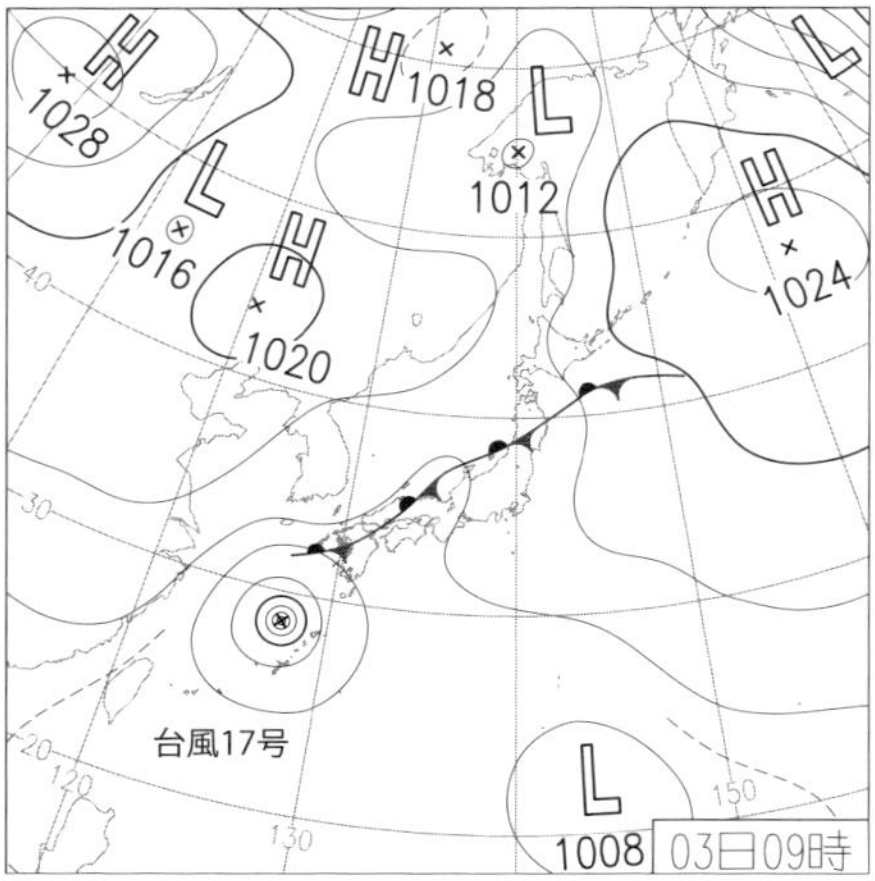

H
1028
H
1018
L
1012
L
1016
H
1020
H
1024
台風17号
L
1008
03日09時

東シナ海の台風17号が秋雨前線を刺激して西日本に大雨が降りました。ちなみに梅雨は東アジア全域に影響が及ぶ気象現象ですが、秋雨は日本周辺にしかみられず、梅雨ほど明瞭ではありません。

2014年10月30日

この日は大きな移動性高気圧に覆われて全国的に"秋晴れ"となりました。ただ、この高気圧は足が速く、夜には九州が気圧の谷の影響を受けて曇りになりました。

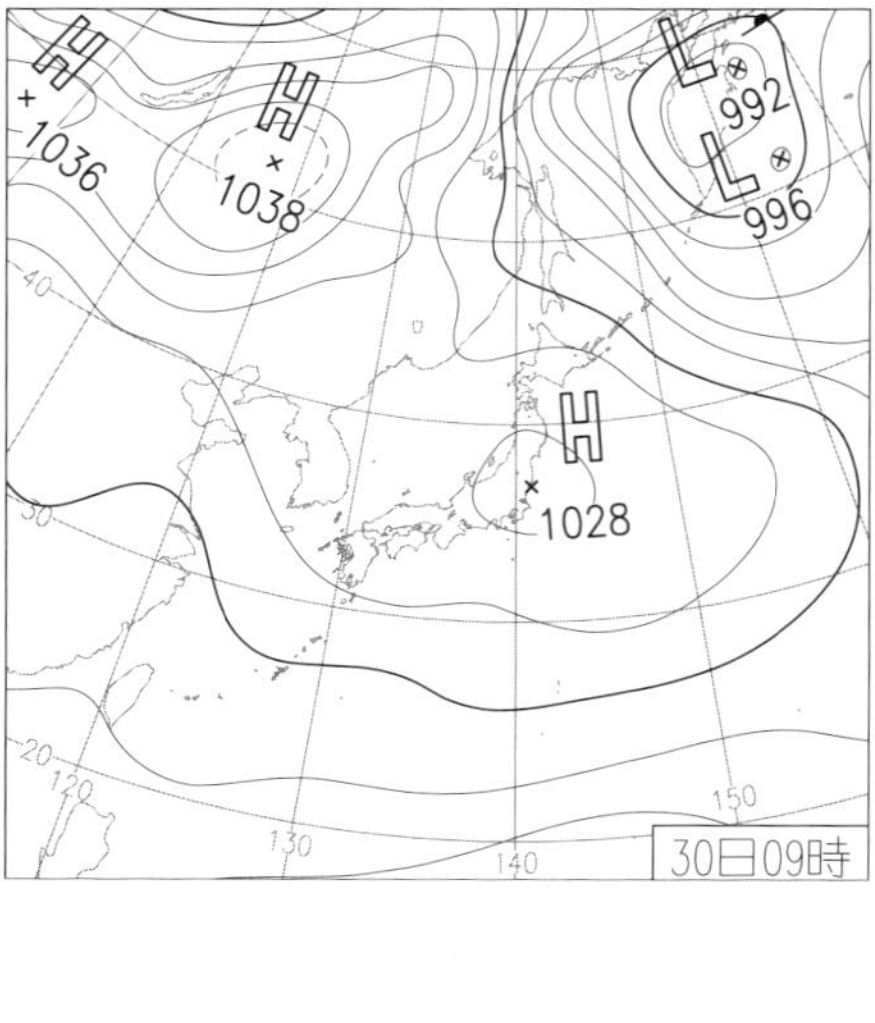

H
1036
H
1038
L
992
L
996
H
1028
30日09時

冬の気圧配置

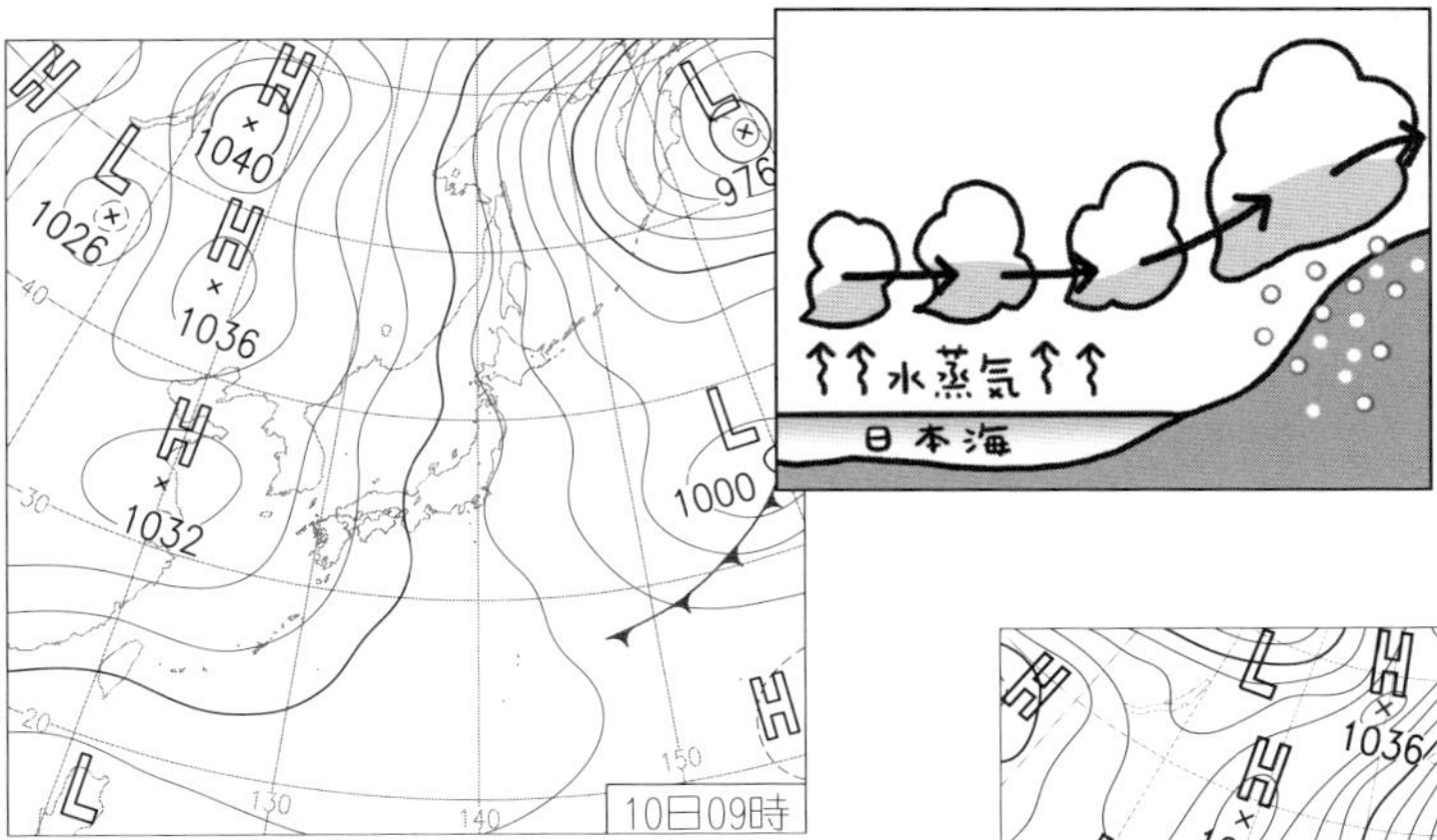

山雪型

天気図は
2013年
1月10日

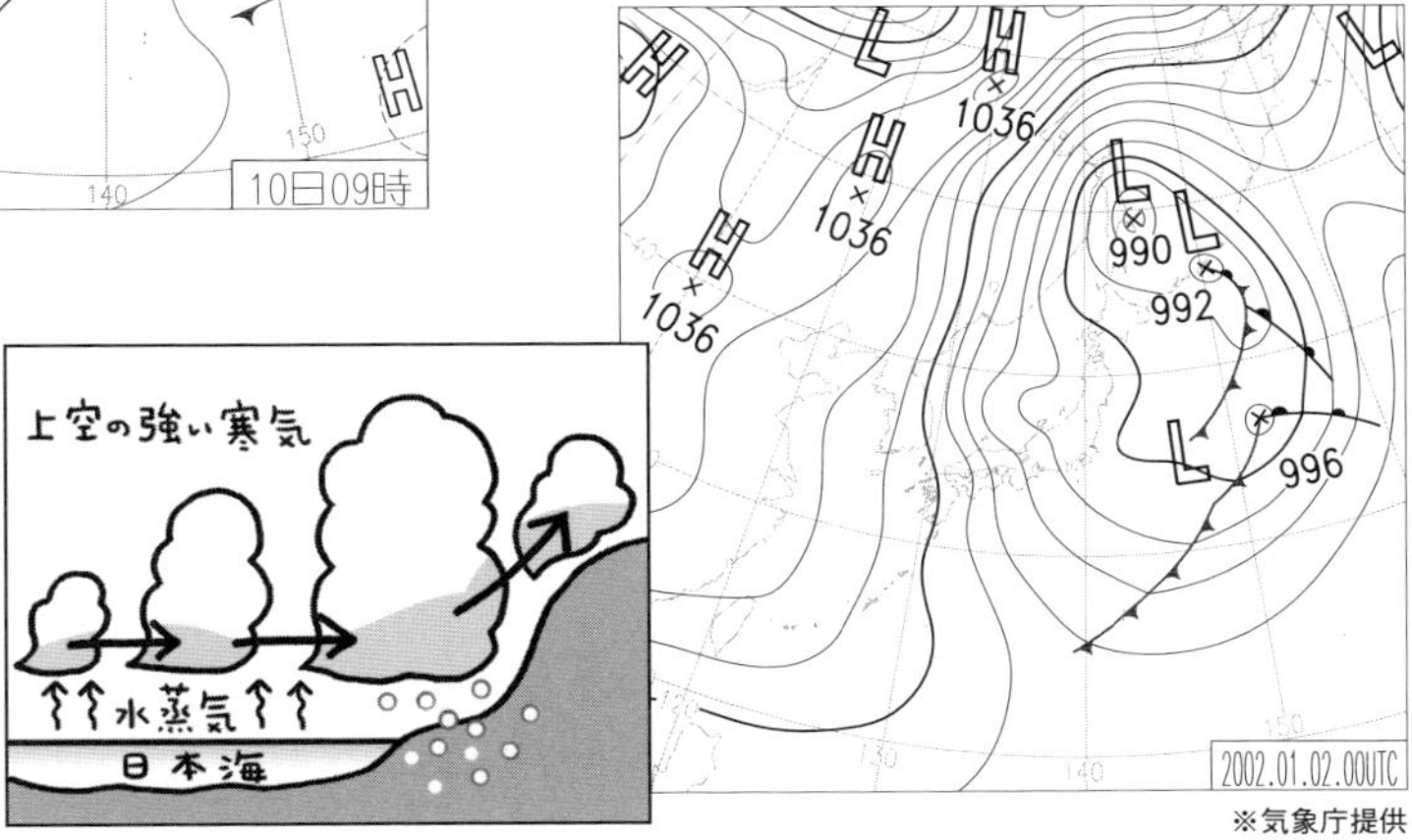

里雪型

天気図は
2002年
1月2日

※気象庁提供

上空の寒気が強いと地上との気温差が大きくなって積乱雲が早く発達し、平野部の降雪が多くなる。

冬型の気圧配置は「西高東低」が特色

冬型の気圧配置は、西にシベリア高気圧、東にアリューシャン低気圧を置く「**西高東低型**」が特徴で、等圧線はほぼ南北に走ります。

大陸から吹く北西の季節風が日本海上空で水蒸気を吸ったあと、日本列島の脊梁《せきりょう》山地にぶつかって雲をつくり、大量の雪を日本海側に降らせます。降り方には、**山沿いに多く降る「山雪型」**、**平野部に多く降る「里雪型」**の2パターンがあります。日本海で等圧線が袋状に曲がり、上空に強い寒気が流れ込むと里雪型になります。

年が明けてしばらく経つと、冬型が持続しなくなります。やがて移動性高気圧や低気圧が頻繁に来るようになり、P126に例示したような、天気が定期的に変わる春の天候になります。

6-10 天気図が読めれば明日がわかる
～天気図の読み方 手ほどき～

テレビの天気予報などで目にする天気図。きちんと理解できていますか？　図に示されている低気圧や高気圧、前線、そして等圧線が何を意味しているのかが理解できると、自分でも今後の天気を、ある程度予想することができます。

天気図から何が読み取れる？

2014年11月27日18時

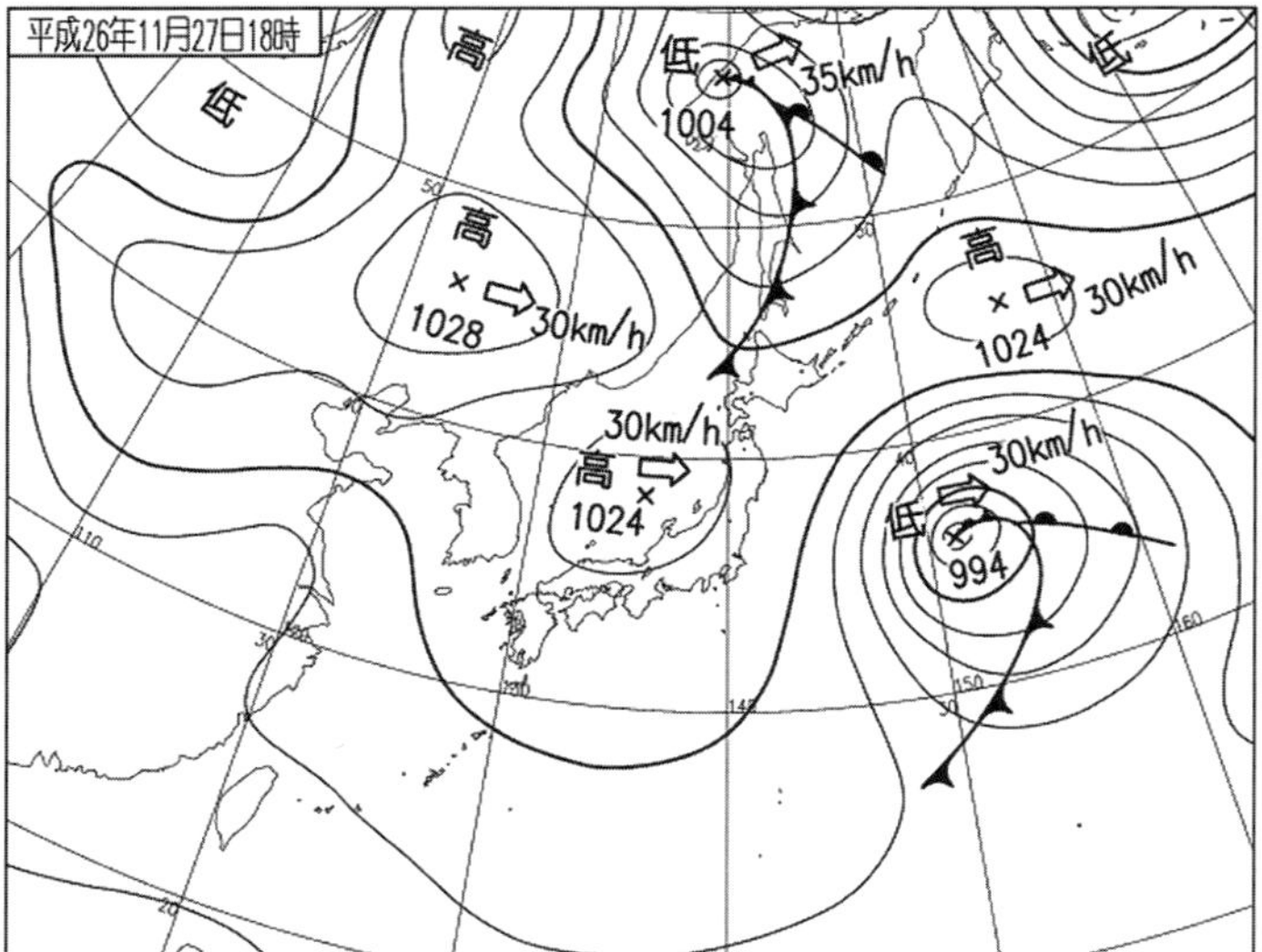

平成26年11月27日18時
高
低
低
1004
35km/h
低
高
1028
30km/h
高
1024
30km/h
30km/h
高
1024
30km/h
低
994
低

この天気図から何がわかるか考えてみてっていわれても、何をどうみたらいいのかサッパリわかりません。
いくつか注目点があります。まず、高気圧や低気圧、前線の位置。次に等圧線の間隔と延びている方向、そしてカーブの向きです。等圧線が高気圧側に凹んでいる部分は「気圧の谷」という、気圧がまわりより低いエリアなので、低気圧が発生する可能性があります。

天気図記号（日本式）

これら日本国内で使われている記号のほか、世界共通で使われる「国際式」の記号があり、本格的に気象を学ぶ場合は必須になります。本書では解説しませんが、関心があったら調べてみてください。

天気記号		
快晴	晴れ	曇
雨	雨強し	にわか雨
霧雨	雪	雪強し
にわか雪	みぞれ	あられ
雹	霧	雷
雷強し	煙霧	ちり煙霧
砂塵嵐	地吹雪	天気不明

[天気図上の表し方]

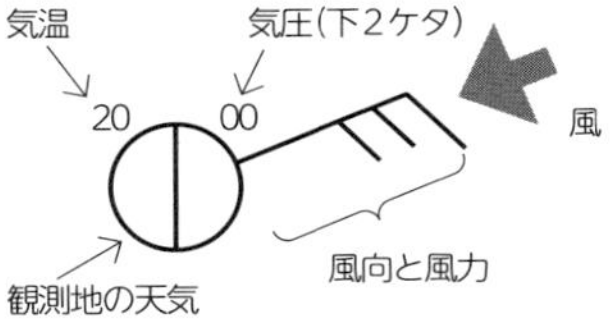
気温
気圧(下2ケタ)
20
00
風
観測地の天気
風向と風力

<上の表示の意味>
東北東の風、風力3
天気晴れ、気圧1000hPa
気温20℃

風力の記号　※カッコ内は風速（m/s）	
0(0.0〜0.2)	7(13.9〜17.1)
1(0.3〜1.5)	8(17.2〜20.7)
2(1.6〜3.3)	9(20.8〜24.4)
3(3.4〜5.4)	10(24.5〜28.4)
4(5.5〜7.9)	11(28.5〜32.6)
5(8.0〜10.7)	12(32.7以上)
6(10.8〜13.8)	

前線の種類
温暖前線
寒冷前線
閉塞前線
停滞前線

1枚の天気図から多くの情報が読み取れる

右ページに掲載したのは、ある日の天気図です。地上（正確には海面）の気圧や気温を表した図なので、正しくは「**地上天気図**」といいます。この図から読み取れる情報の一例を次ページに示しましたが、確認する前に皆さんも考えてみてください。

ただし、天気図に使われている記号が何を意味するか知らないと、読み取ることはできません。天気図の記号は数多くありますが、少なくとも、**前線の記号**は理解しておきましょう。

インターネットから入手できる天気図は、風や天気の記号は省略されている場合が多いですが、新聞の天気図などでは使われているので、これも理解しておくと便利です。天気の記号に関しては、すべて覚える必要はありません。**快晴**、**晴れ**、**曇**、**雨**、**雪**、**雷**、**霧**を知っておけば十分でしょう。

天気予報を見忘れたら天気図を見てみよう

Ｐ134の天気図から読み取れる情報の例を示しました。気象庁のサイトが公開している**実況天気図**には、天気や風、気圧、気温の観測値が示されていませんが、気圧配置だけでもこれだけのことがわかります。

天気と風、気温もわかれば、さらに詳しい予測も可能になります。ＮＨＫラジオ第2放送の「**気象通報**」では、主な観測地の気圧と気温を放送しています（データは気象庁のサイトでも公開されています）。大きな書店に行けば「**地上天気図用紙**」を売っているので、放送を聞いて自分で天気図を描いてみるのも勉強になります。

気象通報は、以前は1日3回放送されていましたが、現在は1回（16時〜）だけになっています。時代の流れとはいえ、一抹の寂しさを感じます。

天気図解読の一例

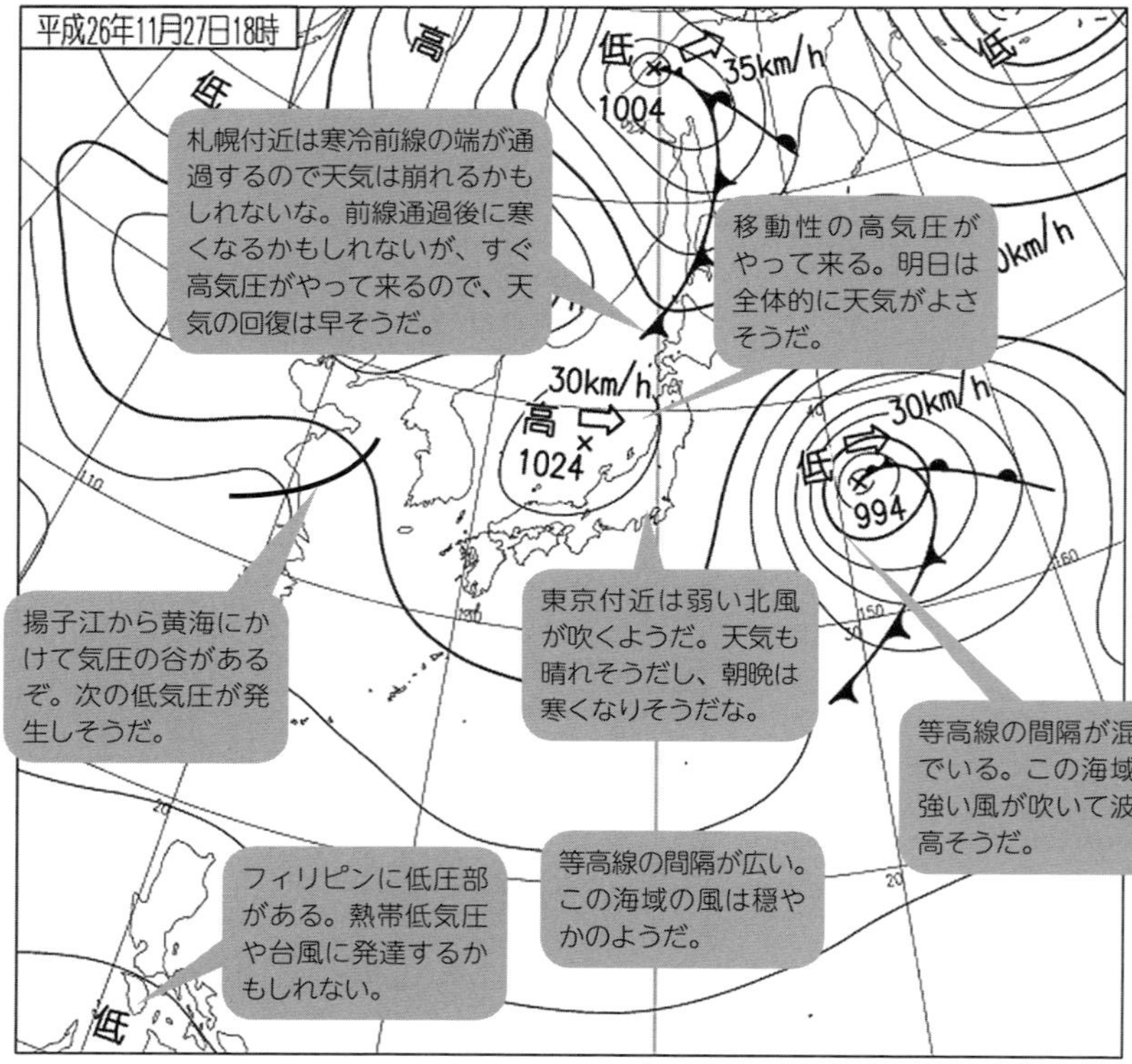

平成26年11月27日18時
高
低
低
低
35km/h
1004
30km/h
高
1024
30km/h
低
994
低
札幌付近は寒冷前線の端が通過するので天気は崩れるかもしれないな。前線通過後に寒くなるかもしれないが、すぐ高気圧がやって来るので、天気の回復は早そうだ。
移動性の高気圧がやって来る。明日は全体的に天気がよさそうだ。
揚子江から黄海にかけて気圧の谷があるぞ。次の低気圧が発生しそうだ。
東京付近は弱い北風が吹くようだ。天気も晴れそうだし、朝晩は寒くなりそうだな。
等高線の間隔が混んでいる。この海域は強い風が吹いて波が高そうだ。
等高線の間隔が広い。この海域の風は穏やかのようだ。
フィリピンに低圧部がある。熱帯低気圧や台風に発達するかもしれない。

※気象庁ホームページより

高層天気図

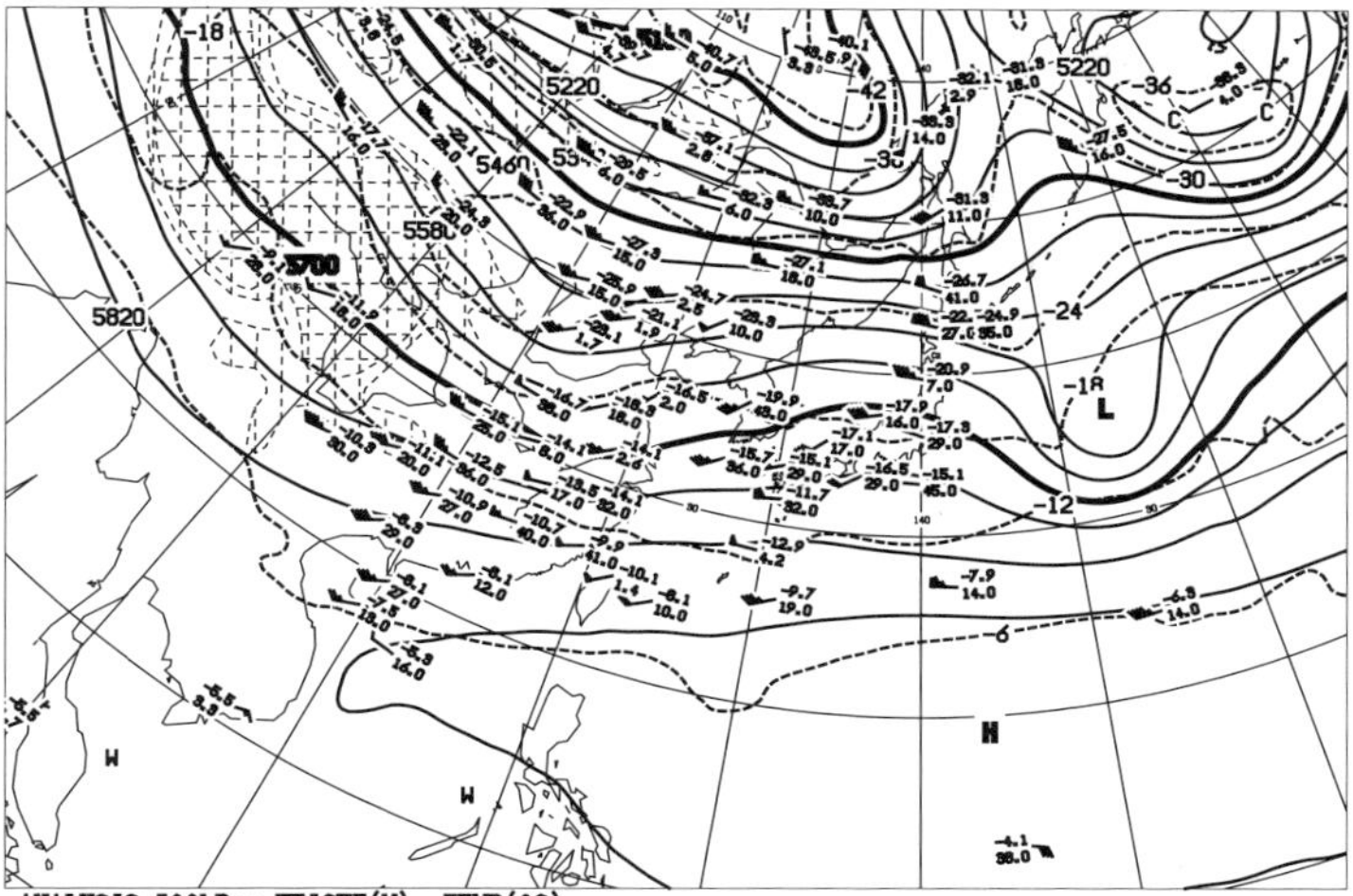

ANALYSIS 500hPa: HEIGHT(M), TEMP(°C)

※気象庁ホームページより

気象庁は300hPa、500hPa、700hPa、850hPaなどの高層天気図を公表している。500hPa図は、海面の約半分の気圧（いい換えると大気全体のほぼ半分の質量）がかかっている面を表す。地上5500ｍ前後（対流圏のほぼ中間）に相当する。使われている記号は国際式なので注意が必要。

[高層天気図の意味]

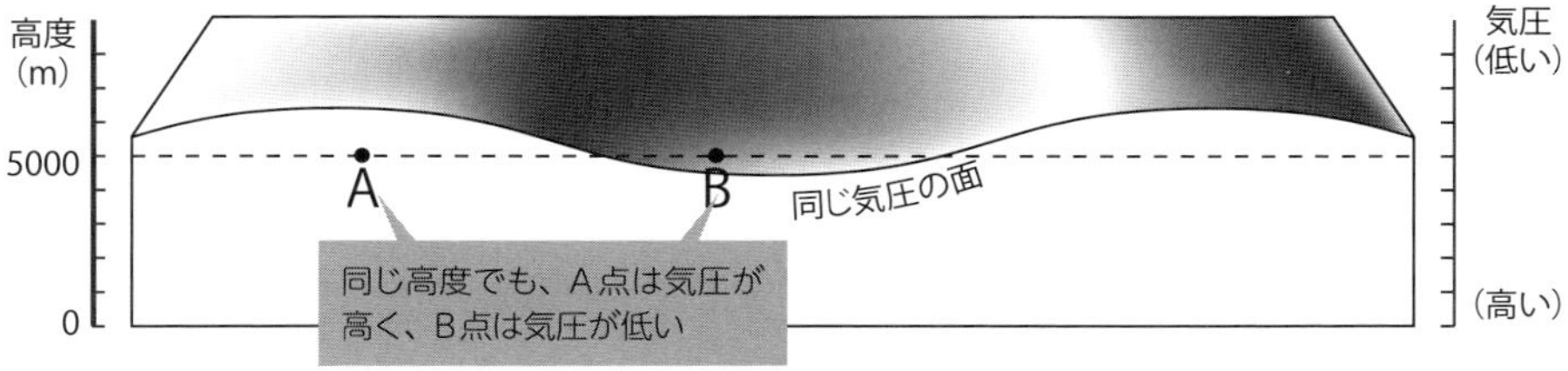
高度（m）
5000
0
気圧（低い）
（高い）
A
B
同じ気圧の面
同じ高度でも、A点は気圧が高く、B点は気圧が低い

地上天気図に慣れたら高層天気図にも挑戦！

地上天気図の読み取りに慣れてきたら、ぜひ**高層天気図**《こうそうてんきず》にも挑戦してください。気象現象は立体的にみることが重要です。それには高層天気図が役に立ちます。

地上天気図が**等圧線**を描いているのに対し、高層天気図には同じ気圧の高度を結んだ**等高度線**が描かれています。最初は戸惑うかもしれませんが、意味しているのは地上天気図と同様、気圧の高低です。昔は一般の人が目にする機会はほとんどありませんでしたが、現在はインターネットで簡単に入手できます。

高層天気図をみると、地上天気図ではわからなかった情報がたくさん得られます。偏西風がどのように吹いているか一目瞭然ですし、大気が不安定になる原因となる上空の寒気の強さもわかります。

斉田気象予報士の
異常気象コラム6

気象予報士になる！

気象予報士を目指す人のために

この本を読んでいる人のなかにも、気象予報士になりたいと考えている人がいることでしょう。気象予報士試験は平成6（1994）年8月に第1回の試験が行われた国家資格で、平成27（2015）年1月の第43回試験までに9,588名の合格者が出ています。

この試験の最大の特徴は「受験資格に学歴や年齢の制限がない」こと。試験会場には気象に興味がある幅広い年齢層の人が集まります。これまでの最年少合格者は12歳です。気象予報士試験の合格率は約5％しかありません。「空が好き」「天気予報が好き」というのは大切な資質ですが、それだけでは合格は難しいでしょう。どんな試験もそうですが、十分な対策が必要です。

試験は「学科・一般知識」「学科・専門知識」「実技」の3つ。学科はマークシートで、15問中11問が合格ラインの目安です。実技は記述式で、正解率70％以上が目安です。

一般知識は、気象学の基本知識。高校物理程度の知識は必要です。15問中の4問は気象の法律に関する問題となります。

専門知識は、気象観測の方法や気象予報の種類、気象災害などが出題されます。気象情報は、新しい情報が次々に発表されています。

実技は、予報業務の実務を反映したもので、気象現象の解析や予想を行います。高層天気図などの専門的な資料を読み解く力が必要になります。受験講座などに参加して、専門家に質問できる環境をもつことが合格への近道になるでしょう。

ますます必要とされる気象予報士

気象予報士試験の合格者数は、あと数年で１万人を突破します。試験に合格しても、気象の仕事に就けるとは限らないのが現状です。しかし、防災上の観点からも気象予報士は今後ますます重要になるはずです。

この本がきっかけで気象を本格的に勉強し、一緒に仕事をしてくれる人が現れることを願っています。

索引

英字

あ

か

気象の情報サイトと携帯アプリ
〜異常気象をより深く知るために〜

●気象庁
http://www.jma.go.jp/

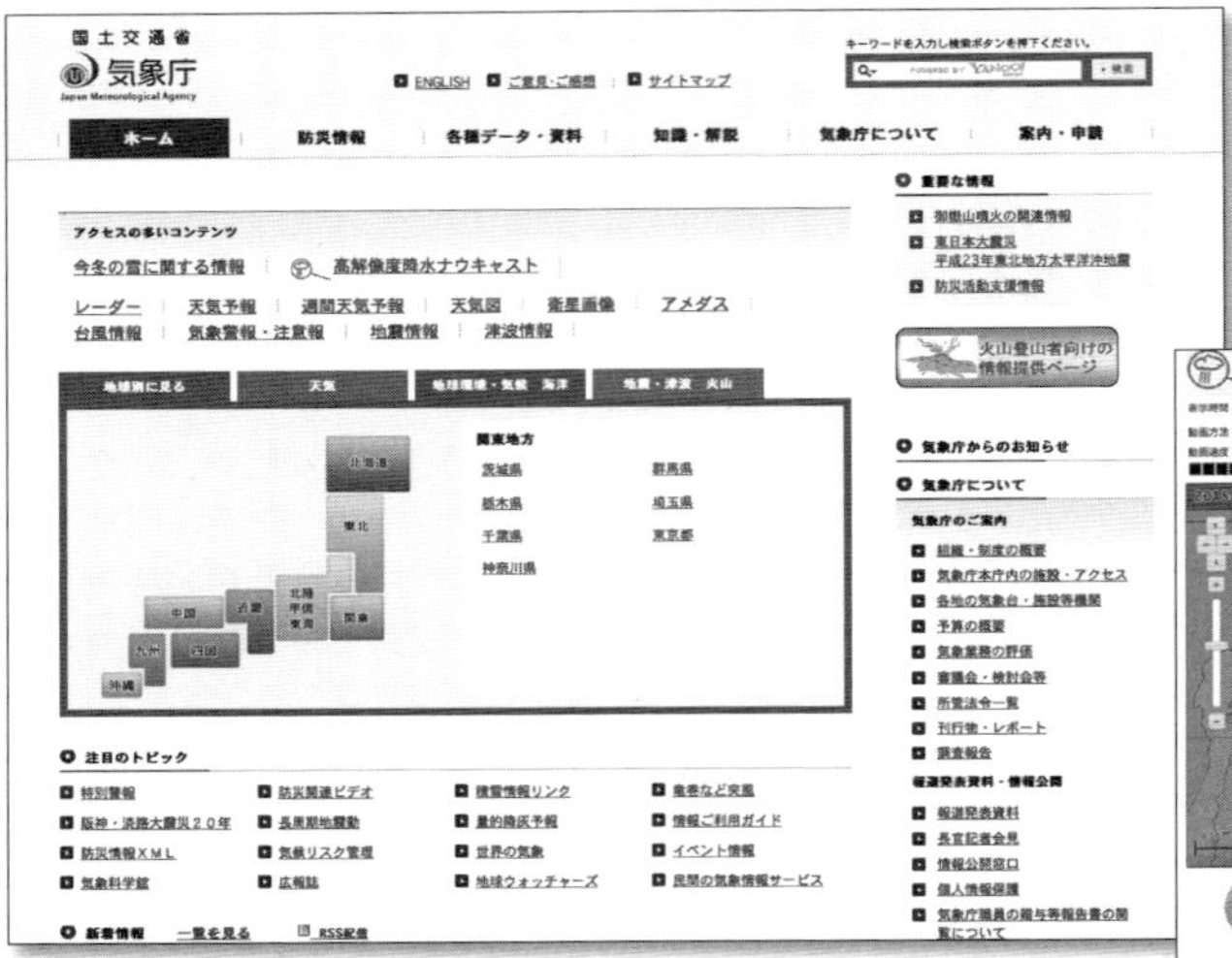

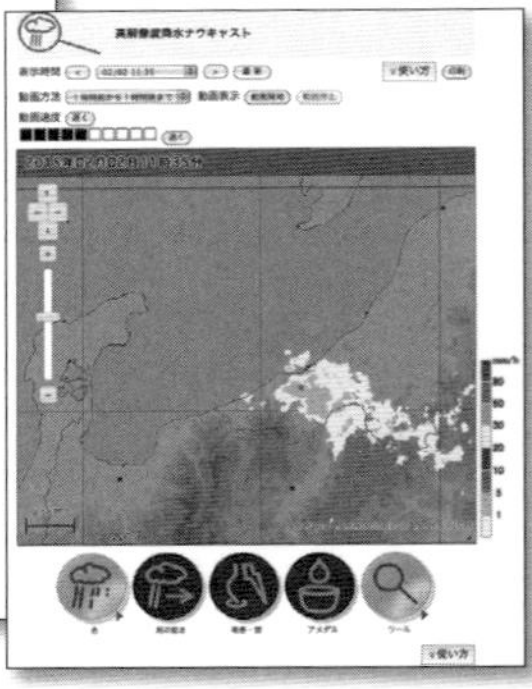

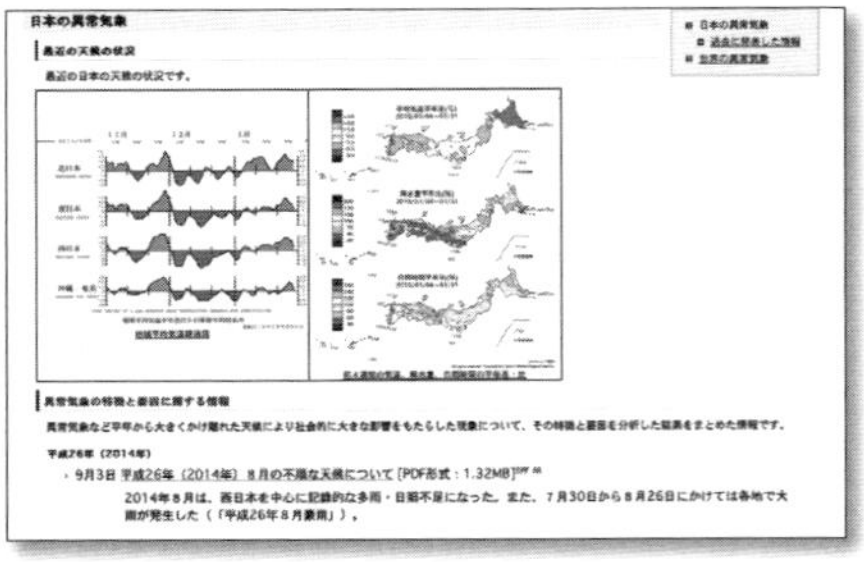

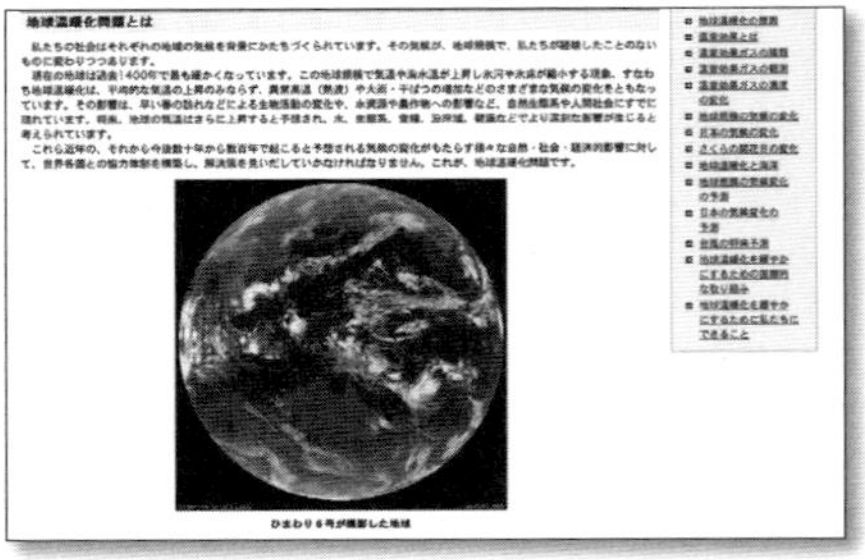

気象に関して知りたいことがあったら、まずはこのサイトにアクセス！　現在の状況や明日の天気の予測はもちろん、過去の気象データ、さらに異常気象や地球温暖化に関する情報も豊富。まさに「気象情報の宝箱」です。防災に役立つ情報も満載。例えば「ナウキャスト」は、現在までの直近の変化や今後の予測を５分刻みでシームレスに把握できます。

●tenki.jp
http://www.tenki.jp/

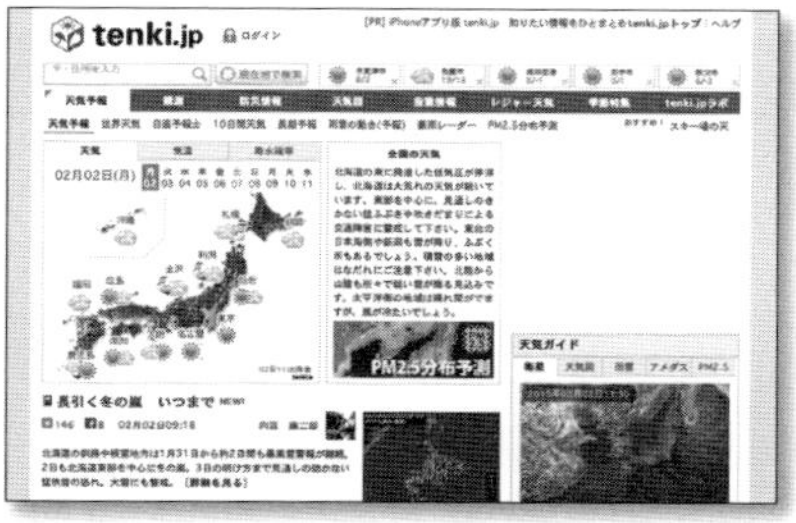

一般財団法人日本気象協会(http://www.jwa.or.jp/)が運営する一般向けの気象情報サイト。いわゆる天気予報サイトの代表格です。ビジュアルが豊富で、きめ細かな情報を提供しているのが特色です。自分の暮らしている町の天気はもちろん、海や山、さらにゴルフ場や競馬場、テーマパークなどの天気もわかるスグレモノです。

●環境省
http://www.env.go.jp/

地球温暖化に対する国の取り組みについて知りたいときはこちらへアクセスしてみましょう。〈政策分野・行政活動〉→〈政策分野一覧〉→〈地球環境・国際環境協力〉と進むと、地球温暖化対策などについて知ることができます。このサイトとは別に設けられている「環境省熱中症予防情報サイト」は夏に大いに役立ちます(→P98)。

●携帯アプリ

スマートフォンの普及に伴い、天気情報を提供するアプリがたくさん登場しています。無料で使えるアプリを集めてみました。情報を双方向でやりとりしたり、“みせ方”を工夫したりと、スマホの機能を活かしたユニークなアプリがそろっています。興味深いアプリはほかにもあるので、探してみてください。

tenki.jp	iPhone	日本気象協会のお天気サイト「tenki.jp」の iPhone アプリ版。
ウェザーニュース タッチ	iPhone、Android	民間気象事業者の代表格、ウェザーニューズ社のアプリ。ユーザーからの情報を反映させる双方向性が特色。
Yahoo! 天気	iPhone、Android	ユーザーの多いアプリ。ホーム画面に情報を表示できるウィジェット機能あり。
LINE 天気	iPhone、Android	人気の LINE キャラクターが天気情報を知らせてくれる。
おしゃべり天気	iPhone、Android	某ご当地キャラクターが音声で天気を知らせてくれる。有料でキャラクターの追加も。
そら案内	iPhone、Android	日本気象協会の情報に基づく天気予報を提供。
おしゃれ天気	iPhone、Android	女性に人気。何を着て出かければ最適かアドバイスしてくれる。
アメダスウィジェット	Android	アメダスやレーダー、気象衛星などの画像をホームに表示する。
Yahoo! 防災速報	iPhone、Android	気象警報や豪雨予報などさまざまな防災情報をプッシュ通知。

※App StoreやGoogle Playでアプリ名を検索してください。

参考文献一覧

●百万人の天気教室　成山堂書店　白木正規著
●異常気象を知りつくす本　インデックス・コミュニケーションズ　佐藤典人監修
●いのちを守る気象情報　NHK出版　斉田季実治著
●こんなに凄かった！ 伝説の「あの日」の天気　自由国民社　金子大輔著
●天変地異がまるごとわかる本　学研パブリッシング　地球科学研究倶楽部編
●気候大異変　地球シミュレータの警告　日本放送出版協会　NHK「気候大異変」取材班＋江守正多［編著］
●地球温暖化を理解するための異常気象学入門　日刊工業新聞社　増田善信著
●天気と気象　異常気象のすべてがわかる！　学研パブリッシング
　佐藤公俊著　木本昌秀監修
●地球温暖化時代の異常気象　成山堂書店　吉野正敏著
●面白いほどよくわかる気象のしくみ　日本文芸社　大宮信光著
●気象・天気のしくみ　新星出版社　新星出版社編集部編

装幀　石川直美（カメガイ デザイン オフィス）
イラスト　上田惣子
写真　植一浩
本文デザイン　小幡ノリユキ
編集協力　清水一哉（紗羅巳画文工房）
　佐藤友美（ヴュー企画）
編集　鈴木恵美（幻冬舎）

知識ゼロからの異常気象入門

2015年5月25日　第1刷発行

著　者　斉田季実治
発行人　見城 徹
編集人　福島広司

発行所　株式会社　幻冬舎
〒151-0051　東京都渋谷区千駄ヶ谷 4-9-7
電話　03-5411-6211（編集）　03-5411-6222（営業）
振替　00120-8-767643
印刷・製本所　近代美術株式会社

検印廃止

ISBN978-4-344-90295-4 C2095
Printed in Japan
幻冬舎ホームページアドレス　http://www.gentosha.co.jp/
この本に関するご意見・ご感想をメールでお寄せいただく場合は、comment@gentosha.co.jp まで。